中国环境史研究
第四辑：理论与研究

杨朝飞　主编

中国环境出版社·北京

图书在版编目（CIP）数据

中国环境史研究. 第4辑，理论与研究/杨朝飞主编. —北京：中国环境出版社，2015.11
ISBN 978-7-5111-2511-8

Ⅰ. ①中… Ⅱ. ①杨… Ⅲ. ①环境—历史—中国—文集 Ⅳ. ①X-092

中国版本图书馆CIP数据核字（2015）第208754号

出版人 王新程
责任编辑 曹靖凯
责任校对 尹 芳
封面设计 金 喆

出版发行 中国环境出版社
（100062 北京市东城区广渠门内大街16号）
网 址：http://www.cesp.com.cn
电子邮箱：bjgl@cesp.com.cn
联系电话：010-67112765（编辑管理部）
发行热线：010-67125803，010-67113405（传真）
印 刷 北京中科印刷有限公司
经 销 各地新华书店
版 次 2015年11月第1版
印 次 2015年11月第1次印刷
开 本 787×960 1/16
印 张 19.25
字 数 320千字
定 价 60.00元

目 录

我国现代环境保护的发展历程及其思考

杨朝飞

摘　要：中国环境保护工作经历了漫长的发展，从认识到实践都发生了重要变化。通过近 40 年来围绕水体、大气、噪声、土壤与固体废物、生态、核与辐射等领域开展的持续深入的环境保护和生态建设工作，本文及时回顾、思考了我国现代环境保护的发展历程、重大事件、经验教训。认识到在环保工作取得积极进展的同时，环境恶化的趋势尚未根本遏制。同时结合当前我国主要面临八大突出的环境问题总结分析了其成因，并提出一系列环保对策建议。

关键词：发展历程；环境问题；成因；对策建议

1972 年，在国际环境保护运动的推动下，现代意义上的中国环境保护工作开始起步，经历了由小到较大、由弱到较强、由不自觉到比较自觉的漫长发展，从认识到实践都发生了重要变化。及时回顾、总结、思考我国现代环境保护的发展历程、重大事件、经验教训，对于环境保护事业的健康发展具有重要的现实意义和历史意义。

一、我国现代环境保护的发展历程

我国环境保护事业从 20 世纪 70 年代起步。根据重大环境事件、重要环保决策、重点环保行动三大要素，大致可以把 1972 年以后的环境保护发展历程分为三个阶段：一是点源治理和制度建设阶段，二是流域治理和强化执法阶段，三是全防全控和优化增长阶段。

第一阶段（1973—1993 年）：点源治理，制度建设阶段。这个阶段完成了五项重要的历史使命：一是环保事业拉开了序幕，成功召开了第一次全国环境保护会议；二是建立了环保机构，明确了监管职责；三是开展了点源治理，取得了点源治理的一定进展；四是进入了环境法制轨道，主要环境要素领域初步做到有法可依；五是党中央、国务院提出环境保护是一项基本国策，提升了环境保护的地位。

第二阶段（1994—2004 年）：流域整治，强化执法。这个阶段完成了四项重要的历史使命：一是污染防治由点源治理向区域和流域治理转变，首先开始了淮河流域的污染治理；二是开始关注污染源的源头治理，开始启动清洁生产、循环经济等重要领域的工作；三是提出了“宜林则林、宜草则草、宜荒则荒”的原则方针，开始了意义深远的退田还湖、退耕还林、退耕还草、“天然林保护”和禁搂发菜、保护草原等一系列生态建设和保护工程；四是强化环境执法，严厉关停了一批污染严重、资源浪费的“十五小”企业。

第三阶段（2005 年至今）：全防全控、优化增长。这个阶段完成了四项重要的历史使命：一是从转变经济增长方式的角度，加强环境保护工作，推动从牺牲环境来换取发展向环境保护优化经济增长转变，努力把环境和经济的对立关系转向为协调和谐的关系；二是污染减排成为国家“十一五”规划的约束性指标，“十一五”重点削减二氧化硫、化学需氧量（COD）两项指标，“十二五”重点削减二氧化硫、氮氧化物、COD、氨氮四项指标，重点污染物的削减取得了进展；三是建立了一批环境保护的长效机制，包括财政、税收、价格、信贷、证券、保险、贸易、补偿、政府采购等；四是根据国家转变政府职能的行政体制改革的需要，提出了我国环境保护战略转型的重大命题，战略转型的研究与试点取得积极进展。

二、我国当前面临的主要环境问题

我国环保事业起步于 20 世纪 70 年代。近 40 年来，围绕水体、大气、噪声、土壤与固体废物、生态、核与辐射等领域，开展了持续深入的环境保护和生态建设，环保工作取得积极进展。但是环境恶化的趋势尚未根本遏制。当前我国主要面临八大突出的环境问题：

1．水体污染依然严重

全国部分地表水水质污染较重，湖泊（水库）富营养化问题十分突出。2011年，在国家水系监测的469个国控断面中，劣V类水质占比达13.7%，基本丧失水体功能，50%以上的湖泊（水库）出现了富营养化。水体纳污大大超过环境承载力。2011年，我国废水中COD排放总量为2 499.9万吨，仍然是影响水环境质量的重点污染物。地下水超采和污染问题凸显。近年来，全国地下水年均超采215亿立方米，超采区面积达到19万平方千米，55%的地下水监测点位水质较差甚至极差。部分地区饮用水水源地水质安全受到威胁。2011年，环保重点城市集中式饮用水水源地水质有9.4%不达标。海洋污染风险增大。部分海湾河口生态破坏严重，溢油、赤潮、绿潮等重大海洋污染事故时有发生。

2．空气污染日趋复杂

目前，我国城市群出现了煤烟型与机动车尾气污染共存的复合型污染，具有明显的局地污染和区域污染相互交融、多种污染物相互耦合的特征。区域整体环境质量呈恶化趋势，光化学烟雾、大气灰霾和酸沉降污染频繁发生，大气环境形势进入了大范围的退化阶段。

城市灰霾天气严重。2011年，在325个地级以上城市中，空气质量超标城市比例为11%。2012年国家颁布了更加严格的《环境空气质量标准》。照此评价，全国将有五分之四的城市不能达标，有近6亿人口生活在不达标的大气环境当中。按欧盟标准评价，我国约95%城市空气质量超标。长三角、珠三角、京津冀等地区城市大气灰霾和光化学烟雾日渐突出，灰霾天数占全年总天数的30%～50%。室内空气污染显现。我国公共场所室内空气质量达标率不足50%。一些城市民居和办公建筑中的甲醛、苯、颗粒物、霉菌、人造纳米材料等室内空气污染令人担忧。酸雨问题依然突出。2011年，在监测的468个市（县）中，有227个市（县）出现酸雨，占48.5%，酸雨区约占国土面积的12.9%，其中重酸雨区占有很大比重。我国酸雨中硫酸根的沉降量远高于其他国家，是日本的3倍，美国的10倍以上。空气污染严重影响居民身体健康。2011年，世界卫生组织发布世界城市空气质量报告，在91个国家中我国排名倒数第15位；在1 082个城市排名中，北京列 1 035 位，我国城市空气质量最好的海口市排名也在 800 位之后。科学数据证明，$PM_{2.5}$与肺癌、哮喘等疾病密切相关。世界银行报告认为，2009 年中国因 PM_{10} 污染引发公众发病和过早死亡造成的健康损失占国民总收入的 2.8%。$PM_{2.5}$ 和臭氧等二次大气污染来源广泛，成因复杂，治理难度大，治理周期长。专家预测按现有污染治理水平测算，我国至少需要 20～30 年的时间，才能达到新的空气质量标准。

3．噪声污染成为群众的投诉热点

我国噪声污染日益突出，已成为仅次于水污染和大气污染的第三大城市公害。2011 年，全国仍有 22.1%和 23.9%的城市区域、重点城市区域噪声超标，城市道路交通噪声群众反映强烈。与 2010 年相比，全国城市声环境的达标率出现下降态势。夜间噪声扰民问题较为严重。2011 年，全国城市各类功能区声环境质量夜间达标率为 66.4%，低于昼间达标率 23 个百分点。噪声污染纠纷频发，扰民投诉居高不下。

4．土壤污染影响深远

有关研究报告显示，全国受重金属污染耕地达 3 亿亩，污水灌溉污染耕地 3 250 万亩，固体废弃物堆存和毁田 200 万亩，合计约占总耕地面积的 1/5，由土壤污染派生的食品、蔬菜安全问题日益严重。湖南、江西、四川、湖北等省耕地污染严重，长三角、珠三角、京津冀、辽中南和西南、中南等地区土壤污染面积较大。环保部组织的全国土壤污染调查表明，土壤超标率为 16.1%，其中轻微、轻度、中度和重度污染的比例分别为 11.2%、2.3%、1.5%和 1.1%。长期被忽视的“毒地”问题日益突出，许多城市污染场地再开发的环境风险加大，急性中毒伤亡事件时有发生。

5．重金属、危险废物、危险化学品和持久性有机污染物污染问题凸显

当前，我国逐步积累的重金属污染、危险废物、危险化学品和持久性有机物污染进入突发性、连锁性、区域性的高发阶段，成为损害群众身体健康的重要因素。一是重金属污染问题严重。2011 年，27 个地表水国控断面出现重金属超标现

象。全国 274 个污染企业监测结果表明，土壤重金属点位超标率最高的为镉；9类重金属重点行业中，金属与非金属采矿、冶炼与加工业的土壤重金属超标率高达 53.8%。全国有 198.2 万吨铬渣亟待处置。二是危险化学品及持久性有机污染物问题凸显。

在全国排查的 4.46 万家化学品企业中，72%分布在长江、黄河、珠江、太湖等重点流域沿岸，距离饮用水水源保护区、重要生态功能区等环境敏感区不足 1 千米的占 12.2%，距离人口集中居住区不足 1 千米的占 10.1%。我国电子废弃物、工业固体废物、医疗废物和危险废物产生量持续增加。三是非法利用处置现象突出，环境污染严重。如广东贵屿地区长期非法拆解电子废物，当地空气、水体和土壤受到二噁英、重金属等严重污染。我国持久性有机污染物污染危害严重。

6．环境风险呈上升态势。因环境污染损害群众财产和健康而引发的群体性事件越来越成为影响社会稳定的突出问题

一是重特大环境污染事故高发频发。2005 年以来，环保部直接接报处置的事件共 927 起，重特大事件 72 起，其中 2011 年重大事件比上年同期增长 120%。特别是重金属和危险化学品突发环境事件呈高发态势。2009 年至今，我国发生了安徽怀宁、浙江台州、广东韶关“血铅超标”以及紫金矿业、广西龙江河镉污染事件等 30 多起重特大重金属污染突发环境事件。

二是环境群体性事件持续上升。1996 年以来，环境群体性事件数量以年均 29%的速度递增。2009 年陕西宝鸡凤翔县因数百名儿童血铅超标，引发了群体性事件，数百名村民围堵、打砸运输车辆，冲击肇事企业。2011 年浙江德清血铅超标事件中，300 多人血铅超标，200 多名群众围堵公路并冲击肇事企业。2012 年的广西龙江河镉污染事件，发生了柳州市民抢水事件。同时也出现了什邡百亿钼铜项目、启东达标水排海工程等引发的大规模群体性事件。

三是环境风险有增无减。2011 年国务院七部委组织的防范污染风险大检查发现，我国沿海石油勘探开采、炼制、储运和销售项目达 13 048 家，局部地区高度密集，超过环境风险承载能力。浙江省 2 200 千米海岸线共建有 111 个油码头和 361 座油库。大连市大孤山石化产品储罐区，油库和危化品仓库密集混建，数量大、种类多，一旦发生事故，极易引发连锁反应，后果不堪设想。

7．生态系统退化令人担忧

我国区域生态系统破坏严重，生物多样性减少，生态服务功能整体下降，生态灾害加重，生态系统呈现出由结构性破坏向功能性退化演变的态势。我国是世界上人均生态资源稀缺的国家之一。《中国生态足迹报告》显示，我国生态足迹增加的速度远高于生物承载力的增长速度，是生物承载力的 2 倍以上。1985—2008 年，除西藏、内蒙古、新疆与青海四个省生态盈余外，其余大部分省份长期生态赤字。生物资源濒危问题日益突出。据《中国物种红色名录》（2004）评估：中国无脊椎动物受威胁的比例为 34.74%，脊椎动物受威胁比例为 35.92%，植物为 70%～86%，越来越多的物种受到灭绝的威胁。普氏野马、高鼻羚羊等物种在 20 世纪已经灭绝，近年来分布于长江中、下游的白鳍豚基本灭绝，江豚也濒于灭绝。外来物种入侵现象日益增多，严重危害了我国陆地和海洋生态系统。

8．农村污染问题更加突出

一是农业市场排污量巨大。第一次全国污染源普查结果显示，农业源排放的化学需氧量达到 1 324.09 万吨，占全国排放总量的 43.7%。总氮、总磷的排放量分别为 270.46 万吨和 28.47 万吨，占全国排放总量的 57.2%和 67.4%。化肥、农药不合理使用问题突出，农药的有效利用率为 30%～35%，化肥的有效利用率为 40%左右。农村畜禽养殖污染凸显，化学需氧量、总氮和总磷排放总量分别为 1 268.26 万吨、102.48 万吨和 16.04 万吨。

二是农村环境污染严重。城市和工业污染向农村转移趋势加剧，一些城郊结合部成为城市生活垃圾及工业废渣的堆放地。农村饮用水不安全现象突出，有 2.98 亿农村人口饮用水不安全。

三是农村环保基础设施薄弱。全国 4 万个乡镇、60 多万个行政村大部分没有环保基础设施，每年产生生活污水 90 多亿吨，生活垃圾 2.8 亿吨，不少地区还处于“垃圾靠风刮，污水靠蒸发”的状态。

总之，我国环境保护的总体形势还非常严峻，可概括为：环境污染总体加重，生态系统逐年退化，环境事故依然高发，环境风险有增无减，环境诉求日趋强烈，环境公平严重失衡，环境压力继续加大。我国面临的环境压力比世界上任何国家都大；环境资源问题比任何国家都突出；有关环境和资源问题的解决也比任何国家都困难。

中国的环境问题，归纳起来有五个方面的特点。一是压缩型的特点，发达国家在几百年的工业化过程中分阶段出现的环境问题，在中国短短三十多年的工业化过程中集中体现。二是叠加型的特点，城市、农村、污染、生态、地域差异等多重问题叠加在一起，从而加重了环境问题的复杂性。三是复合型的特点，包括常规污染、非常规污染和有毒有害污染。四是耦合型污染的特点，就是一次性污染和二次性污染。五是结构型的特点，这是我国发展重化工业派生出来的必然性后果。

三、我国环境问题成因的历史分析与历史共识

我国环境问题的成因是复杂的、综合的、多方面的，与世界各国相比较，我国既有与世界各国相同的一般性的成因问题，也有与世界各国不同的特殊性的成因问题。

1. 我国环境问题的一般性成因

我国现代环境问题的一般性成因，主要包括以下六个方面。

（1）粗放型的发展方式是加速环境恶化的动力性因素。经济发展并不一定都带来环境退化，技术含量高的集约化的发展方式，不仅不会导致环境退化，还可以在发展的过程中，大大减轻和缓解环境退化问题；而粗放型的发展方式势必大大增加发展对环境和资源的压力，增加对环境污染和环境破坏的威胁。因此我们把加速中国现代环境问题的动力性因素归结为粗放型的发展方式。

（2）人口总量大且环境意识不强是造成中国现代环境问题的思想性因素。人口总量大并不是产生环境问题的理由，世界上有许多国家相对于国土面积来讲，也可谓人口众多，但是他们仍然可以在经济高速发展的前提下，保持了良好的、舒适的环境质量。环境意识不强则是造成环境退化的真正原因，特别是各级领导的环境意识不高的环境危害更大，更是造成环境恶化的重要思想性原因。

（3）不可持续的消费方式成为影响中国现代环境问题的直接因素。消费能力既是生活水平的体现，也是推动经济增长的原动力，消费方式又将对环境产生重要的影响。资源节约型、环境友好型的消费方式，可以大大化解环境和资源的压力；而浪费型、奢靡型的消费方式，则会大大加剧资源的浪费和环境的污染。

（4）我国对外贸易中的粗放型增长方式是加剧资源环境压力的外部诱导性因素。对外开放是我国的重要国策，是推动经济发展的重要引擎；对外贸易是对外开放的具体体现，也是推动经济发展的重要力量。我国实行对外开放政策，就一定要参与国际经济分工，也就要承接发达国家退出的产业。从总体上讲，我国处于国际分工产业链的低端，承接了发达国家退出的产业，因而环境污染严重；而处于产业链高端的国家，往往优先将污染产业向外转移，因此发达国家的环境质量普遍较好。在一定意义上讲，产业转移的过程就是污染转嫁的过程，粗放型的对外贸易方式只追求贸易数量的增长，不管不顾环境影响。因此，粗放型的对外贸易方式是加剧资源环境压力的外部诱导性因素。

（5）科技支撑能力不足导致环境绩效差，这是造成中国现代环境退化的技术性因素。科技对经济发展的支撑能力，不仅体现在对经济发展速度和质量的影响，也体现在对资源利用和环境保护的影响。真正的先进技术，就一定是资源节约型和环境友好型的技术，先进的科学技术就一定能够减轻发展对环境与资源问题的压力。而我国目前的科技还非常落后，与世界存在很大的差距，这也是造成环境退化的重要因素。

（6）体制、制度安排不完善、环境保护水平长期滞后是中国现代环境退化的内在性因素。这包括体制不顺、职责不清、人员素质低、执法不到位和地方保护等方面。其中政府职能不正确，将会对环境与资源问题形成巨大的负面影响。政府崇尚 GDP，就会竭泽而渔，以牺牲环境为代价发展经济；经济增长型的政府，就会重经济发展、轻环境保护，把单一的经济增长作为执政理念，这是当前导致我国环境恶化的最根本性的原因。

2．我国环境问题的特殊性成因

我国现代环境问题的特殊性成因，主要包括以下四个方面。

（1）GDP 唯上的政绩观尚未根本扭转是牺牲环境换取经济增长的内生性原

因。长期以来，一些地方仍是重经济发展，重速度、重规模、重眼前；轻资源环保，轻效益、轻创新、轻长远，以 GDP 论英雄，急功近利，导致环境与经济综合决策失误、行政不作为和行政干预环境执法等现象长期存在。环保部门面对地方保护主义的干扰，在执法中“顶得住的站不住，站得住的顶不住”的问题尚未得到解决。

一些地方片面强调营造“宽松”的发展氛围，有的对工业园区、重点企业实行“封闭式管理”、“挂牌保护”，出台“企业宁静日”等土政策，不准执法部门进园区、厂区检查，甚至禁止或打击正常执法；有的在进行决策时，未严格依法行政，环境信息不透明、忽视公民的环境知情权、参与权，引发一系列群体性事件；有的对环境违法行为睁一只眼、闭一只眼，遇到问题相互推诿，避重就轻，行政不作为或者乱作为。一些地方以牺牲环境换取经济发展，片面追求 GDP，不履行环境责任或履责不到位，已经成为严重制约资源环境保护的重要原因。

（2）“违法成本低、守法成本高”是环境违法行为屡禁不止的制度性原因。我国环境法制建设取得了长足进展，但随着环境保护与经济发展矛盾日益突出，环保监管压力不断增加，环境法制建设存在的矛盾和问题十分突出：一是不断完善的市场经济体制与缺乏有效法制手段、经济手段管理环境的矛盾日益显现；二是建设法治政府、法治社会的要求与环境法制建设粗放发展的矛盾日益突出；三是群众环境维权意识增强、跨界损害事件增多与民事赔偿、调处能力滞后的矛盾日益凸显；四是环境违法现象普遍、环境纠纷群体性事件增多与环保法律法规可操作性不强、执法不力的矛盾日益加剧；五是群众环境信访案件走向复议、复议案件走向诉讼的快速变化趋势与有关部门对行政复议工作的认识不高、司法诉讼渠道不畅通的矛盾日益明显；六是国家对环境法制的更高要求与相关的基础性研究、机构设置以及执法能力不强、执法不到位等问题不相适应的矛盾日益加大。

环境法制最突出的问题，就是违法成本低的问题长期没有得到解决。这既有立法不足的问题，也有行政执法、司法不到位的问题。

一是行政处罚普遍偏轻。《中华人民共和国环境影响评价法》规定，违反环评规定擅自开工建设的，要求限期补办环评手续，逾期不办的才能给予 20 万元以下的罚款。由于处罚太轻，一些企业为了抢进度，采取边开工建设、边做环评报告，甚至一些企业以交罚款代替环评。《中华人民共和国大气污染防治法》对超标排污的罚款上限是10万元，对造成重大污染事故的罚款是50万元；《中华人民共和国水污染防治法》对超标排污的罚款为其应缴纳排污费数额二倍以上五倍以下，造成重大污染事故的罚款仅是污染直接损失的30%以下。2011年6月，哈药集团被披露多种环境违法问题：恶臭气体排放大大超过国家标准，硫化氢气体超标近千倍，氨气超标20倍；污水排放超过国家标准，氨氮超标2倍多，COD超标近10倍。哈药集团2010年营业收入达125.35亿元，利润13.14亿元，虽然被依法罚款123万元，也仅为企业年收入的万分之一。2010年7月紫金矿业造成汀江重大水污染事故，被法院判处罚金3 000万元，其中还包括了行政罚款956.313万元。尽管这是我国几十年来开出的最大一笔环保罚款，但却不足企业净利润的3‰。环保罚单开出后，资本市场看到“紫金污染门”责任追究收尾，利空出尽，紫金矿业的股票立即涨停，当日成交额高达14.52亿元之多。

二是行政执行缺乏强制手段。现行法律规定的行政强制手段主要有“停止建设”、“停止生产使用”、“责令限期恢复使用治污设施”、“责令停业关闭”等，但在基层却难以得到有效执行。当前，环境案件的执行绝大部分都要申请法院执行，法院执行除受司法体制、地方保护主义影响外，还存在着执行期限较长、力度不大等问题。案件处理后要等待复议诉讼期满，还要通过法院的立案、审查、听证、裁定等程序，时间跨度长，而法院系统也很少为环境案件运用先予执行等强硬手段，致使违法污染行为得不到及时纠正。

三是环境民事赔偿法律制度不健全。追究环境民事赔偿责任对于制裁环境违法行为，保护国家和公众的环境权益具有重要作用。然而，由于我国环境民事赔偿相关法律及配套制度不健全，环境民事案件立案难、举证难、审判难、执行难的问题日益凸显。重大环境事件的责任追究，多以行政处罚和行政调解结案，通过司法途径追究法律责任的很少。

四是环保官司难打。我国的环境资源案件数量较多，而且呈逐年上升趋势，但环境民事案件数量却很少，许多重大环境污染纠纷未能进入诉讼程序。据调查，真正通过司法诉讼渠道解决的环境纠纷不足1%。一方面群众遇到环境纠纷，宁愿选择信访或举报投诉等途径解决，而不选择司法途径；另一方面司法部门也不愿意受理环境纠纷案件。“十一五”期间，我国环保系统受理环境信访30多万件，行政复议2 614件，而相比之下，行政诉讼只有980件，刑事诉讼只有30件。

2003—2008 年，全国各级法院审结环境资源案件中民事案件 12 278 件，仅占同期审结民事案件总数的 0.04%。在环境污染损害纠纷的处理中，由于缺乏具体可操作的环境污染损害鉴定评估技术规范和管理机制，致使经济损失和人身伤害难以量化、污染损害因果关系难以判断、环境损害赔偿标准难以认定。许多污染案件久拖不决，历时数年，当事人的诉讼成本高昂，污染受害人也往往得不到损害赔偿。

五是生态环境损害难获赔偿。环境公共利益损失的索赔缺乏明确法律支撑，生态环境服务功能损失以及应急和修复等相关费用尚未纳入赔偿范围。2010 年英国石油公司（BP）在墨西哥湾发生漏油污染事件，由于担心受到法律的严厉制裁，主动设立了 200 亿美元的赔偿基金用于赔偿污染受害者和海洋生态环境损失。而我国近年来发生了一系列重大环境污染事故，2005—2012 年先后发生的松花江污染事故、大连海岸油污染事故、福建汀江污染事件、广西龙江镉污染事件等，至今均未被追究环境公共利益的损失赔偿。

（3）“资源低价、环境廉价”是导致环境持续退化的基础性原因。“资源低价”就会过多使用和消耗资源，造成资源的浪费；“环境廉价”就会出现毫无节制的排放污染物，加剧环境污染趋势。我国社会主义市场机制发育还不完善，计划经济时期在资源与环境方面的政策影响依然长期大量存在。由于资源低价、环境廉价甚至无价，企业缺乏节约资源、保护环境的内生动力和外在压力，其资源利用成本和环境污染成本往往被“社会化”或“外部化”，不仅引发了资源环境的危机，客观上也助长了粗放型的开发方式、生产方式和消费方式。以稀土资源丰富的赣州为例，该市因稀土开采造成了触目惊心的环境污染和生态破坏，所需的污染治理和生态修复费用高达 380 亿元，而 2011 年江西省 51 家主要稀土企业全年利润仅 64 亿元，这已经是稀土价格上涨 4 倍后的结果。也就是说，该地稀土资源开发的经济收益很难弥补环境污染治理和生态修复的成本，有关企业的环境资源成本都被转移出去，最终只能由全社会和后代人来承担。

导致资源低价、环境廉价的主要原因有：一是长期以来，人们对资源环境的价值认识不足，认为资源环境取之不尽、用之不竭；二是在各项经济发展战略、发展计划和经济政策之中，未体现资源环境价值，污染治理、生态恢复成本与市场价格相背离，市场机制难以发挥合理配置资源环境要素的基础性作用；三是在政府部门之间缺乏协调合作机制，自然生态系统的整体性与行政管理系统的分割性存在矛盾，地区利益、部门利益之争又限制了适应市场经济的政策出台；四是许多政府官员长期习惯依赖于计划经济条件下的行政手段，而不愿使用，也不会使用市场手段、经济手段；五是资源环境经济政策研究能力普遍不足。

（4）公众环境诉求表达不畅是环境群体性事件高发的社会性原因。环境信息公开是公众环境诉求表达的前提条件。目前我国环境信息公开制度尚不健全，相关法律规范不明确，有关规定过于原则抽象，可操作性不强，公开内容有限，难以满足公众需求。一些企业环境责任意识较低，不愿公开环境信息，甚至隐瞒环境污染信息，企业违法排污行为得不到公众有效监督。2012 年四川什邡市百亿元钼铜项目是国家地震灾后重建的重点项目，各项审批手续齐全，治污措施有保障。但由于前期对公众宣传解释工作不到位，造成了部分群众的强烈反对，最后该市以“群众不了解、不理解、不支持”为由，宣布永远放弃该项目建设。

3．我国环境问题成因的历史分析与历史共识

基于对环境问题成因的历史分析，《中国宏观环境战略研究》归纳出了具有历史意义的九大共识：

（1）虽然认识到了人口众多、资源缺乏、环境脆弱、灾害多发的基本国情，在积极探索符合国情的经济发展道路方面取得了进展，环境保护已列为基本国策，但在人、财、物等资源配置和干部政绩考核等落实基本国策所必需的保障措施上，缺乏硬性规定，国策地位无法落实，仍然没有摆脱资源高消耗、环境重污染、偏离国情的粗放型发展模式，资源环境对发展的支撑能力受到削弱。

（2）虽然认识到了先污染后治理是一条弯路，将环境保护要求纳入了国民经济和社会发展规划（计划）、加大了落后产能淘汰、加强了对环境污染的专项整治等，并取得了一定进展，但长期以来不少地区仍是重经济发展轻环境保护，急功近利，竭泽而渔，基本上走了一条牺牲环境换取经济增长的道路，付出了过大的资源环境代价。

（3）虽然认识到了市场机制在环境保护中的重要作用，在从计划经济向市场经济平稳转型的过渡中，我国社会主义市场经济得到了长足发展，环境保护开始引入市场机制，但是市场机制发育还不完善，资源低价、环境廉价甚至无价的状况始终没有得到根本改变，环境经济政策长期未得到重视，导致污染治理、生态

保护与市场机制背离，市场机制在污染防治、生态保护和资源配置中的作用没有得到充分发挥，大量使用传统的行政手段，环境管理效果并不理想。

（4）虽然我国环保决策机制和考核机制不断完善，在科学决策、民主决策上有了很大加强，但决策失误仍在一些地方频繁发生、环境不作为和行政干预环境执法的现象仍然存在，环境与发展决策长期背离，引领科学发展的干部考核机制仍不完善，没能从根本上扭转一些地方政府单纯追求 GDP 政绩的倾向。

（5）虽然“依法治国，建设社会主义法治国家”的规定载入了宪法，环境法制建设取得较大进展，环境法制体系初步形成，环境执法发挥了积极作用，但一些重要的环境保护领域立法薄弱，有法不依、执法不严、监管不力的问题仍十分突出。“违法成本低、守法成本高”的问题依然存在。

（6）虽然我国财政收入大幅度增长，环保投入也逐年增加，环境建设和能力建设得到一定加强，但仍然没有建立有利于科学发展和环境保护的财税机制，事权不明，环保投入资金不足、环保投资效率低下，环境基础设施建设长期滞后。

（7）虽然对环境问题的复杂性进行了积极研究和探索，逐步深化了对解决环境问题艰巨性、长期性和复杂性的认识，但在环境规划、环境目标、环境措施的决策过程中仍有急于求成的问题，有的环境目标过高、总量目标与环境质量脱钩的问题没有得到解决，重治标轻治本的做法尚未得到根本扭转。

（8）虽然环境管理方略不断完善，环境监测自动化程度不断提高，环境监管力度不断加大，环境科技不断加强，但环境监测管理依然滞后，不能及时准确地反映环境形势，不能为环境保护的科学决策提供技术支持；环境监管的常规措施主要是针对技术相对先进、环境管理相对完善、符合国家产业政策的大中型企业及城镇地区，对那些技术落后、污染严重的小企业及农村地区监管不力，环境监管与国家的科学发展相脱离；环境科技投入总体不足，科技水平不高，科研对环境保护、建设支撑不够，科技成果转化率不高，尚未形成适合国情的生态和环境技术开发体系。

（9）虽然认识到公众参与的重要性，通过开展环境宣传教育，企业治污的自觉性有所提高，公众环境意识日益增长，公众参与环境保护的积极性不断提升，环境信息公开不断推进，但是不少企业的环保社会责任和防范环境风险的意识不强，公众环境权益还得不到有效维护，公众参与环境保护的机制尚不健全，环境信息公开的措施未能完全落实，公众对政府和企业的环境监督途径还不畅通。

四、以史为鉴的环保对策建议

基于上述回顾、分析和研究，特提出如下建议：

1. 强化政府责任，健全约束和规范政府环境行为的法律制度

环境问题是随着经济发展而产生，又随着经济发展而逐步解决，但环境问题不会自行解决。发达国家的经验表明，通过环境立法来明确政府的环保责任，规范政府行为，是协调经济建设与环境保护关系、根治环境问题的关键措施。很多发达国家都是在经济快速发展与环境保护矛盾最尖锐、最突出的时期，制定了专门约束政府行为的环保法律法规，以协调经济发展和环境保护的关系。比如美国和欧盟的《国家环境政策法》、日本的《环境基本法》、加拿大的《环境保护法》、韩国的《环境政策法》、英国的《环境法》等，都为协调经济发展与环境保护的关系，发挥了非常重要的作用。

为此，应当以修改环境保护法为契机，紧紧围绕落实“政府对环境质量负总责”的要求，重点解决一些地方政府环境保护不作为、乱作为、干扰环境执法等突出问题，创建或强化一批制度与机制，主要包括五大类和若干个具体的制度与机制：一是科学决策类，如战略与规划环境影响评价、环保规划、主体功能及环境功能区划、环境标准、区域限批与行业限批等。二是实施执行类，如环保目标责任制、强制淘汰重污染企业补偿机制、环保基础设施建设制度、跨界环境问题协调解决机制、区域生态补偿制度、环境应急管理及信息通报制度等。三是保障措施类，如环境经济政策、跨行政区的环境监督制度、环境法律救济制度、多部门联合执法机制、环保能力建设、环境教育等。四是监督机制类，如人大监督政府、政协民主监督政府、政府内部的层级监督与同级监督、信息公开和公众参与、司法监督、媒体监督等。五是责任追究类。通过一批法律制度的建立与实施，将政府的环境保护责任真正落到实处。

2. 严格追究污染者的环境责任，切实解决长期困扰环境保护的违法成本低的问题

“违法成本低，守法成本高”是影响环保法制建设健康发展的重大障碍。“违法成本低”必然降低法律的威严和效率，导致违法排污屡禁不绝；“守法成本高”势必淡薄人们的法律意识，视法律为可有可无。提高违法成本和守法自觉性是完善环境法制建设的首要问题。强化环境损害赔偿，健全环境民事责任，既是保护公民环境权益、维护社会公平和正义的重要措施；又是解决“违法成本低”问题的根本出路。

首先以制定环境损害赔偿法为重点，完善环境损害救济的法律制度。应在现行侵权责任法规定的基础上，通过制定单行的环境损害赔偿法，明确环境损害责任承担主体、赔偿责任范围、责任承担方式、救济途径等基本制度。将环境和生态系统的公益损害与公民的私益损害，列入赔偿范围。建立环境损害鉴定评估机制，为落实环境责任提供强有力的技术支撑。

其次建立环境责任终身追究制度，让污染者为其违法行为付出高昂代价。1980年，美国国会针对历史遗留的大量的污染土地的严重问题，专门通过了《超级基金法》。该法：一是严格明确了污染者必须承担污染治理全部费用的责任；二是企业经营者及产权拥有者的环境责任将是一种终身责任；三是要求在污染企业发展中的所有曾经获益者，都必须承担共同的连带责任。事实上，这是一种无限责任，即如果污染责任方无力负担其依法应偿付的污染清理费用和损害赔偿费用时，有关控股或参股的组织和个人，向其贷款、借款及销售过保险的组织和个人，均有可能成为被追究责任的对象。美国超级基金法实施后，不仅有一大批污染企业倒闭破产，而且还有一大批银行、保险公司因环境损害赔偿而倒闭破产，从而大大强化了法律制度的权威，提高了人们的环境责任意识。

我国应借鉴发达国家的经验，加大对污染企业的行政处罚、行政强制、民事赔偿和刑事处罚力度，建立健全行政裁决、公益诉讼等环境损害救济途径，切实落实企业环境责任。

3．强化环境执法，充分发挥司法体系的保障作用

司法作为社会秩序与稳定的基石，是解决社会纠纷的重要防线，也是解决环境问题的重要手段。发达国家解决环境问题的成功经验，就是建立了严格和完善的环境法律体系以及完整、有效的司法模式，采用以行政调解和司法裁决相结合的法律手段，惩处环境违法行为，解决环境纠纷。

强化司法救济途径，倡导更多使用司法途径解决环境纠纷，是环境法制建设的重要任务。司法部门应当以更加积极的姿态推动司法力量介入环境保护，逐步改变目前在环境纠纷处理中司法救济不力和比例偏低的问题。一是及时妥善处理环境损害赔偿纠纷，正确适用环境侵权案件举证责任分配规则，准确认定环境污染与损害后果之间的因果关系，确保环境侵权受害人得到及时全面的赔偿；二是加大对环境刑事责任的追究力度，确保构成犯罪的违法行为得到应有的制裁；三是通过行政诉讼等渠道，监督政府依法履责，规范政府行为，推动法治政府建设；四是建立健全环境公益诉讼制度，及时受理法律规定的机关和社会团体提起的环境公益诉讼；五是在总结贵阳、昆明、无锡等地环境法庭实践的基础上，完善环境审判体制机制，提高环境案件专业化审判水平，从根本上解决环境案件立案难、举证难、审判难、执行难等问题。

同时要从建设社会主义法治国家和法治政府出发，规范行政执法，改变过度依赖长官意志和行政手段的执法方式，改变以罚代管、以罚代过的工作方法，改变“运动式”的行政执法模式。

4．发挥市场配置资源环境要素的基础性作用，改变资源低价、环境廉价的局面

资源低价、环境廉价是资源浪费与环境污染的基础性原因。只有纠正在资源环境价格方面的错误市场信号，建立充分反映市场供求、资源稀缺程度以及环境损害成本的价格形成机制，才能将资源环境成本真正内部化，避免排污者将污染成本转嫁给社会，才能使节约资源、保护环境真正成为人们的自觉行为。为此，应当继续完善以下环境经济政策：

（1）推动财政政策的生态化调整。建立财政支持绿色发展稳定增长的资金机

制；创新财政手段，设立基金补贴、免贷奖励、贴息、担保等市场手段，弱化以专项资金管理为代表的行政手段管理色彩；发挥财政投入的效益，建立中央和地方事权明晰的多级投入机制。

（2）完善有利于资源节约、环境保护的税收体制。包括取消不符合节能环保的产品、技术、工艺等出口退税政策，配合节能环保调整消费税，对环保节能产业、现代服务业给予所得税方面优惠等。特别要结合国家的结构性减税工作，改革资源税、开征环境税，逐步提高税率，强化税收的行为调控功能。

（3）改革环保收费与环境价格政策。完善城镇污水和垃圾收费政策、脱硫脱硝电价的价格政策、处理处置污染物的收费制度；深化推进水资源、电价、煤炭、石油、天然气等关键性资源产品的定价机制改革，按照市场化定价的原则，逐步改变政府直接控制价格的做法，在重要资源价格形成机制的改革上取得实质性突破。

同时完善绿色金融、绿色贸易政策，建立健全生态补偿机制，深化农村环保“以奖促治”和“以奖代补”政策等。

5．实行谨慎原则，建立严格的环境风险评估制度

发达国家普遍将谨慎原则作为环境立法的基本准则，这是因为环境损害具有很大的滞后性和不确定性。环境损害主要包括两大类，一类是可以被科学证实的环境损害，如水体、空气、土壤等的环境污染损害；另一类是尚未被科学充分证明的潜在环境损害。由于生态系统高度复杂，人类对于科学知识的掌握仍具有相当程度的局限性，许多环境损害目前还难以被科学地证明，但不排除将来发生的重大可能。如大量排放温室气体、引进外来物种、转基因技术、纳米技术、新化学品的应用等带来的环境损害，目前还没有完全被科学证实，但如果不谨慎应对，不对潜在的风险进行评估，一旦损害真正发生，再去考虑应对措施，一是代价将会相当高昂，二是可能为时已晚。为防止潜在的、不确定的环境风险或者对人体健康的损害，许多国际环境公约、条约和议定书和发达国家的法律法规都采用了谨慎原则，并且为此普遍建立环境风险评估制度，即在没有充分的科学依据证实其对环境和人体健康无害的情况下，需要谨慎地采取预防性措施，避免潜在的环境风险和健康风险。这些理念和原则已成为国际社会在环境保护领域的共识。如

《气候变化框架公约》等国际环境公约、条约多次重申或者援引了这一原则。

为此，我国应当将“谨慎原则”作为环境立法的基本理念，渗透贯穿于环境法律法规，建立健全环境风险评估制度，确保谨慎原则的充分体现。

6．推动信息公开与公众参与，完善多元化的环境监督体制

公众参与是解决环境问题不可替代的力量。除了政府“自上而下”的推动和引导外，发达国家实践表明，环境保护还要依赖公众“自下而上”的参与。在一定意义上，公众监督是政府监督的补充和延续，公众监督不仅可以强化对污染企业的环境监督，弥补政府监管力量的不足；同时还可以监督政府工作，使其认真履责。我国应当从现行的政府主导型的环境管理模式向包括政府、企业、公众和社会组织在内的主体多元化合作的监管模式转变。

（1）加快环境信息公开的步伐。信息公开是国家政治体制改革的一个大趋势。一方面要进一步扩大政府环境信息主动公开的范围，规范和畅通依申请公开的渠道；另一方面要强化企业环境信息公开的责任，要求企业全面、真实、客观、及时地公开环境信息，确保公众的知情权、参与权、监督权及寻求法律救济等权利的行使。

（2）建立和完善公众参与机制。进一步完善环境立法、规划、重大政策和重点建设项目环评等听证制度，扩大听证范围，规范听证程序；探索实行社区环境圆桌对话机制，建立政府、企业、公众定期沟通、平等对话、协商解决的机制和平台。真正实现公众参与环境保护的真实性、科学性、广泛性、代表性，畅通公众环境权益诉求的表达机制。

（3）充分发挥社会组织参与环境保护的作用。社会组织参与环境保护是打破政府包办社会管理格局的重要措施，是社会文明进步的具体表现。因此，在行政管理体制改革中，应将社会公共事务管理的权限和责任从传统的政府职责中适度分离出来，鼓励社会组织承担环境责任，参与环境保护。

以史为鉴　推动环境保护的战略转型

杨朝飞

摘　要：中国的环境保护工作所面临的严峻的环境形势、快速的经济发展、深度的体制改革，都要求环境保护要尽快实现具有战略意义的转型。本文指出，中国要想从传统经济向绿色经济转变，关键是要完成两个转型和两个创新。两个转型：一是发展方式的转变，二是政府职能的转变。两个创新：一是体制机制的创新，二是技术方法的创新。而环境保护的战略转型主要包括：执政理念的转型、政府职能的转变、管理目标的转变、管理机制与管理制度、管理手段与管理方式的转变等广泛的内容，其中关键在于政府职能一定要准确定位。最后，提出了实现环保战略转型的几项重要工作。
关键词：难题；战略转型；政府职能

2012 年是“斯德哥尔摩人类环境会议”的 40 周年，也是中国环境保护的 40 周年，中国的环境保护取得了积极的进展，但是也面临着巨大的挑战。严峻的环境形势、快速的经济发展、深度的体制改革，都要求环境保护尽快实现具有战略意义的转型。

一、回顾历史，抓住发展转型的关键环节

环境保护的历史是一个面临难题压力、解决难题挑战的动态发展过程。环保的难题具有阶段性的特征，我们解决了许多原有的难题，然后又接受着新的更大难题的压力与考验。在环境保护不同的发展阶段，环保遇到了不同的难题，环保就是在和这些难题的博弈中取得进展。与难题博弈的确非常艰辛，而且也要付出很大代价，有些多年的问题到现在也没有解决，甚至一些同仁还牺牲了个人的发

展前途。

回忆环保的40年历史，主要遇到了两个阶段性的难题。第一个阶段性的难题主要有两个，一是环保体制的问题。包括环保的机构规格低、人员编制少、职责职能的空间狭小，环保工作很难干。二是资金短缺、能力建设滞后的问题。能力建设不能适应环境监管的需要，在很长时期内，基层环保干部甚至发不了工资。那时候每年一次的全国厅局长会议，厅局长们一起议论得最多的就是机构的问题、经费的问题，有建议和思考，也有牢骚和怨言。当时大家认为这两个问题是环保事业的永恒主题，年年说、年年解决不了。辩证法认为，除了发展和变化是永恒的以外，其他具体的事物是不存在“永恒”的。现在这两个问题得到了比较好的解决，当然还不能说是彻底解决了。从1988年国家环保部门升格为国家环保局，1998年升格为环保总局，2008年又升格为环境保护部。环保机构进入了政府的内阁序列，全国省、市、县的环保管理机构陆续升级升格，现在除了偏远的地区外，基本上实现了一级机构设置；进一步明确了环保部门的职责职能，环保编制逐年增多，管理职能不断扩展，工作经费也大幅度增长。

原有的问题解决了，新的问题又出现了。近年来，环保又碰到两个新的难题，这两个难题确实非常棘手、非常难以破解。这两个难题：一是对污染企业而言，“违法成本低和守法成本高”的问题始终困扰着我们，长期以来没有得到解决。甚至有人讲，还有“执法成本更高”的问题。放在一起就是“违法成本低、守法成本高、执法成本更高”的问题。这个问题不彻底解决，环保工作是很难干好的。二是更为重要、更为困难的问题，就是对环保部门而言，“站得住的顶不住，顶得住的站不住”，现在一些地区又出现了“顶不住的也站不住了”。

在解决第一个新的难题时，环保部门主要做了以下三个方面的工作。第一个是在修改环保各项法律法规的时候，提高对违法成本的罚款额度。在每次修改和创建各类环境保护法律法规，包括修改《中华人民共和国水污染防治法》《中华人民共和国大气污染防治法》《中华人民共和国固废污染防治法》的时候，环保部门都力主大幅度提高对违法行为的罚款额度，但是到人大和各部门征求意见的时候，却事与愿违，虽然也可以提高罚款幅度，但是难以从根本上解决。第二个是提高排污收费标准。排污收费干了30多年，环保部门多次提出要提高排污收费标准，这个提议也得到中央领导的支持，但是努力多年依然成效不大。第三个是想引入刑法来加重对违法行为的处罚力度，提高违法者的成本。环保部门为了推动这三项改进措施，付出了巨大努力，取得了一定进展，对违法行为的处罚力度比过去明显加大了，对二氧化硫等的收费标准提高了，一些地方还成立了环保法庭，司法审判了一批重大的环境违法案件等。但是从整体上讲，还是收效甚微，违法成本低和守法成本高的问题没有得到根本解决。

关于第二个问题："站得住的顶不住，顶得住的站不住"的问题。各级环保部门也都做了很多工作，比如说环保部门曾经大力推动对党政领导干部实行环境保护目标考核，考核不合格的不能提拔；对环保干部实行双重领导管理，以保护敢于坚持原则的环保干部。但是这两个措施没有发挥作用，基本上流于形式了。

前些年，有一个县环保局局长严格履行职责，不同意在水源地建设有污染的工业项目，后来领导要他签字，他没办法，就签字了。结果一年之后这个项目发生了重大污染事故，在查处该污染事件的时候，又以渎职为由查处了这位环保局局长。还有一位省环保厅的一把手，很有事业心、责任感，在查处一个利税污染大户时遇到了很大的阻力，环保法规不能执行。此后领导又让他跑上级环保部门，为一个不符合环保要求的项目打通关。他不愿意干违背良心的事情，最后作出了告别内心非常热爱的环境保护事业的选择。

前些年在"顶得住的站不住"的时候，各级环保部门能够团结一致，相互支持，相互帮助。上级环保部门发现下级有"顶得住的站不住"的时候，或是通过关系做工作，帮他"站住"；或是采取一些保护性措施，比如说调动工作，调到上级环保部门所属的单位任职。这些保护性的案例确实曾经鼓舞了人心，鼓舞了环保干部的士气。但是这些措施并不能从根本上解决这个难题。

现在情况又发生了变化。过去是"顶不住的能站住"，现在是"顶不住的也站不住"了。近年来重大污染事故频发，重金属污染事件高发。一些"顶不住"的干部为招商引资的污染项目大开绿灯，污染事件东窗事发后被严厉追究责任的干部也不在少数。

各地在查处这些重大污染案件的时候，对环保部门进行了非常严格的审查。一查建设项目是谁批准的，是谁签字的？批准人、签字人是肯定要负责的；二查项目竣工后有没有验收？是谁去现场验收的？去的人肯定负有责任；三查在发生重大事故之前，环保部门到过现场没有？没去过就是失职；四查环保人员在现场提出的整改措施是否得当？如果提出的整改措施不得当，那就负有责任；五查即使提出的整改措施非常到位，但是后来没有落实，也要追究没有督促落实的责任。这“五查”对环保部门是非常苛刻的，在这种严格的审查下，我们可以看到这些年许多环保干部接二连三地倒下去。

环保部门现在是岗位风险急剧上升，与此同时社会对环保部门的批评也越来越多，环保部门的声望大损。前些年，能够“顶得住”的时候，虽然一些干部“站不住”了，但是社会上对环保部门的同情与赞誉还不少。现在社会上对环保部门的批评越来越多，而且日趋尖锐。

小的媒体不说，仅是《人民日报》2012 年就两次刊登文章批评环保工作。2月《人民日报》的一个评论讲，“近三年中，一些环境事件发生后，环保人被曝光，被追究行政和法律责任的达数十例。某地一企业违法排污，虽然环境监察人员平时要求很严，但因没按规定填写相应文书，查无证据，以失职之故被追究。某地一国家明令限批的化工企业，违规未批先建，环保局相关人员因收受企业钱物而视若无睹，结果企业出事后被依法追究。某地环保局两位监察人员因未顶住说情风，放宽执法标准，在企业放肆排污被群众举报后受到党纪、政绩处分。环保人常被问责，环保局局长难以坐稳位置，在业内成了一个热点的话题。有人抱怨对环保人的问责设置条条框框过于严厉，也有人认为环保人被问责都事出有因。”

4 月《人民日报》的又一篇评论讲，“一直以来清贫而弱势是公众对环保部门的印象，但是随着环境保护日益受到重视，环保部门手里的权力也越来越大，一些干部不仅没有珍惜这些权力，反而将其当成谋私的手段。过去公众为‘顶得住而站不住’的环保局局长惋惜、赞美，如今在一个个污染事件的背后，牵出的往往是当地环保部门的行政不作为乃至腐败。”

环保的两个历史性难题背后的原因是什么？除了个别人员素质不高的问题外，主要有两方面的原因。一方面是环保部门手中的权力越来越大。因为环保机构升格，部门职能职责扩张，审批权限扩大，环保部门小马拉大车的现象普遍，环保部门的工作越来越力不从心了。但是至今仍然有许多环保干部没有意识到这个问题，依然把这些审批和许可的权力紧紧握在手里，不愿意放权。不放权，工作不作为的风险就会越大。另一方面，就是体制性的原因突出。一些地方片面追求 GDP 的热情高涨，追求经济以两位数的速度增长，追求在几年的任内经济翻番，追求跨越式、飞跃式、超越式的发展。上项目已经成了一些地方干部的工作动力和工作目标。唯 GDP 的风气加大了环保部门的岗位风险。

有一个媒体发表了关于反思足球腐败问题的评论文章。文章引述了一位足球专家感慨万千的话，“推动足球职业化改革以来，一失败就更换一个足球的掌门人，却很少在体制上反思，没有在机制改革上总结，一次次重复着几乎相同的错误，一次次重演着失败的轮回，没有发展、没有创新，只是一个个失败者的名字在不停地更替变换”。

最近哈尔滨发生了一起重大的医患纠纷事件，导致了一死三伤，这个事件在网上引起了强烈反响。让人们意想不到的是，网民谴责医务人员的人数比例之多是出乎意料的，对此很多医务人员看了之后感到寒心。一个评论文章讲。在医患关系紧张的背后，看起来只是医生与患者个人的问题，实际上是群众对现有医疗体制表现出来的怨恨和愤怒。在现行的医疗体制下，看病难和看病贵的问题越来越严重，老百姓负担不起、忍受不了。其实医务人员也很疲惫，一天看很多病人，工作压力很大，不可能有时间坐下来心平气和地与患者用平等聊天的方式看病诊断。评论认为，医务工作者成为患者的出气筒，成为不合理医疗体制下的牺牲品。

世界银行与中国国务院发展研究中心联合编著了《2030 年的中国》，提出了一个非常重要而且中肯的建议，中国的经济转型必须要使经济更加面向市场，包括紧缩国企的权力和改革政府的资源配置方式。研究报告认为，“今后中国经济转型有两个核心的问题必须解决：一是改革国企的市场垄断，二是改革政府的资源配置方式。报告认为，假如中国不马上着手并在今后几年内开展体制变革，就会在将来面临更加严重的风险。随着日益老化的社会，脆弱的社会保障体系和日益拉大的贫富差距，这些挑战会越发严峻。假如中国不改变发展模式，并反思政府在经济管理中的作用，该国的增长引擎就有可能在今后几十年受到阻碍。”

我国著名的经济学家吴敬琏先生在 2012 年 3 月 17 日中国发展高层论坛上指出，我国“十二五”开局的转型取得进展，但是成本太高，最重要的原因还是体制上的问题。目前各地仍然沿用着政府主导发展的路线，大政府、强国企，实现了经济的高速度增长。但是另一方面，发展方式掩盖的问题也正在逐步显现。为此他呼吁，要下决心调整政府和市场的关系，解决好政府的定位问题。

由此可以看出，传统的经济增长方式在一定条件下可以取得高速度、高增长，但是它的弊病也是很多。如果对这些弊病熟视无睹的话，将会极大地损害国家和民族的发展后劲和发展潜力，阻碍今后的经济发展速度，危及社会的长治久安。

在我国现行的社会管理体系及政府的工作中，普遍存在着三种陈旧的理念，影响着我们未来的发展：一是重经济建设、轻社会管理的思想非常突出；二是重强势群体利益、轻弱势群体利益的现象比较普遍；三是管控思想严重，服务意识淡薄。

2011 年政法司完成了国合会的一个题为“中国绿色发展机制”的研究报告，在国合会的年会上演讲，得到了好评；在国合会向国务院提交的建议报告中，大量吸收了报告的研究成果。该报告通过分析提出，中国要想从传统经济向绿色经济转变，关键是要完成两个转型和两个创新。两个转型：一是发展方式的转变，二是政府职能的转变。两个创新：一是体制机制的创新，二是技术方法的创新。

两个转型和两个创新的作用及相互关系是：转变发展方式是转型的目标，转变政府职能是转型的必要条件，创新体制机制是转型的巨大动力，创新技术方法是转型的重要手段。

该报告中还提出了影响经济转型的几个重要的综合因素：

一是要建立新的价值观念，从传统的 GDP 转变为财富的观念。也就是说要改变“建一个楼是 GDP、拆一个楼也是 GDP”的落后价值观，要把拆楼从 GDP 中扣除，因为拆除的建筑已经不再属于财富了。

二是技术创新的能力。一个能源专家讲了一个发人深省的观点，他说能源问题其实不是一个资源的问题，而是一个技术的问题，只要创新了新的技术，能源的范围就会更加广阔，能源的效率就会大幅度上升，能源的问题就可以迎刃而解。如美国现在开发利用页岩气，满足了美国的能源市场需求，提高了美国的能源安全，减少了美国对中东石油的依赖，从而也对美国的外交、军事、地缘政治等政策产生了直接的、深远的影响。

三是机制体制和法制的建设。这是发展转型的重要保障条件。

以上三种因素主要反映在政策制定和市场发育两者之间的相互依赖性，就是政府的政策是如何影响市场，或以何种方式去影响市场的。而影响两者关系的关键就是政府的定位要准确。这个因素比前面三个因素更为重要，因为如果政府包办企业事务，代替企业对重大发展事项做出决策的话，企业的发展创新就会失去了活力。所以政府转变职能是决定其他三个转型与创新成功与否的关键环节。

二、分析现状，转变政府职能是环保转型的突破口

“中国绿色发展机制”研究报告认为，目前在环境保护工作上，一些政府在定位上存在着很大的偏差，可以概括为越位、缺位和错位三个方面的问题。

——政府的越位。越位就是指政府包办了资源要素的市场配置，包办了人才、资金、技术、项目的流向，代替了市场配置资源的基础性作用。行政体制改革的一个重要措施就是要建立灵活反映市场供求关系，资源稀缺程度和环境损害成本的资源性产品的价格形成机制。由于政府越位，包办了资源要素的市场配置，因此也损坏了市场配置资源的基础性作用。

——政府的缺位。市场的本质就是最大限度地追求利润。这是市场盲目性引发经济危机的根本原因，也是企业成本外部化的根本原因。因此政府的主要任务就是要加强对市场的监管，规范市场行为，规避经济危机的产生，同时也防止污染企业把治理的成本外部化。但是在 GDP 挂帅的个别政府那里，只顾招商引资，大规模上项目，甚至要求政府负有监管责任的部门也要完成招商引资的指标任务，并作出决定，年底不能完成任务的一律免职。因此就有意无意地放松了对市场的监管和规范。如近年来发生的很多污染事件，其原因大都是唯 GDP 思想作祟。当地政府让各个部门都去招商引资，环保部门也要完成招商引资任务，环境监管大为削弱，污染事故和血铅、血镉事件屡屡发生。

——政府的错位。政府忽视或是放弃了对市场间接的引导性管理。政府对市场的管理主要有两种方式：一是依法行政，严格监督和规范管理；二是制定政策，良性引导。政策引导是政府管理市场、服务社会的主要手段，是市场实现良性循环、良性发展和社会实现长治久安的重要保障。

综上所述，“顶得住的站不住，顶不住的也站不住”的根源就在于政府定位发生了偏差，唯 GDP 主义的执政理念是产生问题的根本症结之所在。

从目前世界行政体制改革、公共管理改革中我们可以看出有五大发展趋势：一是国有企业的改革要适度民营化；二是对外部监督的改革要适度自由化：三是对服务提供的改革要适度市场化；四是对政府间关系的改革要适度分权化；五是

对政府自身的改革要适度企业化。

环境保护的战略转型主要包括：执政理念的转型、政府职能的转变、管理目标的转变、管理机制与管理制度、管理手段与管理方式的转变等广泛的内容，其中关键在于政府职能一定要准确定位。

政府定位关系到国家经济社会的可持续发展大局，也影响着各地的环境保护工作。所以从环保这个角度来看，政府转型的根本目标，就是要从增长主义的政府转变为以社会公共服务为中心的政府管理模式。政府的主要工作对象就是要管理好社会的公共产品，从环保的角度来讲，就是要保护好环境和资源。因为环境和资源是社会的公共产品。因此以公共服务为中心的政府管理模式是做好环保工作最重要的基础。

社会公共服务包括两方面，一是管理好公共产品，二是为市场提供服务。"环保的战略性转型"的实质主要是两方面：一是要严格监督企业的环境行为，将企业的环境成本内部化；二是改变资源环境价格的形成机制，发挥市场配置资源的基础性作用。

转变职能是实现环境保护战略转型的前提条件。现在环保部门主要有四大基本职能：综合管理、宏观调控、监督执法、公共服务。国家赋予环保部门的新的职能，实际上大大地提升了环保部门的地位。因此，环保部门要对环保工作给予重新定位思考。

——综合管理：环境保护需要许多部门的共同参与，即使实行大部制后，环保部门也不可能一家包打天下。综合管理主要是通过组织、协调、合作推动来实现环境保护的目标。

——宏观调控：要求环保部门参与国家对经济的宏观指导和监管，一是通过制定环境保护的政策、规划、行政审批参与宏观调控；二是通过配合有关部门工作，推动国家各项宏观政策更加有利于环境保护；三是做好重点政策的环境影响后评估。

——监督执法：依法行政，监督处罚违法行为。包括立法、制定标准、行政审批、环境执法以及执法监督等。

——公共服务：一是做好信息公开，为群众监督和社会监督提供服务；二是做好政策的前期研究，为国务院有关部门制定经济政策提供技术支持；三是做好基础工作，为环保基层工作服务；四是做好环保技术研究，为发展环保产业提供服务。

四大基本职能的关系：是相互依赖、相辅相成，构成了一个有机的整体。不能相互割裂，不能相互偏废，不能顾此失彼。四大基本职能的贯彻落实对“环保的战略性转型”具有十分重大的意义。

国家为何要让环境保护部门放弃“统一监督”？这是因为过去在监督方面，环保部门从来没有真正地“统一”起来过。其主要原因：一是环境监管是多部门事情，环保一家不可能包揽，环境问题是一个复杂的社会问题，不可能仅仅靠环境手段来解决；二是环保一家要包揽，其他部门不答应，形成了部门之间的摩擦、矛盾和扯皮；三是由于长期的“统一监督”，导致环保部门成为高危的政府部门。

中央关于“十二五”规划的建议提出要把改革开放作为加快转变经济发展方式的强大动力，要推进经济、政治、文化、社会领域的改革。由此可见，政治体制改革已经纳入中央的改革视野和议事日程。“十二五”规划纲要提出改革的重点领域集中在以下几个方面，包括资源要素的价格、财税体制、收入分配体制、垄断行业等重要领域以及社会管理体制和转变政府职能方面的改革要取得明显的进展。所以“十二五”规划纲要为我国的政府转型，也为环保工作的战略性转型提供了强有力的政策依据。

政治体制改革对环境保护具有决定性的影响，而环境保护很难对政治体制改革的进程产生较大的影响，这是客观的。但是环保部门不能因此就不去关注政治体制改革。现在解决环保两大难题，实现环保的战略转型，仍然是可以有作为的。一方面要认清政治体制改革的大局，环保战略转型要紧跟国家政治体制改革的进程，因势利导，作出相应的调整和改革，以便从中受益，早日受益。另一方面也可以从实际出发，及时放弃那些在现行体制下不能解决问题的监管手段，弱化政府非做不可的职能职责，将一些管理工作转移给下属单位和社会组织去干；肩负起那些政府非做不可的职能职责，真正转变为名副其实的服务型政府。

实现战略转型就必须放弃一些部门的利益，放弃一些传统的管理手段和管理方式。在增长型政府模式的主导之下，在追求GDP主义盛行的条件下，一些传统的环境监管手段的作用正在衰减。许多传统的行政审批、行政许可的手段正在逐步地失去作用。一些项目的环评审批，已经很难把住环境损害的关口了。现在下级环保部门的一个普遍的重要任务就是陪着市政府、市委向上级环保部门跑通关。所以环保部门要站在国家发展与改革的大局，及时调整环保工作，做好战略转型的顶层制度设计，坚决从过去单纯使用行政手段转变到综合使用法律、经济和技术的手段及必要的行政手段上来。法制和市场的手段尤为重要。

三、环保实现战略转型的几项重要工作

第一，加强法制建设，推动国家法律体系对环境保护的全面支持。环境立法必须坚持四大发展趋势：

——以强化政府责任为主线，修改环保法，制定约束政府环境行为的法律制度。世界上环境保护工作做得好的国家都有一部约束政府行为的环保法，这正是中国环境立法存在的一个很大的缺陷。因此应当从环境保护的角度出发，加强约束政府环境行为的法律制度建设，以推动政府工作的转型。

——以强化环境责任为主线，制定环境污染损害赔偿法等，完善保障公众的环境权益和国家的环境权益的法律制度。推动环境污染损害赔偿，既可以切实保障公民的合法环境权益，特别是保护社会弱势群体的合法环境权益，又可以提高环境违法的成本，严厉惩处环境违法行为。

——以理清环境监管制度为主线，研究现有的环境监管制度之间的有机联系。减少重复、交叉、冲突、矛盾，按照整合一批、改进一批、新建一批的原则，逐步完善环境法律制度。环保部门建立了大量环境法律制度，环境法律制度也发挥了重要作用。但是法律制度多并不一定是件好事，一是多了之后法律制度之间相互扯皮，法律效率越来越低；二是行政许可、行政审批太多，就会限制经济发展的活力。

——以国家法律生态化为主线，推动民商法、行政法、经济法、社会法、刑法等法律与环境法规制度的协调统一，发挥国家法律体系对环境保护的保障作用。过去环境法制建设大多集中于水、气、声、固废、环评、排污收费等领域，主要是环保监管职责范围内的立法，而对于如何依靠国家的法律制度来支持环境保护做的远远不够。今后的环境立法的一个重要目标就是将环境保护渗透到国家各个领域的法律法规之中，形成国家法律体系对环境保护的全面支撑保障。

第二，完善环境经济政策，推动国家综合经济政策的生态化调整。

——要推动财政政策的生态化调整，一是建立财政支持绿色发展稳定增长的资金机制；二是创新财政手段，比如设立基金补贴、免贷奖励、贴息、担保等市场手段，弱化以专项资金管理为代表的行政手段管理的色彩；三是发挥财政投入的效益，建立中央和地方多级共同的投入机制。

——推动税收政策的生态化调整。“十二五”规划纲要提出，建设绿色税收体制，包括改革资源税、开征环境税，取消不符合资源节约、环境友好产品、技术、工艺的出口退税政策，配合节能环保调整消费税，对战略性新兴产业、现代服务业给予所得税方面的优惠。

——推动金融政策的生态化调整。建立促进绿色发展的金融政策体系：一是利用信贷政策的金融产品工具，支持环保节能项目，企业的节能减排。二是引导和督促金融机构、企业防范环境风险。三是推动金融部门履行社会责任。

——推动价格政策的生态化调整。一是要建立反映资源稀缺程度和环境成本的价格形成机制；二是要深化推进水资源、电价、煤炭、石油、天然气等关键性资源产品的定价；三是围绕污染物减排，对治污企业给予价格优惠。

环境经济政策就是从根本上对国家财政、税收、金融和价格四大政策体系进行环境保护的调整和改造，这是一项巨大、艰苦、系统的工作，仅仅靠环保部门是完成不了的，仅仅靠经济部门也是完成不了的。必须由经济主管部门与环保部门密切配合才能顺利完成，环保部门的大力支持和积极参与是非常重要的。

第三，推动信息公开，鼓励社会组织参与环境保护。

——重视研究贯彻新修改的民事诉讼法。

新修改的民诉法现在已经将环境公益诉讼纳入到法律草案之中。公益诉讼的主体主要有两方面，行政主管部门和社会团体。环境公益诉讼对环保部门而言，既是一次机遇，可以大大推动司法力量支持环境保护事业；又是一个挑战，环保部门如果应对不力，对重大的污染事故不提起公益诉讼，又增加了一个追究不作为的口实。环保部门必须要有思想准备。这已经不是环保部门想干不想干的问题，而是国家的法律授权必须要干的工作。一旦该法获得通过，环保部门就只能迎难而上了。

——充分发挥社会组织参与环境保护的作用。

社会组织参与社会管理是打破政府包办社会管理的一个重要措施，也是国家行政体制改革的一个大趋势。国家行政体制改革的一个重要思想就是要将社会公共事务管理的权限和责任从传统的政府垄断中适度地分离出来，扩大社会组织参与社会管理的范围和领域，形成一个民主的、多元主体共治的局面。

社会组织在中国应当包括五个方面，一是共青团、工会、妇联等党的社团组织；二是协会、学会等有政府背景的社会团体；三是教育和科研单位，如政法大学的环境法律救助中心；四是银行、保险、证券等金融机构，金融机构可以负责推动的绿色保险、绿色金融、绿色证券等；五是 NGO 组织。

社会组织参与环境保护是一个大的趋势，环保部门主要任务就是推动社会组织的自觉有序的参与，要与政府的监管形成合力；而不是盲目的参与，与政府监管形成对立。

——加快环境信息公开的步伐。

信息公开是国家政治体制改革的一个重点，目前环境保护在这个方面取得了一定进展，确实也面临诸多的困难、挑战和压力。一个是我们的法制还不健全，二是国家公民的素质还不高，三是干部编制还比较少。

目前各地的环境行政复议和信访工作都时常碰到很多难缠、滥缠的人和案件，确实增加了许多工作量。这些年，一些地方在法制建设方面，总是在人治和法治之间来回游移，进入法治肯定会遇到很多困难，遇到困难就倒回人治又不符合历史的发展方向。改革是不能因噎废食的，群众监督是政府监督的补充和延续，群众监督不仅可以弥补政府监管的不足，同时还可以监督政府工作，使其认真履责，帮助政府杜绝不作为、乱作为和腐败现象的滋生。信息公开是群众监督的基础，没有信息公开就没有群众的监督。

信息公开主要包括两个方面，一是被监督对象的信息公开；二是政府信息的公开。前者有利于群众帮助政府监督企业；后者有利于群众对政府工作的监督。公开企业信息对企业上市发挥了积极的作用。据媒体报道，6 月 1 日证监会公开上市申报企业信息显示，江苏奥力威传感高科技股份有限公司、成都任我行软件股份有限公司进入终止审查名单。这是公开上市申报企业信息预披露新政策实施以来的第 34、第 35 家企业终止了上市之路。媒体评论，新政策的实施，让某些不具备上市条件的企业早早打道回府，信息预披露“第一道防线”的作用初显威力，上市通道更加顺畅高效了。

2012 年 7 月 1 日，自来水新国标生效的第一天，两位南京居民将政府信息公开申请表寄往全国 32 个省会城市共计 35 家自来水厂，要求公开自 7 月 1 日国家强制实施新的《生活饮用水卫生标准》以来，各自来水厂对出厂自来水进行第一次水质检测的数据等。律师表示，根据《政府信息公开条例》，“两位申请人的信息公开申请有充分的法律依据”。在 20 世纪 90 年代中期的时候，环保部门率先公开了大气环境质量的信息，受到社会广泛好评。当时也曾经打算公布饮用水水质信息，但是遇到了来自一些地方政府的阻力。其理由是，如果公布了一时解决不了的环境问题的有关信息，势必引起群众的不满，影响社会安定。20 年过去了，环境恶化的趋势并没有得到根本性的扭转，担心公开环境信息将会影响社会安定的说法，似乎成为一些地方政府牺牲环境换取经济发展的一种说辞。然而信息公开和公众参与社会管理的历史步伐正在加快，依靠隐瞒环境信息求得社会安定的传统执政理念即将走入尽头，环保部门迎接环境信息公开的挑战越来越难以回避和拒绝了，现在留给环保部门的回旋余地越来越少了。

目前我国政府信息公开逐步深入，包括建立新闻发言人制度，推动“三公”经费的公开，公车的改革，限制公款吃喝，行政许可与行政审批改革，廉正监督等，信息公开促进了公众关注问题的解决。

不仅政府部门实行信息公开，党的机构也开始推动信息公开。最近中组部、中宣部、统战部相继开展“走进中组部、中宣部、统战部”的活动，我国党的机构也在加快信息公开的步伐。

发达国家的环境保护不是仅仅依靠行政部门的监管完成的，除此之外，一是靠司法，企业违法了，群众就去法院投诉。二是靠信息公开。该不该上项目？企业首先要与周边的群众对话，老百姓没意见了再到环保部门办理审批事项。如果中国的《环境影响评价报告》都公开了，不仅环保部门的压力大为减小，而且环评报告书的质量也可以大幅度提高。

第四，加强环保政策法制的基础性工作。

主要有两项工作非常重要：

——继续抓好环保综合名录的制定工作。这项工作已经做了多年了，在有关司、地方的支持下，特别是工经联和环境规划院的支持下，环保综合名录已经进入国家的综合决策，包括纳入了国家产业结构调整指导目录，纳入了国家取消出口退税的商品目录，纳入了国家禁止加工贸易商品的目录，纳入了国家部分工业行业淘汰落后生产工艺装备产品的指导目录，纳入了国家农药产业政策的范围，纳入了国家信贷调控的政策范围，纳入了国家安全生产监督的范围。

为此，建议地方环保部门也要加强这项工作：一是制定地方环保综合名录，过去重庆和沈阳曾经做得不错。二是以地方执法为依托，抓紧环保综合名录的贯彻落实，凡是纳入名录的高环境污染、高环境风险的产品、技术、工艺，建议结合地方环境执法该立即淘汰的就立即淘汰，该限期淘汰的就限期淘汰；凡是纳入产业政策的环保友好型产品、技术、工艺以及治污设备，环保部门就应当推动有关部门落实优惠政策，帮助有关产品、技术、工艺以及治污设备的健康发展，最大限度地发挥名录的导向性作用。

——深入开展环境损害鉴定与评估的试点工作。目前政法司、应急中心、环境规划院正在组织有关省市开展工作试点。这项工作的意义非常重大：

一是推动环境损害的民事赔偿，维护公民的合法权利。一些人讲，先发展后环保，先污染后治理，是中国发展阶段的特征，是不可逾越的历史过程。认为只有把蛋糕做大，才能解决污染问题和民生问题。其实这种观点完全忽视了广大群众的切身利益。因为污染问题对 13 亿人来讲不是平均承担的，社会强势人群几乎很少承受到环境污染损害。他们可以选择环境好的地方，可以利用自己的有利条件把周边的污染企业搬迁、停产。弱势群体在环境污染面前则是无能为力的，过激行为成为最后的无奈选择，而这样又会为他们带来更多的法律麻烦。所以政府在环保方面一定要保护弱势群体的利益。环境损害鉴定是实现污染赔偿的重要技术途径。

二是构建环境公益损害的赔偿制度，维护国家社会的环境权益。像松花江污染事件、沱江污染事件、大连湾石油污染事件等，污染企业对公民个人私益环境损害赔偿不足，对国家江河、湖泊、海洋、湿地等的赔偿也草草了事。一些超级大型的企业凭借着雄厚的资金，仅仅以帮助地方上项目、增税收为名就事了案结了，这是非常不负责任的表现。开展环境损害鉴定，构建环境公益损害的赔偿制度，是维护国家环境权益和后人环境权益的重要保证，也是强制污染企业履行社会责任的重要保证。

三是建立以环境损害事实为基础的环境监管制度，提高国家环境监管的整体水平。目前我国的环境监管是以超标和超总量为基础的。发达国家虽然也有环境标准，也有总量控制，但是他们更强调环境损害赔偿，即以造成环境损害事实为依据，污染企业必须及时、足额地赔偿环境受害人的损失。现在环保部门普遍遇到的一个问题，就是企业达标了，但是仍然有空气臭味、水体污染、噪声危害等环境问题，老百姓对此不依不饶。怎么办？这就是我国现行环境监管制度与国际上的一个很大差距。开展环境损害鉴定，建立以环境损害事实为基础的环境监管制度，是解决问题的唯一出路。

四是建立严格的环境责任追究制度，大幅度提高环境违法者的成本。建立严格的环境责任制度是实现环境损害民事赔偿的重要前提，落实环境损害民事赔偿是提高违法成本的关键措施，开展环境损害鉴定是严格环境责任追究制度，实现环境损害民事赔偿的技术保证。发达国家针对环境损害，建立非常严厉的环境责任追究制度，包括终身责任、产权责任、经营责任和连带责任追究，开展环境损害鉴定对追究污染损害责任意义非常重大。

主要做好：一是积极参加有关试点工作；二是加强环境损害鉴定与评估的能力建设；三是查处重大环境污染事件，结合环境公益诉讼案件，推动环境损害鉴定与评估的健康发展。

“相地作磨”：明清以来河北井陉的水力加工业

——基于环境史视角的考察[1]

方万鹏

摘　要：河北井陉地处华北太行山东麓中段，特殊的地形地势和水环境为该地区水力加工业的发展、存续提供了良好的条件；井陉地区水力加工活动历史悠久，明清以来渐为民生所重，在外部市场需求的刺激下，水磨制香成为当地一项重要的经济活动；水力加工作为一种特殊的生产技术，一方面有着强烈的环境依赖性，另一方面在相应社会经济因素的驱动之下，也对所在地区的环境产生了一定的改造。

关键词：明清；井陉；水力加工；环境史

“Install Water Mills according to the Terrain”: The Hydraulic Machining in Jingxing of Hebei Province since Ming and Qing Dynasty

— Based on the Perspective of Environmental History Study

Fang Wanpeng

Abstract: Jingxing located in the east of the Tai-hang Mountains，the special topography and water environment in the region provided a good condition for the Hydraulic Machining development; The Hydraulic Machining activities in Jingxing had a long history，and gradually became important for the livelihood since Ming Dynasty，under the

1 本文原载《中国农史》2014 年第 3 期。

stimulation of external market demand, grinding incense by watermills became an important economic activity of the local; As a special production technology, on the one hand, The Hydraulic Machining had a strong environmental dependence, on the other hand, it also had a certain degree of influence on the local environment because of the excessive pursuit of economic interests.

Key words: Ming and Qing Dynasty; Jingxing; Hydraulic machining; Environmental history

水力加工是指以水为动力进行谷物脱壳、制粉、粹精或磨茶、制香等的生产活动，其核心特征是水动力，具体工具形态通常表现为水碓、水碾、水磨（硙）等。一般来讲，我国的水力加工活动兴起于汉魏，其时主要是以水碓从事粟的加工，而水碾、磨则迟至北朝才见于史料记载，并在隋唐发展至兴盛，该时期水硙普遍地被用来加工小麦制粉，北宋时期甚至出现了国家主导下较大规模的水力加工活动，例如水磨茶等。[1]

就华北地区而言，自北宋以降，水力加工逐渐淡出史籍记载，迟至明清才逐渐于地方文献中重新出现。但是，由于自然环境沧海桑田式的变化和社会环境条件的深刻变革，水力加工本身在这一纵深历史时间尺度中的存在形式也不断变化。一言以蔽之，明清时期的水力加工活动与汉魏、唐宋时期相比，其依存环境、经营群体、经济意义、环境效应等已不可同日而语。明末儒将茅元仪（1594—1640年）在其著述《暇老斋杂记》中即表达了当时的直观感受：

李允则治雄州，水硙为深广，盖燕南之水莫盛于雄。今久居其地，未见有所

1 关于历史早期水力加工活动的相关研究可参阅张柏春：《中国传统水轮及其驱动机械》，《自然科学史研究》1994年第2、第3期；谭徐明：《中国水力机械的起源、发展及其中西比较研究》，《自然科学史研究》1995年第1期；西嶋定生：《碾硙寻踪——华北农业两年三作制的产生》，韩升译，刘俊文主编：《日本学者研究中国史论著选译》第四卷《六朝隋唐》，中华书局1992年版；梁中效：《唐代的碾硙业》，《中国史研究》1987年第2期；王利华：《古代华北水力加工兴衰的水环境背景》，《中国经济史研究》2005年第1期；魏明孔：《隋唐手工业研究》，甘肃人民出版社1999年版；黄纯艳：《宋代茶法研究》，云南大学出版社2002年版等研究。

谓水硙者。盖平川漫衍，非阻而激之不能为硙。今坐失其利，不独雄，江南亦然。山溪之间有水硙，平流则无。古人修法以致之，不必山溪。此民生大利，当讲求也。[1]

茅元仪这段话包含了非常丰富的信息：首先，李允则是北宋戍边将领，其时雄州水硙非常兴盛，但是到了明末，该地区"未见有"；其次，茅氏认为明代没有的原因在于当地自然环境条件已不具备，即所谓"平川漫衍，非阻而激之不能为硙"，并指出这种情况不仅发生在雄州，"江南亦然"，同时强调水硙为"山溪"之物，"平流则无"；最后，茅氏话锋一转，指出水硙运用不一定非得在"山溪"之处，古人即是"修法以致之"，而且水硙是"民生大利，当讲求也"。

雄州即今河北雄县，位于河北省中部。茅元仪一生忧愤国事，凡利于国计民生之技艺，尤大力倡导，故有效仿古人"修法以致之"之说。然而，茅元仪可能不知，就在其感叹"平川漫衍"之处不可得的时候，位于雄县西南太行山中的井陉地区，水磨已然为民生所重。

"家有一盘连轴转，不愁没饱饭。"[2]这是流传至今的井陉农谚。所谓连轴转，即是指水磨。井陉地处晋冀交界的太行山东麓，为"太行八陉"之一。该地区水力加工活动历史悠久，[3]明清、民国以来仍保持一定规模的发展。然而如前所述，晚近时代的水力加工活动在华北水环境衰落的大势和社会环境深刻变革的背景之下，较之早期已经发生了诸多变化，那么这些变化究竟体现在哪些方面？我们将基于这一学术诉求，以井陉为个案，在下文具体探讨。

一、水环境与技术特点

水力加工的核心特征是水动力，故其运行对水环境有着较高的要求。在水资源总量一定的前提下，水力之利用必然要与灌溉、水运、饮用水等争利，历史早

1（明）茅元仪撰：《暇老斋杂记》卷二十，清光绪李文田家钞本。

2（民国）傅汝凤主编：《井陉县志料》，天津义利印刷局 1934 年，兹据梁建楼、吴学囿整理新版《井陉县志料》，1988 年，第 366 页。

3 当地人传称汉代即出现水磨利用的情况，不过这一说法无法得到史料印证。

期水力加工与农田水利、漕运等产生矛盾以致被官方强制废罢即多缘于此。[1]那么，井陉地区水力加工赖以生发、存续的水环境如何？是否存在上述“争利”情况呢？

井陉境内的水资源大致可以分为两种类型，即河水和泉水。境内河流较大者唯有绵蔓河和甘淘河两支。绵蔓河发源于山西平定州绵山，经娘子关5里后入井陉县界，流经井陉县治，继而北向，注于滹沱河，在井陉县境共计100里，河“水性温，严冬不冰，流迅激，灌溉甚少；安澜时引水转磨，香面之利出焉，但贫乏者不能为之也。”[2]甘淘河发源于山西平定州松子岭，入井陉县界后，北流至横口村入绵蔓河。除地表径流外，井陉地区的亦有部分泉水资源。民国《井陉县志料》对井陉水资源的利用情况进行了较为详细的评述，兹录如下：

综计境内河流，割髭河、金良河、小作河，皆夏流冬涸，无利害可言。北峪、鹅毛等泉，水浅而清，足以供浣濯，而不足以资灌溉。甘淘河上游，可收灌溉之利，下游亦有时干涸。惟绵蔓河西来北去，纵横流于境内，约长百里，且水性温和，严冬不冰。其上游，河身陡峻，水流湍急，而水力雄猛，引水转磨，其势至便。以故沿河各乡，营水磨业者，不下百数十家。[3]

要之，基于该评述我们可以得出两点认识：其一，井陉河泉灌溉之利甚少，其二，绵蔓河因其“严冬不冰”、“水流湍急”两个特点[4]为发展水力加工提供了良好的条件。关于该地区山水资源的利用，雍正《井陉县志》的纂修者、时任县令钟文英在“山川”条后进行了颇有意思的评论，所谓“井邑环山带水，岂徒竞名胜哉！窃以为天地自然之利，亦于是乎在焉。盖山虽穷而终资樵采，水虽激而终资灌溉。生斯地者，苟怠惰自安，而取资之道不讲，予惧其重为山川负也。”[5]很明显，这位父母官对井陉的山水资源利用状况颇为失望，而缘由之一显然是水资源没有尽到灌溉的作用，但这并不是“怠惰自安”造成的。

1 相关研究可以参考前引西嶋定生、王利华、梁忠效等人的研究，兹不赘述。

2（清）雍正钟文英纂修：《井陉县志》，梁建楼标点、注释，井陉县档案馆1983年重印本，第8页。

3《井陉县志料》，第29页。

4 这两点在华北平原地区非常难得。恰如茅元仪所言，平原地区平川漫流，如果不能人为阻而激之是不可能驱动水磨的，另外北方地区河流冬季普遍有结冰期，水力利用在冬半年结冰期很难实现。

5 雍正《井陉县志》，第8页。

井陉境内皆山，土地资源有限而且地势较高，受制于“地高水低”的地形落差，在传统技术条件下，要引水上山、实现充分的农业灌溉确实颇为艰难。民国时期《东方杂志》的一份调查为我们呈现了井陉农业灌溉的窘境：

本县因为多是山麓的阶级地，大多数不能浇灌，只凭恃天雨收成。一遇大旱，禾苗全形枯槁，没有收成希望……低些的地，尚可以打井，以资浇灌。但井深多在四五丈以上，最深的有十丈，水量又少，不能用水车，多用辘轳，一人一天，不能浇灌一亩地……至于用河水浇地，高些的用桔槔，低些的便导沟渠，可以一直灌水进地，种些稻子。但这样田地，不过仅占本县田地二三十分之一，只北部接近平山一部分是这样。[1]

这一情况在多份民国调查中得到了印证。如梁瑞麟《河北井陉县概况》称“因地多在山间，地高水低，不能灌溉。”[2]温凤韶《正定井陉普查工作概况》称“井陉则多为山地……土地亦皆梯田及坡田，大部均为旱地，鲜能灌溉。”[3]耿瑞芝《测量滹沱河南岸正定、平山、获鹿、井陉及山西平定灌溉区域总报告》称井陉“地多坡岗，傍河两岸梯田，农人惟藉桔槔，从事灌溉，然仅下游一小部分，余则端赖天雨，而十年九旱，每致辛苦终年，难期温饱。”[4]

与农业灌溉之困境类似，井陉民生饮用水亦颇为艰难，往往需要取河水补给。毕恒武在《井陉县农业调查（附表）》中称“除绵河沿岸与平地可有里井之村庄外，山居的农民自无泉水可食，概由天雨时节将水积存于旱井内供一年之需要，若遇次年天旱，则积存之水不敷食用，须不远数十（里——笔者补）之外以牲畜驮水，或以人工担挑。”[5]但总体来讲，民众采河流之水补给饮用水之水量比较有限，故于河流水力影响不大，而且在雨水充足之年份，一般不需要河水补给，而特别旱荒之年份，河水之流量亦会受到影响以致干涸，自然也不存在利用水力的问题。

---

1 赵德华：《井陉农民生活状况》，《东方杂志》1927 年第 24 卷第 16 号，第 97 页。

2 梁瑞麟：《河北井陉县概况》，《农业周报》1935 年第 4 卷第 4 期，第 124 页。

3 温凤韶：《正定井陉普查工作概况》，《农业周报》1935 年第 4 卷第 19 期，第 662 页。

4 耿瑞芝：《测量滹沱河南岸正定、平山、获鹿、井陉及山西平定灌溉区域总报告》，《华北水利月刊》1936 年第 9 卷第 11/12 期合刊，第 80 页。

5 毕恒武：《井陉县农业调查（附表）》，《河北通俗农刊》1935 年第 2 卷第 1 期，第 106 页。

除灌溉和民生用水外，井陉对外交通几无水运之利可言，境内船舶亦多为代替桥梁之作用。因为河流湍急，所搭浮桥往往被水冲毁，水小时可以涉水，而“水大时，则必赖船舶为利济品。邑中南北津渡，如微水、固底、洛阳、防口等乡，皆置有船舶，以利行人。”[1]随着民国时期正太路以及井陉、正丰两矿运煤支路的修建，所经河道之处均修筑铁桥，避免了被洪水冲毁之患，故“沿河上游诸乡，往来行人，既无病涉之苦。旧年船舶，遂废置不用。”[2]

由此观之，井陉地区的水资源既无法实现充分的灌溉之利，又于水运、民生用水作用有限，而其水力迅猛的特点则于“相地作磨”至为便利，所谓的“水力”与“水利”的矛盾问题由此得到了“天然”的调试，从而为水力加工的生发、存续提供了良好而持久的水环境条件。

井陉地区水力加工历史比较久远，但就明确的文字记载而言，则始于明万历年间。其时钟遐龄知井陉县，井陉水磨曾一度因军事原因为官方所禁止，钟遐龄“为复水磨以苏疲民事”而奏文上书称“民之业兹土者，无以供粮差、给衣食。各自采取杂植，磨成香面，变易钱米，以办粮差、给衣食。此水磨所有设也。顷因关隘近旁，议禁斫木，遂并禁止水磨。民间生理阻绝，一时民不堪命，往往号诉于县。”[3]钟遐龄的奏请有没得到回复我们不得而知，而这一禁令究竟延续了多长时间我们也并不知道，但可以肯定的是井陉水磨并未因此而销声匿迹，而是在明末及清一代、民国时期都保持一定规模的发展。[4]见下图。

1《井陉县志料》，第 280 页。

2《井陉县志料》，第 33 页。

3 雍正《井陉县志》卷八《艺文志》，第 132-133 页。

4 孙雅彬先生在其硕士学位论文《清代直隶水资源管窥》中亦关注了井陉的水力加工活动，但是其论证重点在于通过水力加工活动的存在来推测该地区水环境的优越，就钟遐龄的奏文，孙氏则提出水磨有碍于国防，以致被禁止后，导致有清一朝井陉不再有水力加工，这一观点是有违历史实际的。（参《清代直隶水资源管窥》，南开大学硕士学位论文 2006 年 5 月，第 34-35 页）因为雍正《井陉县志》明确记载绵蔓河“安澜时引水转磨，香面之利出焉”（第 8 页）；光绪《续修井陉县志・艺文志》中三篇诗文——愈宪《过娘子关》、王士祯《次井陉县》、霍元章《水磨歌》（光绪常善修、赵文濂纂：《井陉县志》，井陉县史志办公室 1988 年重印本，第 144、119、149-150 页。）均明确记载或称颂井陉的水力加工活动，本文题目“相地作磨”一词即取自《水磨歌》“我云湍急盖有因，相地作磨宜居民”之句；嘉庆时人斌良多次经过井陉，亦留下了多篇关于井陉水力加工的诗文，如《冒雨山行晚抵井陉馆题》，《井陉县晓发由核桃园至甘桃驿，一路层峦叠嶂，水碓、山村、肩舆，镇日遄行，如在画中，复叠东坡雪浪石韵》，《井陉山中见居民藉泜水湍激安设水碓甚多率题》（参见《抱冲斋诗集》卷三十六《藏卫奉使集》一，清光绪五年崇福湖南刻本。）又乾隆《正定府志》称“井陉山多地少……其滨河者置水磨于急流。”（参郑大进：《正定府志》卷十一风俗五，清乾隆 27 年刊本。）

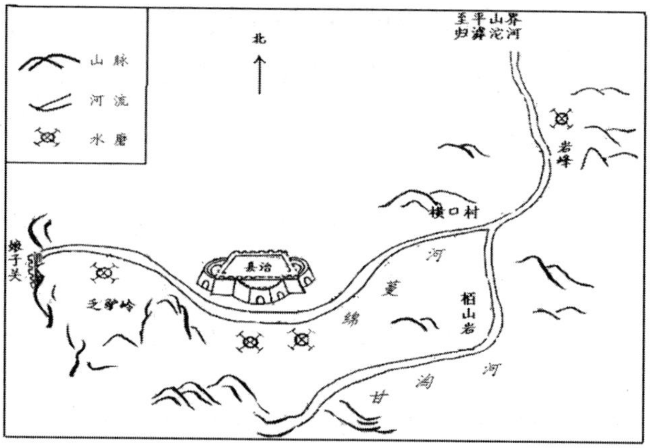

井陉水磨分布示意图

井陉水磨从结构设计的角度来看是典型的卧式水磨，主要由磨扇、磨盘、轮柱、水轮、铁蒺藜、木筛、连杆、粮斗、立柱等部件组成，辅以磨濠、磨房、引渠等基础设施。[1]根据安设时间、地点及加工对象的不同，井陉水磨又可分为札磨与老磨两种：

水磨分二种，一为札磨，在河身附近安设，冬季磨木柴（即香末）。春季，磨杂粮面（俗名杂合面）。至小满节后，则拆去，以防河水涨发；一为老磨，只磨麦粉或豆面，不磨杂粮。安设处，距河身较远。以地势较为牢固，故无间冬夏，皆可照常营业。[2]

二、经营者与经济意义

水力加工经营者的身份问题在整个中古隋唐乃至包括宋元时期均比较明显，即多为官方、权臣势家、富商大贾、佛教寺院所拥有。虽然自唐后期开始，已有资料显示其亦为部分工商业者或平民所有，但囿于资料的细化程度，尚难以进行准确的群体定性分析。那么明清以来井陉地区的水力加工业究系为哪个

1 刘毅、吴温：《梁山晓 守望绵河水磨》，《石家庄日报》，2010 年 7 月 1 日，第 8 版。

2《井陉县志料》，第 29 页。

社会阶层所拥有呢？

从前引钟退龄的奏文来看，水力加工系全县百姓生计之重要来源，以致一旦被禁则民不聊生，仿佛井陉水力加工的平民化程度很高。但是在笔者看来，此处或可视为钟县令爱民心切的夸张之词，因为雍正《井陉县志》即明确指出"引水转磨，香面之利出焉，但贫乏者不能为之也。"[1]又民国《井陉县志料》称，"统计境内营水磨业者，一百三四十家，所需资本约四万余元。"[2]如果我们取中间数 135 家来计算，平均每家资本大约在 296 元。这是个什么概念呢？我们尝试搜罗民国时期井陉其他工商业的在邑数量及资本总额，分别算出每家经营所需资本的平均值以作参照，列表如下：

民国时期井陉部分工商业资本简况表[3]

经营类型	数量/家	资本总额/元	平均额/元
面铺	21	4 000 余	190
茶叶铺	2	500	250
铁货铺	5	1 100	220
杂货铺	250	25 000	100
药铺	50	5 000	100
油坊	40 余	4 000～5 000 元	100～125
染坊	20 余	3 000 余	150
银楼	8	1 000 余	125

由此可见，经营一座水磨所需资本颇为不菲，甚至超出了大部分与民生相近的其他工商业，这自然不是绝大部分普通百姓所能承受的。平定县与井陉毗邻，其志更是直言不讳"新中国成立前，水磨、水碾多系有钱有势人家傍泉修渠引水，于近村安设。"[4]以乏驴岭村为例，新中国成立前期全村共有水磨 16 盘，其中李文山因拥有 3 盘磨比较"突出"而在 1947 年土改时被划为富农。[5]

当然，需要指出的是修建水磨往往系有资本能力之人出资，但是磨房的具体

1 雍正《井陉县志》，第 8 页。

2《井陉县志料》，第 241 页。

3 根据《井陉县志料 • 实业》"工商"、"工商合业"等条提供的数据资料编制，第 229-241 页。

4 平定县志编纂委员会编：《平定县志》，社会科学文献出版社，1992 年，第 140 页。

5 参许永峰主编：《乏驴岭村志》，2006 年，第 98 页。

运营则需要数量不一的雇工来完成，雇工则多为穷困之人。以制香水磨为例，除了操作水磨的工人外，还需要专门有人去山上采伐树木以获得香末原料，雍正志称“香末料在山，采伐之人，每有为虎伤者，有跌死者。”[1]尽管如此，仍有不少农民在农闲之时上山砍伐，然后将所获树枝卖给磨房以换取些许生计补苴。同时每个磨房还需要两三个工人将砍伐、收购来的树枝砍成长约半寸的粒状，以便入磨。

井陉水磨制香除供本地外，大宗行销获鹿，而获鹿作为分销、转销地，甚至专门成立了香末公会。[2]不仅如此，井陉香末亦远销华北各省乃至日本。[3]水磨磨面分两种，札磨磨出的杂合面是供当地人食用的，如“本地习惯，每日三餐，冬季间有两餐者。春初，河水解冻，水磨业发达，农家以糠和谷，磨为终年食面，俗名水磨面。”[4]而老磨则不磨杂粮，专磨麦粉或豆面，因此当地的面铺即“购买小麦、绿豆、玉茭、红粮各物，送至水磨，磨成各种面粉零售。间有向娘子关及石家庄贩卖面粉到境零售者。”[5]

那么经营水磨的获利情况如何呢？温凤韶在《绵河附近的水磨房》调查中给出了一些可供参考的数字。就磨面水磨而言，一般“每椿（为本地斛斗四斗，约一百三十斤，合市斗一担、二升）只收到一角大洋的费用，每天可以磨到十椿左右，也可以收入一元多。”[6]同时在磨面过程中每椿还可以私下扣下 5 斤左右面粉。而制香水磨的利润计算就比较复杂一点，根据温氏的调查[7]，一般磨房收购树枝，每担百余斤需支付 80～90 铜元（枣树枝较贵，柳、榆、杨、椿等则较便宜），磨房砍截树枝的工人每砍 100 斤的工资是 250 文，而每百斤香末的价格则为大洋 5

---

1 雍正《井陉县志》，第 48 页。

2 参冀察政务委员会训令政字第七七五三号《令河北省政府：据获鹿县香末业公会呈井陉县商会主席以强暴行为扣留集益公等货，请饬法办制止等情，仰饬县讯结具报由》，《冀察政务委员会公报》1937 年第 110 期。

3 参《正太线北峪至娘子关一带居氏多用水磨磨制香面运销日本及华北各省》，《交通杂志》1937 年第 5 卷第 6 期。

4《井陉县志料》，第 276 页。

5《井陉县志料》，第 230 页。

6 温凤韶：《绵河附近的水磨房》，《农业周报》1935 年第 4 卷第 15 期，第 520 页。

7 温凤韶：《绵河附近的水磨房》，第 520-521 页。

角，扣除原料收购费用及砍树枝雇工的工资，则每百斤的毛利当在 1.5 角左右，又每盘水磨每天可以磨香末七百余斤，则每天的利润总额亦在 1 元以上。[1]

水磨经营在获得利润的同时，需要缴纳捐税。《井陉县志料》"捐率"条载称，"本县各行户交纳捐款，每年均有定额……水磨捐，银洋一百四十九元六角九分六厘。香房捐，银洋三元二角四分。"[2]温氏调查亦称"井陉县的水磨捐每年还不下三百余元。"[3]其中，制香水磨每年须纳警捐 4 元，且每百斤香末须纳出境捐 4 分，磨面水磨则每年须纳警捐 5 元。[4]捐税收入被纳入政府财政支出，例如当地公安局经费即"由田赋附加、煤矿学警捐、商捐、戏捐、灰窑捐、水磨捐、状价补助费、违警罚金等项收入，划拨支配。"[5]

20 世纪 30 年代南京国民政府一度推进县政改革，其中重要一项即是革除部分苛捐杂税。河北省成立捐税监理委员会，并先后废除了一批工商业捐税，而水磨捐则未被提及。1935 年 7 月 5 日，井陉县许文绣、李文山等 22 人作为磨户代表上书捐税监理委员会，力陈水磨经营之苦、获利之微，进而要求予以废除。但是结果却未遂人意，原因在于香末的重要用途之一即是制香、进而用于烧香拜佛、供奉神灵，监理委员会即以此为理由称"征收香捐，实有破除迷信，寓禁于征之意，核诸部拟行为取缔税性质，适相吻合，故不在废除之列。"[6]前引温氏调查中亦称"惟数年以来，国人迷信的力量减低，此种销路，亦不大畅旺。"[7]不过井陉水磨经营并未因所谓破除迷信问题而真的被禁止，其作为地方生计补苴的一种经济活动，一直持续到 21 世纪之初。

---

1 与温凤韶的调查不同，1935 年井陉磨户联名上书请求减免捐税时称每百斤香末约值 8 角，按此数字的话制香水磨每天利润总额则超过两元。参见《本会函财政厅对于井陉县磨户警捐及香末出境捐应予援例豁免特转请核办文》，《河北省捐税监理委员会会议汇刊》1935 年第 2 期，第 84 页。

2《井陉县志料》，第 253 页。

3 温凤韶：《绵河附近的水磨房》，第 521 页。

4 参见《本会函财政厅对于井陉县磨户警捐及香末出境捐应予援例豁免特转请核办文》，第 84 页。

5 《井陉县志料》，第 254 页。

6 《财政厅函复本会以井陉县香末出境捐系取缔税性质不能废除特覆请查照文》，《河北省捐税监理委员会会议汇刊》1935 年第 2 期，第 85 页。

7 温凤韶：《绵河附近的水磨房》，第 521 页。

三、环境效应

井陉虽然通邑皆山，但植被条件却不容乐观，新中国成立前的森林覆盖率仅为0.3%。[1]雍正《井陉县志》称“盖井邑遍地皆砂石干土，不毛之山已多。”[2]植被甚至不能满足当地牲畜饲料之需，《井陉县志料》“牲畜”条称“本邑全境皆山，似乎宜于畜牧。顾童山濯濯，饲料殊感困难；故沿山各乡，虽有养羊者，每乡多不过一二百头。且大都今日买来，明日即卖去。性质近似买卖，意思不在孕孳。”[3]毕恒武在《井陉县农业调查（附表）》中对农业改进提出的建议之一即是要“以经济能力之许可划山林区域，提倡人工造林或野生树保护等，并禁止开垦坡地以防山洪暴发。”[4]

造成植被匮乏的人为原因除开山垦田和获取燃料外，伐木制香亦在其列。温凤韶在调查中称“至井陉县内，颓山触目皆是，但其山巅之土质，并非树木不生，特愚民无知，不加爱护，任意砍伐之故耳。”[5]前引许文绣等为减免水磨捐呈文中称“且香末原料，原系购买山中杂木，近因民穷财乏採伐过甚，县属山岭一望皆童，原料异常昂贵。”[6]赵德华亦称制香水磨“很多，全县差不多要有一二百个，每年磨的树木真不可计算。”[7]

前文提到据温氏之调查，一座水磨每天大概能够磨出香末700斤，也就意味着要有不少于700斤的木材作为原料，那么全县一百多座水磨、历明清、民国数百年之久，所磨香末之数量是何其庞大？同时也意味着多少树木被砍伐掉？磨制香末的木料除了前述枣、柳、榆、杨、椿外，还有一种重要原料是一种灌木，当地人俗称“林狼条”。绵河水磨的传承人梁山晓先生认为有计划地收购林狼条不会影响生态，因林狼条是自然生植物，生长迅速但长不成材，采割后翌年会长势更

1《井陉县志》编纂委员会：《井陉县志》，河北人民出版社，1986年，第204页。

2 雍正《井陉县志》，第162页。

3《井陉县志料》，第242页。

4 毕恒武：《井陉县农业调查（附表）》，第110页。

5 温凤韶：《正定井陉普查工作概况》，第664页。

6《本会函财政厅对于井陉县磨户警捐及香末出境捐应予援例豁免特转请核办文》，第84页。

7 赵德华：《井陉农民生活状况》，第98页。

旺[1]。但是传统时代在没有生态保护和计划采割意识的前提下，是否对生态环境破坏就要另作考量了。

雍正县志"物产志・毛类"中所载井陉地区的动物类非常可观，如"狼、虎、豹、狐、鹿、獾、獐、猴、兔、鼠、熊、猬、麝。"[2]而当我们翻阅民国县志"物产"条时，则发现不仅虎绝迹了，"豹，境内西北山中，从前恒不时发现，近年已不多见矣。""狼，境内从前甚多，今渐少，仅西南山中尚有之。"[3]即使像野猪，到民国时期，也是"境内偶一有之，但不经见。"[4]动物的栖息地便是山林，从动物变化的历程我们也可以窥得井陉植物分布变化之一斑，尽管这不可能由磨香砍伐树木来完全担负这一责任，但作为重要的驱动力量之一则毫无疑问。

其实仔细揣摩明万历钟遐龄奏文之遣词便会发现，明代之所以一度禁止水磨，其实质还是要"议禁斫木"，由此亦可窥视磨香伐木的环境效应激发的社会应对之强烈。

四、结论

作为明清以降尤其是晚近时代华北地区水力加工活动的存在形式之一，井陉水力加工业的生发、存续体现了环境、技术、社会三者之间复杂的互动关系。井陉地区的水资源并不丰富，但是却因灌溉、水运等不予争利，加之天然的水流落差，从而为水力加工提供了良好的条件；加工对象从单一的谷物加工、磨茶扩大到制香，甚至在井陉主要用来制香，工具用途的扩展变化反映了技术的进步与成熟，同时其运销渠道也折射出晋冀交接之处、井陉古道所沟通的市场活力，这也是技术本身得以存在和发展的根本动力；而从明代至民国时期的国家禁令、捐税征收与地方官员、磨户的上书请愿，则呈现出有别于历史早期"与灌溉、漕运争利——废弃"的另类国家与地方社会互动图景。

当然，必须指出的是，井陉作为个案，既有它的代表性，亦有特殊性。我们

---

1 刘毅、吴温：《梁山晓 守望绵河水磨》。

2 雍正《井陉县志》，第47-48页。

3《井陉县志料》，第183页。

4《井陉县志料》，第185页。

在长时段视野之下作出的观察比较则是通过截取历史早晚期、两个时间节点来实现的，而这两个节点之间的历史变化过程仍将是我们继续关注并且必须搞清楚的课题，唯有如此才能弥合时间跨度可能产生的历史认知裂痕。

参考文献

[1] 钟文英. 井陉县志[M]. 井陉县档案馆，1983.

[2] 常善修，赵文濂. 井陉县志[M]. 井陉县史志办公室，1988.

[3] 傅汝凤. 井陉县志料[M]. 井陉县史志办公室，1988.

[4] 《井陉县志》编纂委员会. 井陉县志[M]. 石家庄：河北人民出版社，1986.

[5] 郑大进. 正定府志[M]. 清乾隆 27 年刊本.

[6] 《平定县志》编纂委员会编. 平定县志[M]. 北京：社会科学文献出版社，1992.

[7] 许永峰. 乏驴岭村志[M]. 石家庄井陉印刷有限公司，2006.

[8] 赵德华. 井陉农民生活状况[J]. 东方杂志，1927（24）.

[9] 梁瑞麟. 河北井陉县概况[J]. 农业周报，1935（4）.

[10] 温凤韶. 正定井陉普查工作概况[J]. 农业周报，1935（4）.

[11] 温凤韶. 绵河附近的水磨房[J]. 农业周报，1935（4）.

[12] 耿瑞芝. 测量滹沱河南岸正定、平山、获鹿、井陉及山西平定灌溉区域总报告[J]. 华北水利月刊，1936（9）.

[13] 毕恒武. 井陉县农业调查（附表）[J]. 河北通俗农刊，1935（2）.

[14] 孙雅彬. 清代直隶水资源管窥[D]. 南开大学硕士学位论文，2006. 5.

水硙与北宋开封的粮食加工[1]

方万鹏

摘　要：水硙在北宋开封是专事磨麦的水力加工工具，其服务对象主要是皇室而非在京禁军；水磨务作为水硙运作的执行机构，随着水硙的存废而数度兴衰；皇帝行幸水硙次数的多寡在一定程度上体现了统治者的重视与否，但根本原因不在于漕粮结构的变化而是水硙自身的存废。

关键词：水硙；加工效率；水磨务；皇帝行幸

The Watermill and the Grain Processing of KaiFeng City in Northern Song Dynasty

Fang Wanpeng

Abstract: As an hydraulic machine，the watermill was used for milling wheat，which served the royal family rather than the garrison army in the Kaifeng city; As watermill administrative organization，the watermill-affairs rised and fell several times during the Northern Song Dynasty，which connected with the fate of the watermills; The frequency of the emperor perambulations could reflected that the emperor paid attention to the watermills whether or not，but the reason should be attributed to the existence or abolishment of the watermills，not the change in the structure of the tribute grain.

---

1 本文原载《中国农史》2013 年第 5 期。

Key words: Watermill; Processing efficiency; Watermill-affairs; Inspection tours of the emperors

水硙是传统社会以水为动力的大型加工工具，虽然当前关于水硙在中国起源的时间问题尚存争议，但是水硙在唐代就已经有了较大规模的发展则是不争的事实。入宋以来，水硙在粮食加工中依然得到了应用，相关情况学人也先后有若干探讨。[1]前贤诸论固然研究视角各不相同，但就地域和时段而言均为北宋一朝全国范围的考察，单就开封而言，并未作出专论。近来，王淳航先生在《太祖训齐诸军：宋初开封禁军粮食供应与漕运》（《中国农史》2012 年第 1 期）一文中则从开封禁军粮食加工的角度探讨了水硙的应用及相关问题。

王淳航的研究是建立在日本学者久保田和男对北宋皇帝"行幸"活动统计的基础之上。[2]久保氏统计指出，北宋初年太祖、太宗皇帝分别 11 次、7 次"行幸"水硙，自此以后再无皇帝行幸水硙活动。久保氏推测"在太祖、太宗时代，开封城内数处被称为水硙的设施成为行幸对象。水硙是将麦类磨成面粉的设施，可以推断它是加工军粮的重要设施。"[3]久保氏进一步指出，太祖、太宗朝乃创业时期，皇帝自然要对军事训练及相应的军事设施进行行幸以示重视，"随着开封首都功能的充实与北宋文治主义体制的确立，行幸情况也发生了极大的变化"，行幸水硙变化的原因自然也归咎于这一解释。

王淳航亦认为水硙乃是"加工军粮的重要设施"，且主要用来加工麦粟，而最高统治者之所以行幸水硙则是出于对禁军及其食粮供应的重视。王淳航通过对太祖、太宗、真宗三朝时期漕运粮食结构的比较，认为自太宗朝中后期开始，漕运粮食结构发生了变化，即"江南漕运而来的主要谷物为米远远超过北方主产的麦和粟的数量，成为禁军的主要消费粮食"，而水硙"对米的加工远逊粟、麦，导致

1 可参谭徐明：《中国水力机械的起源、发展及其中西比较研究》，《自然科学史研究》1995 年第 14 卷第 1 期；梁忠效：《宋代的磨户——兼谈宋代的粮食加工业》，《汉中师院学报（哲学社会科学版）》1988 年第 2 期；郭志安、王娟：《北宋水碾硙业中的官私博弈》，《安徽农业科学》2012 年第 2 期等。

2 久保田和男：《宋代开封研究》，郭万平译，上海古籍出版社 2010 年。

3 久保田和男：《宋代开封研究》，第 264 页。

统治者对水硙的重视程度减弱，导致太宗以后，北宋诸帝就再无行幸水硙见诸史籍。这实际上反映了供应粮食品种和区域的变化。”[1]

针对上述两位学者就水硙服务对象及行幸变化的相关解释，我们认为尚存在可商榷之处，其中最为核心关键的问题即是这些被最高统治者所“行幸”的水硙是否为禁军粮食加工服务？在两位学者的相关论述中，我们没有看到作者能够举出材料确凿证实这一问题，所以如果这个前提不能成立，那么就不能将水硙视为军事设施，同样也不能将统治者“行幸”行为的变化与漕粮品种、区位的变化联系起来进行解释。我们将在下文就这一问题尝试作出新的探讨。

一、水硙的加工对象及其加工效率估算

水硙的主要功能是将小麦磨成面粉，在历史时期也曾用于磨茶、制作香料等。当然，如果饮食需要，水硙也可以将粟或者稻米、玉米等谷物磨成粉状。不过需要指出的是，粟、稻等作为天然的粒食谷物，加工方式多以舂、碾等脱壳手段为主，个别情况下也有用磨来粹精的情况，但是将粟、稻米等大量磨成粉状食用并不现实。

关于水硙的加工效率，我们很难给出一个准确的数字，原因大抵有以下两个方面：其一，历史时期相关史料虽然无一例外地称赞水硙加工效率非常之高，但却很少用精确的数字来表达；其二，水硙的工具机——磨盘的制造在古代并非严格定制，而磨盘的尺寸大小、厚薄、材质等均会直接影响加工效率。不仅如此，用于驱动水轮旋转的水流大多处于自然状态，很难实现人力操纵下的严格控制，因此整齐划一地断定水硙的加工效率便无可能。不过也确有少许材料使用相对精确的数字来表达水硙的加工效率，如《旧唐书》称高力士在“京城西北截澧水作碾，并转五轮，日破麦三百斛。”[2]宋代王珪在晁仲衎墓志铭中载称“郡境有沁水，创碾硙借水势岁破麦数千斛。”[3]

1 王淳航：《太祖训齐诸军：宋初开封禁军粮食供应与漕运》，《中国农史》2012 年第 1 期。

2（后晋）刘昫等撰：《旧唐书》卷一八四《高力士传》，中华书局，1975 年，第 4758 页。

3（宋）王珪撰：《华阳集》卷 50《提点京东诸路州军刑狱公事兼诸路劝农事朝散大夫行尚书祠部员外郎充秘阁校理上轻车都尉借紫晁君墓志铭》，清文渊阁四库全书补配清文津阁四库全书本。

晚近以来，随着记载的逐步详细和量化的准确，我们逐渐能够看到关于水硙加工效率的数字记载，如《甘肃乡土志》称“沿黄河、洮河各县，亦皆有设置，惟临夏装设者多，且水磨制造较佳，每盘每昼夜出面二千斤，为全国冠。其他每日可磨面由二百、四百斤至一千斤。畜磨每日可磨面由一百至三百斤。水磨与畜磨效率成三与一之比，因水磨所用石磨面积较大，可以昼夜不停也。”[1]再如《平定县志》称“水磨俗称河磨，均在每年秋末开业磨面，次年立夏停磨避洪，秋末重建，再行开业。每盘水磨昼夜可磨面 650 公斤。”[2]类似记载，在方志中尤多，不再一一列举，我们兹将上述四条材料列表见表 1。

表 1

地区	效率	单位换算	年工作量（按 365 天）
京城西北截澧水作碾	日破麦三百斛	每轮每天 60 石	21 900 石
沁水创碾硙	借水势岁破麦数千斛	一年数千石	≤10 000 石
沿黄河、洮河各县水磨	每盘每昼夜出面二千斤	每盘每昼夜 16.7 石	6 095.5 石
平定县水磨	每盘水磨昼夜可磨面 1 300 斤	每盘每昼夜 10.8 石	3 942 石

说明：按 1 斛=1 石，1 石=120 斤，古今历朝计量单位多有不同，但大致单位换算如此。按此计算，水硙的日工作量肯定存在相当误差，但我们此处无意给出精确合理的效率估算，而是意在测算出水硙在理想状态下年工作量的最大值。故王珪所记水硙可能并非一座，我们姑且从大处理，按一座计算。

由此我们看到，晚近以来在技术改良的前提下，我们所见的号称“全国之冠”的甘肃水磨如果满负荷、昼夜不停工作，一年的工作量大约为 6 000 石，而平定县水磨则为 4 000 石左右，王珪所记“数千斛”虽无法精确，但与甘肃、平定二地的效率当出入不大，均未超过一万石。唯高力士的水碾在理想状态下，一年最大的工作量可超过两万石。当然在考虑北方河流枯水结冰期、政府禁令用水期和水硙磨盘、水轮修缮、更歇时间的前提下，上述数字均不可能达到。

1（民国）朱允明撰：《甘肃省乡土志稿（二）》，《中国西北文献丛书》第 1 辑《西北稀见方志文献》第 31 卷，兰州古籍书店影印稿本，1990 年，第 140-141 页。

2 平定县志编纂委员会编：《平定县志》，北京：社会科学文献出版社，1992 年，第 140 页。

那么接下来我们再来看北宋时期开封的禁军人数（表2）：[1]

表2 北宋历朝在京禁军指挥数（按：每指挥约400～500人）

地方	太祖朝	太宗朝	真宗朝	仁宗朝	治平年间	熙宁年间	元丰年间
在京	217	425	428	451	427	288	278

张方平在《论京师军储事》中称“庆历五年（1045），权三司使尝取旨到有京诸仓，见在斛斗数人粮一千三百万石，是时每月约支三十四万有余石，计可备二年一十一月日支遣。”[2]按每月支取34万石，则每年当为408万石。又据表2，仁宗朝在京禁军人数约为太祖朝两倍，比太宗、真宗朝稍增，我们姑且按照王淳航的观点，在太祖、太宗朝前期多以麦粟为消费主粮，那么太祖朝所需军粮约为200万石，太宗朝则约为400万石。而关于水硙的加工效率，我们如果从宋代王珪记述，且按理想状态考虑，即使每座水硙年加工1万石粮食，要加工完成数目如此庞大的军粮仍需数百座水硙，这几乎是不可能的事情。

二、水硙与水磨务

关于北宋开封水硙的营建，史载宋太祖建国伊始，便于乾德元年九月，“诏募诸军子弟数千人，引五丈河造西水硙，以八作使赵遂领其役。戊寅，硙成，上亲临视，赐丁夫钱。”[3]并于开宝三年设水磨务，隶属司农寺，“掌水硙磨麦”[4]。供职于水磨务的工匠则多为在京厢兵。[5]《宋会要辑稿·食货五五》“水磨务”条详细记载了水磨务的功能、机构设置及具体人员构成情况：

水磨务，掌水硙磨麦，以供尚食及内外之用。东、西二务：东务在永顺坊，西务在嘉庆坊，开宝三年置。监官各二员，以三班内侍充，匠共二百伍人。又有

1 [日]久保田和男：《宋代开封研究》，第61页。

2（宋）张方平：《乐全集》卷二三《论京师军储事》，宋刻本。

3（宋）李焘：《续资治通鉴长编》卷4，中华书局，1979年，第105-106页。

4（元）脱脱等撰：《宋史》卷一六五《职官五》，中华书局，1977年，第3905页。

5（元）脱脱等撰：《宋史》卷一八九《兵志三》，第4666、4678页。

大通门务，淳化元年置，监官一员。大中祥符二年，止以西内染院监官兼领，匠二十九人。郑州有水磨三务，磨麦以上供，各置监官主典。[1]

我们可以从上述材料提取到如下几点信息：其一，水硙作为加工工具，专事磨麦，而非兼麦、粟加工；其二，水硙磨麦服务的对象主要是“尚食”，兼及“内外之用”，所谓“尚食”乃是指皇帝膳食，而“内外之用”应指皇帝之外的宫室所需，抑或可能包括在京宗室、官员等，但明显不是数量庞大的禁军；其三，开封水磨务应该有三，即东、西二务和大通门务，由监管及匠人的数目对比来看，太宗年间新设的大通门务要比东、西二务规模小的多；其四，开封附近的郑州亦有“水磨三务”，而且其磨麦同样是为了“上供”，而非禁军所需。

然而，我们更为关心的问题是，所谓水磨务每务究竟拥有多少座水硙呢？如前所记，东、西水磨务共拥有工匠205人，计每务平均100人左右，而大通门务则为29人，明显偏少，这可能与不同水硙加工能力的大小有别相关。如果按照上一节所估算的加工效率推断，那么每座水硙每天要负担数千斤的粮食加工，这些粮食不但要从粮仓搬运至水硙所在地，还要经历簸扬、淘洗、磨面、罗面、分装等诸多环节，无疑要耗费不少人力，再加上水硙的运行与维护，所费人数在几十人当数正常，如果水硙加工能力更大些，每天加工的粮食更多一点，在百人左右亦不足为奇。于此我们据《闸口盘车图》[2]便可以窥端倪。

闸口盘车图

1（清）徐松辑：《宋会要辑稿·食货五五》，中华书局，1957年，第5748页。

2 此图现藏上海博物馆，兹据图版：《中国美术全集》绘画编 2《隋唐五代绘画》，中国美术全集编辑委员会编，台北：锦绣出版公司，1989年。

《闸口盘车图》相传为五代卫贤所作[1]，大体反映了五代宋初的水硙加工场景，现藏于上海博物馆。郑为先生早年曾撰文介绍此图，指出“这卷画现横长 119.2 厘米，高 53.3 厘米。是描写一个官营磨面作坊为题材”，“作为衔接而组成画面有机整体的是四十五个人物的活动。其中占画面幅度最广、人数最多的是劳动着的‘民夫’。他们有的在磨面、罗面，有的在扛粮，有的在扬簸，有的在净淘，有的在挑水，有的在引渡，有的在赶车，紧张地进行着各种不同的分工作业。”[2]

然而，清人李葆恂见到此画时的描绘则与郑为所述有着很大差别，他在《海王村所见书画录》[3]中记述道，画“高一尺八寸，长六尺，界画古朴。人物舟车用笔沉着，生气远出，信非宋以后人所能到。水中作一水阁，下有水车，激水转轮，即今之水磨是也。运粮人约数百，皆赤膊作用力之状，棚中一官员中坐，乌纱帽红衣，旁列吏胥数人，并指顾如生。”郑为亦注意到画作在尺寸和所绘人数方面的前后差异，但他认为画作前后存在残缺的可能性不大，所谓差异可能是李氏“忆测所误”。而戴立强则指出画作有残缺的可能[4]。针对这一问题，我们认同戴氏的观点，并认为如果单就尺寸或者人数出现差异，尚可理解，但如果两者同时出现差异，则可能性着实不大，而且是“匹配”差异，即画卷的大小与可见人数的多寡成正相关。

要之，从《闸口盘车图》我们可以看出，一座水硙需要几十人抑或上百人来维护运行是完全合乎情理的。因此，结合前述水磨务工匠人数，我们推断水磨务每务似乎当运作一座水硙，也即开封三务加上郑州三务，计有 6 座水硙专事磨麦以供“尚食及内外之用”。即使从当前《闸口盘车图》所呈现图景，也即郑为所记 45 人，除去官员及其他闲杂人等，专事一座水硙劳动人数也 30 有余，这样开封三务似乎最多也不过 7 座水硙（东、西务各 3 座，大通门务计 1 座），若郑州三务亦按此推算，开封、郑州六务当合计 14 座。由此，我们再结合所估算的水硙加工效率，这些水硙即使在理想状态下，一年也不过加工区区几万石或十几万石粮食，

1 戴立强认为作者是张择端，参见戴立强：《〈闸口盘车图〉作者为张择端说》，《中国文物报》2007 年 7 月 4 日第 7 版。

2 郑为：《闸口盘车图卷》，《文物》1966 年第 2 期。

3（清）李葆恂：《海王村所见书画录》，义州李氏丛刻本，1916 年刊。

4 戴立强：《〈闸口盘车图〉作者为张择端说》。

供“尚食及内外之用”倒是颇合情理，作为军事设施服务于数目庞大的军粮消耗则是不可能的。

三、如何看待太宗之后再无皇帝行幸水硙

通过前述分析，我们认为水硙并非服务于禁军的军事设施，那么自然也就不存在皇帝前后重视程度变化的推断了。但是，事实却正如久保氏和王淳航所指出的，自太宗之后，再无皇帝行幸水硙，这是否意味着水硙的运行真的发生了变化？我们尝试从水磨务的沿革来解释这一问题。

宋代孙梦观引《五朝宝训》讲述了宋真宗咸平年间一个颇有意思的故事，题目叫作《真宗皇帝戒举人他途进取》，故事称：

咸平中，学究李德明表献水硙之利。上曰：举人当修本业以俟科举，他途进取，尤多躁竞。即诏勒出举场。

孙梦观对此评论道“我真宗皇帝，因李德明之进表，俾其专修本业，戒其捷出他途，非抑其进取也，所以涵养士子之心术也。”[1]但是不论怎样，表献水硙之利的李德明终究被“勒出举场”，这似乎释放了一个信号。时隔不久，真宗景德二年五月“诏开京城濠以通舟楫，毁官水硙三所。三年，分遣入内内侍八人，督京城内外坊里开濬沟渠。”[2]

由此我们看到，到了真宗时期，并非皇帝不去行幸水硙，而是因为水硙有妨京师船只往来被毁掉了。不过，有关真宗对待李德明的态度及拆毁京城水硙的作为不应被过分解读，比如言宋代统治者政策失误阻碍水硙发展云云，[3]因为我们看到迟至大中祥符八年真宗亦“命河北安抚副使贾宗相度定州北河兴置水硙。先是，上封者言：定州地有暖泉，冬月不冰，可以常用，故使经度之。”[4]但是，真宗时

1（宋）孙梦观撰：《雪窗集》卷二《故事》，明嘉靖刻本。

2（元）脱脱等撰：《宋史》卷九四《河渠四》，第 2343 页。

3 郭志安、王娟：《北宋水碾硙业中的官私博弈》。

4（清）徐松辑：《宋会要辑稿 • 食货八》“造水硙”条，第 4951 页。

期京城部分水碓遭到废弃一点当属事实。

关于宋仁宗时期的水碓运行情况，虽然缺乏正面记载，但是我们从经学家刘敞追思父亲的文章中找到了若干的线索。刘敞生于真宗朝末，卒于神宗朝初，历真宗、仁宗、英宗、神宗四朝，刘敞称：

太祖作东西水硙以供禁中，岁久颇废，因不复用。自御膳所供面皆市买，上之所由，旁缘侵渔，京城内外以磨硙自给者皆厌苦之。公复修两硙，使遵旧职而禁绝奸吏，事多若此，不可胜纪。[1]

在刘敞看来，太祖作水硙以供禁中，所谓"禁中"与"尚食"别无二致，但是因为"岁久颇废"，便不再使用，即使皇室所需的面粉也都从市面上购得，但是因为存在奸吏欺压"磨硙自给者"的情况而致民怨沸腾，刘敞之父时任判三司度支勾院盐铁判官，才又重新修治了两座水硙，从而解决了磨户们厌苦的问题。

从这段材料中我们可以提取到几点信息：其一，自在太祖朝至仁宗朝，水硙确实存在被废弃的情况，虽然刘敞没有明确指出是真宗时期的毁硙活动；其二，开封其时当有为数不少的专业磨户，而且磨户的生产能力可以满足市场交易所需，因为皇室采购亦借助市场渠道；其三，据梁忠效考察，这些磨户多使用畜力磨[2]，我们由此看到了水硙之外开封粮食加工的依托方式，甚至是主要存在方式，为数不多的水硙并不是开封粮食加工的主要工具，因此也不会随着整体性的粮食结构变化而得到重视抑或失宠。所以，当皇家所需面粉可以非常便捷地从市场获得的情况下，水硙不论是被废弃还是重新修治以解民怨，皇帝不再行幸以示"重视"也不足为奇了。

然而，随着王安石变法，司农寺一改宋初"闲职"的境况而跃入"机要"部门行列[3]，作为司农寺下属机构之一的水磨务自然也再次进入人们的视线，宋

1（宋）刘敞撰：《公是集》卷五一《先考益州府君行状》，清文渊阁四库全书补配清文津阁四库全书本。

2 梁忠效：《宋代的磨户——兼谈宋代的粮食加工业》。

3 王曾瑜：《北宋的司农寺》，可参《锱铢编》，河北大学出版社，2006年，第41-70页。

神宗时甚至规定还要“朝会拜表”[1]，至少在神宗熙宁朝，水磨务仍一度正常运转，例如：

神宗熙宁七年三月，勾当更置水碾磨事梅宰言：“所有工匠、材料、地步等，若逐次举申，窃恐稽延，难以集事。乞许于将作监权指名抽差工匠，并请拨材料治将作监，差人应副，余依所请。”[2]

又如：

《续会要》云：熙宁七年十二月二十三日，都水监言：“相度将金水河上自咸丰门里下至街道司口子，并割与西水磨务管勾，今后不问河水大小，须管依元定尺寸应副。内并太庙、万寿观等处供使，稍有阙误，责在本务。”[3]

然而，时间不长，神宗元丰中人高承在《事物纪原》“水磨务”条中则称“水磨务，又曰：水磨东西二务，开宝三年置。今废。又有大通门务，淳化元年置。”[4]那么据高承所言，至少是在神宗元丰年间，开封水磨三务中的东、西二务又一度被废。但是应为元丰二年之后的事情，因为迟至元丰二年，我们从时人杨杰的《西水磨记》中，仍然能够看到西水磨务的存在：

都城当万国之要，会升平日久，比屋富庶……都下水磨务有三，皆国朝所置，以供尚食暨中外之用。然其景趣不同，而所谓有山林江湖之气象者，西务是已。将造其门，水声先出乎林间。行及其旁，则长槽泻波，钜轮激涛，雷轰电射，雪

1（宋）李焘撰：《续资治通鉴长编》卷二六六称“合门言：‘诸司使至内常侍，有职事非繁重，而止赴大起居者；有初无朝旨，例不赴常朝者；有在新城外，虽令五日赴朝，而隔门不能至者，其类不一。今请特旨免常朝起居如故外，东西作坊、八作司、文思院、商税院、内酒坊、酒库、水碾磨务、市易务下界、仓草场、王府内知客听赴大起居，并朝会拜表；官局在新城外者，听免常朝起居及朝请。余并赴常朝起居。所贵朝请、厘务两不妨废。’从之”，第 6528 页。

2（清）徐松辑：《宋会要辑稿・食货五五》，第 5748 页。

3（清）徐松辑：《宋会要辑稿・方域一六》，第 7589 页。

4（宋）高承：《事物纪原》卷七《库务职局部》，金圆、许沛藻点校，中华书局 1989 年，第 354 页。

迸雨飞，若并谷帘。若临洪崖，使人毛发森然，语言不能相接。有景如此，而都人罕有知者……朝野诸公多有诗咏，或形汗简，或题屋壁，凡数十篇。汉卿官满惧异日之遗坠，乃镵诸石以传永久。知予尤爱其景，故托以为序，盖所愿也。元丰二年中秋日述。[1]

因此，高承所谓水磨务被裁撤的情况应该发生于元丰二年之后。距此不久，北宋时期颇具影响的政府全面主导的“水磨茶”兴起，但是水磨茶所用水磨与磨麦的水硙则是两码事，只不过两者的关联与区别已经超出了我们的论述范围，当另文撰述了。

最后需要指出的是，久保先生对宋代开封的城市研究尤其是驻京禁军的相关研究甚为出色，淳航先生关于北宋开封禁军的漕粮供应问题探讨亦颇具新意，只是两位学者在水硙服务对象的认识上存在偏差，以致相关延展论述值得商榷，故撰文以求教之，望方家不吝指教。

1（宋）杨杰：《无为集》卷十《西水磨记》，南宋刻本。

自然科学方法运用于历史研究的可能与限度

——以环境史为中心的几点思考[1]

方万鹏

摘 要：在20世纪中国史学走向现代的进程中，自然科学方法入史的命运几经沉浮。环境史学是以研究历史上人与自然互动关系为鹄的的新史学，从治史理念到研究内容，再到研究方法，均不啻为世纪之交中国史学研究范式的一次重大革新，同时，环境史学的兴起为自然科学方法名正言顺地入史提供了可能。环境史是历史学的一个分支，由历史学的学科属性决定，自然科学方法入史在存在可能的同时又存在限度。

关键词：环境史；自然科学方法；可能；限度

The Emergence of Environmental History and the Possibility and Limit of Introducing Natural Scientific Method into Historical Research

Fang Wanpeng

Abstract: In the 20th century when the Chinese history was in the process of modernization，the fate of introducing natural scientific method into historical research remained ups and downs. The Purport of environmental history is to research the interactive relationship between human and nature，which was a major innovation of concept，content and method of Chinese historical research in the turn of the century. Meanwhile，the

---

1 本文原载《学术研究》2011 年第 8 期。

emergence of Environmental history provided a possibility of introducing natural scientific method into historical research. Environmental history is a branch of history, which was determined by the subject property of history. There will be both possibility and limit of introducing natural scientific method into historical research.

Key words: Environmental history; Natural scientific method; Possibility; Limit

20 世纪中国史学由传统走向现代的一个重要标志即是跨学科研究方法的出现，正如有些学者所指出的那样，“中国现代史学从一诞生起就与借鉴其他学科的方法处于同步并行的状态，而且随着时间越向前推移，中国史学自觉接纳其他学科渗透的步履频率就变得越快，以至于在当代史学所采取的各类‘方法’中，我们已经很难辨别清楚什么是纯粹意义上的所谓‘史学方法’”[1]。此处的“其他学科”，恐怕还多局限于社会科学的范畴，而谈到自然科学与历史研究的关系，毋庸讳言，即使暂且抛开历史学究竟是科学还是艺术这一庞大的理论命题，我们也不难看到，自然科学方法与历史研究确实存在许多不易融合的地方。因此，由中国史学的传统特点、治史理念等诸多因素左右，自然科学方法入史的命运在 20 世纪可谓几经沉浮。

环境史学是以研究历史上人与自然互动关系为目的的新史学，自从西方兴起到现在已近半个世纪，然而从其传入中国到取得长足发展却不过是最近一二十年的事情。但是就在这短短的时间里，一批有志于环境史研究的学者在积极译介国外环境史优秀成果的同时，又力图去构建中国环境史研究的学科体系。环境史作为历史学的一个分支，一方面，其治史理念、研究对象和研究方法决定了自然科学方法在研究中要扮演重要的角色；另一方面，受制于历史学的学科属性，环境史研究在为自然科学方法入史提供可能的同时又存在限度。笔者将从环境史学的理论基础、研究方法和研究误区三方面来探讨这种可能与限度。

1 杨念群、黄兴涛、毛丹主编：《新史学：多学科对话的图景》（上），中国人民大学出版社，2003 年，序言第 2 页。

一

环境史学的理论基础是生态学。生态学作为一个生物学意义上的概念，是由德国生物学家恩斯特·海克尔于 1866 年首先提出的，大约在 7 年之后开始在英语世界传播[1]，但是其真正“运用到对人的研究上，开始探讨自然、技术和社会之间的关联，从而获得超出自然科学范畴的现代意义”[2]，则是距离其产生近一个世纪之后的事情了。在这一时期的西方，人们开始积极运用生态学的逻辑去反思和拷问工业发展带来的日益凸显的生态危机，代表作品即有蕾切尔·卡逊《寂静的春天》以及罗马俱乐部的《增长的极限》[3]等，与之相应，环保思潮迅速兴起。同样，我们说“职业历史学家一般都不能不受自己所处时代基本哲学思想和普遍思潮的影响，不管他是否意识到这一点，而且这种影响还总会反映在自己的研究方向上”[4]，而该时期史学研究方向上的一个重要变化即是环境史学的兴起。

如今，最为我们耳熟能详的美国两位环境史大家即是唐纳德·休斯和唐纳德·沃斯特，两位学者都不约而同地强调了生态学对于环境史研究的重要性。例如休斯在其三部著作《潘神的劳苦》、《世界环境史》和《地中海地区：一部环境史》中就一再强调生态分析作为环境史研究一个手段的重要性[5]。在其新著《什么是环境史》一书中，休斯在（环境史）“与自然科学的关联”一节专门论述了生态学对于历史研究的重要启发意义[6]。休斯认为，“人类文明不可能将其自身置于自然法则之外，即使那些拥有先进的技术文化的文明也做不到这一点。生态学将人类物种置于生命网络之中，仰赖它而活命、生存。你不能否认科学素养在原则上对于环境史的重要性；完全撇开显而易见的实际困难来说，这为环境史学家如何

---

1 Lynn White，Jr. The Historical Roots of Our Ecologic Crisis.science.，Volume 155，Number 3767，10 March 1967.

2 侯甬坚：《“生态环境”用语产生的特殊时代背景》，《中国历史地理论丛》2007 年第 1 期。

3 蕾切尔·卡逊：《寂静的春天》，吕瑞兰、李长生译，科学出版社 1997 年版；丹尼斯·米都斯等著：《增长的极限：罗马俱乐部关于人类困境的报告》，李宝恒译，吉林人民出版社 1997 年版。

4 徐浩、侯建新著：《当代西方史学流派》（第二版），中国人民大学出版社，2009 年，陈启能序言部分。

5 梅雪芹：《什么是环境史？——对唐纳德·休斯的环境史理论的探讨》，《史学史研究》2008 年第 4 期。

6 [美]唐纳德·休斯：《什么是环境史》，梅雪芹译，北京大学出版社，2008 年，第 10-12 页。

准备并不断训练指明了方向"[1]。唐纳德·沃斯特同样也认为生态学对于环境史研究具有非常重要的意义[2]。

当前，国内从事环境史研究的学者在尝试环境史理论建构的过程中同样表达了对生态学的重视，并达成了以下两点共识：其一，生态学是环境史的理论基础，其二，生态学的分析方法是环境史研究的重要工具[3]。

针对学者们普遍强调的生态学与环境史研究的密切关系问题，鲁奇、李恩军对此提出了质疑。他们坚持认为，生态学与环境史一样，都是重点研究人与周围环境之间关系的学科，应该是平行的关系，而不能构成一个作为另一个的基础关系，并表达了一定的担忧："在逻辑上，如果生态学可以成为环境史学的学科基础，那么就会出现以下的现象，环境史学反过来也可以成为生态学的学科基础，也就是说它们可以互为基础，轻易划分学科之间的隶属关系，就可能导致学科分类之间的混乱，从而阻碍学科的健康发展"[4]。应该来说，两位学者的担忧在很大程度上与他们对环境史的学科定位是有关系的。鲁奇、李恩军认为，"环境史就是环境史，它可以作为一门独立的学科存在"[5]，而不是把它列为历史学的分支，所以才会导致他们对学科隶属关系的轻易划分表示担忧。而在我们看来，环境史仍属历史学的范畴，我们并无意于将生态学作为学科基础，而是要充分地吸取生态学的理论方法来建构环境史的理论，正如上文所述，历史学家不可能不受到其所处时代的基本哲学思想和普遍思潮的影响，环境史生逢其时，我们借助生态学来进行理论建构和展开研究是完全合乎时宜与情理的。

当然谈到这里，不得不提的是，最近一二十年来，生态学理论的转型给环境

1 [美]J.唐纳德·休斯（文）梅雪芹（译）：《环境史的三个维度》，《学术研究》2009年第6期。

2 参见高国荣：《美国著名环境史学家唐纳德·沃斯特教授访谈录》，《世界历史》2008年第5期。

3 具体参加：侯文蕙：《环境史和环境史研究的生态学意识》，《世界历史》2004年第3期；包茂宏：《环境史：历史、理论和方法》，《史学理论研究》2000年第4期；王利华：《作为一种新史学的环境史》，《清华大学学报（哲学社会科学版）》2008年第1期；王利华：《生态环境史的学术界域与学科定位》，《学术研究》2006年第9期；王利华：《浅议中国环境史学建构》，《历史研究》2010年第1期；高国荣：《年鉴学派与环境史学》，《史学理论研究》2005年第3期；高国荣：《什么是环境史？》，《郑州大学学报（哲学社会科学版）》2005年第1期。

4 鲁奇、李恩军：《环境史研究的指导思想与学科归属及其主要研究内容初论》，唐大为主编：《中国环境史研究》，第1辑，中国环境科学出版社2009年，第103页。

5 同上，第106页。

史带来的挑战。包茂宏和高国荣都撰文谈到了这一问题，包茂宏指出："现在崛起的、更强调对观察者依赖的混沌生态学和生态学多元主义或许预示着'旧生态学的死亡'，因为它的诸如生态系统、平衡、演替等基本概念都受到强烈质疑。以生态学为基础的环境史自然也必须对这种'不科学'的指控作出有效回应。"[1]高国荣亦指出："90 年代以后，占据主流地位的则是生态混沌理论、盖娅理论等新的生态学思潮，它们强调自然的混乱与无序。依照这种观念，人类及其文明不必对环境问题负担全部责任。生态学思想的这种转变，使以之为基础的环境史学的批判锋芒在 90 年代以后明显弱化。"[2]

如何应对这一挑战，即牵涉到一个如何对待自然科学方法入史的态度的问题。我们在前文已经指出，既不能把自然科学方法看作洪水猛兽，同时也不能指望通过其建构一套颠覆既往史学思维的研究范式，同样，在环境史研究中引进生态学的理论方法也是如此，我们不能指望照搬其理论方法来进行我们的研究。一方面，直接运用导源于生物学的现代生态学方法来研究具有文化属性的人肯定存在问题；另一方面，一旦赖以"存活"的理论方法出现纰漏，将直接导致研究结论大打折扣，在这一点上，我们能够看到的不仅是前车之鉴，眼下的生态学理论转型给我们带的挑战即给我们上了生动的一课。所以，生态学的理论方法固然要有所借鉴，但是如何将这一理论方法内化为可以供我们进行环境史研究的理论才是我们应重点考虑的问题。

笔者注意到，王利华在早期关于生态史学思想框架的探讨中，即充分论述到了生态学理论对于生态史学理论建构的重要意义[3]。该文在 2009 年收入《中国环境史研究》第 1 辑时，作者在文末作了一段补充，而正是这一段补充，使其整个理论建构至臻完善。王利华指出，"在观察社会历史问题方面，现有生态学理论方法的解释力仍然有所不足，对于现代生态学概念、术语和技术方法在社会历史研究中的适用程度，不能期望过高，更不能简单机械地套用，而应在认真披拣、选择和改造其适用部分的基础上，努力构建符合中国历史研究需要的新的理论方法体系。如果将人类社会简单类同于一般动物系统，而忽略它的特殊性和复杂性，

1 包茂宏：《环境史：历史、理论和方法》，《史学理论研究》2000 年第 4 期。

2 高国荣：《什么是环境史？》，《郑州大学学报（哲学社会科学版）》2005 年第 1 期。

3 王利华：《中国生态史学的思想框架和研究理路》，《南开学报（哲学社会科学版）》2006 年第 2 期。

所得出的结论将可能是十分荒谬可笑的。”[1]伴随着对生态学理论的反思，王利华在最近的一篇文章中又反思了引介西方理论方法与建构中国环境史学的关系，他指出：“国外的理论源于其自身的学术文化传统和生态环境现实，未必尽皆适用于中国。我们应当鼓起勇气自行开展理论探索，一面向西方同行学习，一面从生态学等相关学科中直接借取，重要的是根据本国的实际和史学传统提出‘中国的’环境史学命题，创建‘中国的’环境史学理论方法体系，从而向世界提供‘中国的’环境历史经验。”[2]

因此，我们只有合理地引入生态学的方法，并将环境史的研究与中国的实际和史学传统充分结合起来，才能够在生态学的理论转型中“守得住”，才能够“走得出”，在国际史坛发出中国声音。

二

谈到环境史的研究方法，首先必须明确环境史研究是一项跨学科的研究，环境史的跨学科问题，表现为跨社会科学和自然科学两个方面。在具体的研究和操作层面，社会科学的方法已无需多谈，而自然科学方法在环境史研究当中亦扮演着重要的角色。关于这一问题，许多学者都谈了自己的认识[3]，且已经达成了如下几点共识：其一，环境史是一项跨学科的研究；其二，在环境史研究中需要大量地借鉴其他学科的已有成果；其三，一个环境史家应该具备复杂的知识结构，甚至是文理兼备；其四，环境史的跨学科研究存在相当的难度，在环境史的研究中应该开展多学科的对话与合作。

如何理解环境史的学科特点即被定性为跨学科的研究？如何看待自然科学方法在环境史具体研究中的必要性？如何克服跨学科研究中存在的难度？这是我们应该进一步思考的问题。

---

1 唐大为主编：《中国环境史研究》第 1 辑，中国环境科学出版社 2009 年，第 44 页。

2 王利华：《浅议中国环境史学建构》，《历史研究》2010 年第 1 期。

3 王利华：《作为一种新史学的环境史》，《清华大学学报（哲学社会科学版）》2008 年第 1 期；王利华：《中国生态史学的思想框架和研究理路》，《南开学报（哲学社会科学版）》2006 年第 2 期；高国荣：《环境史学与跨学科研究》，《世界历史》2005 年第 5 期；包茂宏：《环境史：历史、理论和方法》，《史学理论研究》2000 年第 4 期。

环境史之所以被定义为跨学科研究，必须采用或者说无法回避自然科学方法，在很大程度上是因为，较之以往的历史研究，环境史的治史理念和研究对象发生了变化，即“人类回归自然，自然进入历史。”[1]首先，环境史既反对人类中心主义，又反对生态中心主义，所谓人类回归自然，也即在肯定人的社会属性的同时，又要充分地挖掘人的生物属性。“回归”即意味着人与自然二元对立局面的结束。其次，既往的历史研究，基本上都是人的历史，而环境史则倡导把自然纳入到历史进程的研究中去，这是史学研究视野的一次重大拓展。综合以上两点，我们不难看出，从事环境史研究，如果不能深入地理解自然法则和自然特性将是无法想象的事情，换句话说，也即我们必须在研究中引入自然科学的方法。

关于目前众多学者所谈到的跨学科难度问题，依笔者看，多局限在理论探讨的层面。因为讨论者都是基于一个基本前提——环境史是跨学科研究，需要这样那样的方法。也就是说，这些意见，多是在理论预设的范畴之内，而不是从实际研究中提炼总结出来的。这些探讨当然在一定程度上有助于我们认识环境史研究的特点和复杂性，但是过分渲染则无益，一下子把环境史研究可能要跨越的数十种学科都一一列举出来，除了令人望而却步之外，其他收效恐怕不大。关于如何应对环境史的跨学科研究，王利华总结了一句话——“取百科之道术”，笔者赞同这一提法，因为它不仅道出了环境史研究的跨学科特点，更重要的是它彰显了一个环境史学者应具备的学术气度。我们不妨将之称为当前学术研究中的一种“拿来主义”，也即我们要勇于探索和尝试跨学科的研究方法，尤其是自然科学方法，只要我们能够明确地界定自己的研究主旨和研究对象，不要过分自信宽泛地“插足”到本不属于我们的领域，跨学科方法运用起来没有想象的那么难。例如早期何炳棣的《黄土与中国农业的起源》[2]一书，即综合运用了气候学、植物学、地质学、土壤学等自然科学方法，被认为是“中国环境史研究者的必读之书”[3]。再如

1 这一对环境史研究旨趣精辟的概括由李根蟠首先提出，参见《环境史视野与经济史研究——以农史为中心的思考》，《南开学报（哲学社会科学版）》2006 年第 2 期，王利华在其基础上，针对环境史研究的跨学科特点，又提出了“取百科之道术，求故实之新知”，并撰文详细解读了这四句话的内涵，参见《中国社会科学报》2010 年 1 月 7 日第 6 版。如今这四句话已经作为中国大陆第一家环境史学网站（www.sino-eh.com）的标志性语句。

2 何炳棣：《黄土与中国农业的起源》，香港中文大学出版社，1969 年。

3 王利华：《全球学术版图上的中国环境史研究——第一届世界环境史大会之后的几点考》，《南开学报（哲学社会科学版）》2010 年第 1 期。

刚出版不久的王建革的专著《传统社会末期华北的生态与社会》[1]，运用生态史学的分析方法，对传统社会末期华北的乡村社会进行了较为全面的研究，较之以往的华北地域社会史的研究成果，该书以其崭新的理论视角，提出了许多富于启发性和建设性的观点，堪称一部生态史与地域史研究相结合的佳作。[2]

当然，克服跨学研究方法难度的另一个重要途径即是展开多学科对话与合作，这一点已有不少学者已经提及。此处，我们不妨举出 Mark Elvin 的新著 *The Retreat of the Elephants: An Environmental History of China*，[3]包茂宏详细地评述了该书在开展多学科对话与合作方面所取得的成功经验："此书在方法论上比较突出的表现在三个方面：即跨学科研究、比较研究和综合分析与案例研究相结合。……伊懋可受的虽然是历史学专业训练，但有足够的科学知识与专业科学家合作。例如与他合作研究杭州湾环境变迁的苏宁浒博士就是来自中国西北地区的水利专家；与他合作研究结核病史的张宜霞博士就是曾在中国结核病防治单位工作的实验微生物学家。他用现代遥感成像技术来研究古代中国海岸线的变化，用现代人口学方法分析历史上人口的生育率和死亡率。由此可见，不同学科之间虽然存在差异而且随着学科分化越来越严重，但是这些差异和障碍并非绝对不可逾越，而是可以相互渗透的。交叉研究与固守一门得出的结论是不同的。"[4]

因此，我们可以通过积极的探索学习优化知识结构或者通过多学科的对话与合作来突破跨学科的瓶颈。但是，依笔者所见，其实跨学科的方法选择，在一定程度上，还是取决于环境史学者的个人研究路径。对于一个环境史学者来说，要掌握所有庞杂的知识，显然不可能。我们应该根据个人的研究路径来自觉地选择不同的方法，这些研究路径可以是水利史、农林史、气候史、历史地理等。正如当前许多学者所已经认识到的，"在一份由环境史学者整理的论著目录索引中，论著的作者远不只是环境史家，他们很可能是历史地理学家、农史学家、生物史家、

1 王建革：《传统社会末期华北的生态与社会》，三联书店，2009 年。

2 具体评述可以参见拙文《生态史学视野下的地域社会史研究——评王建革〈传统社会末期华北的生态与社会〉》，《中国农史》2010 年第 2 期。

3 Mark Elvin, *The Retreat of the Elephants: An Environmental History of China*, London: Yale University Press, 2004.

4 包茂宏：《解释中国历史的新思维：环境史——评述伊懋可教授的新著〈象之退隐：中国环境史〉》，《中国历史地理论丛》2004 年第 3 辑。

人类学家、地质史家、考古学家、社会史家……”[1]所以我们应当在尊重研究局面多样化的前提下，突出个性与特点，遵循不同的研究路径来有意识地补充相关知识和方法。

至于跨学科的培养模式问题，沃斯特曾经说过，“自然科学与历史学的鸿沟确实很难跨越。只有具备深厚的生物学与自然科学学科背景的学者，才可能在将来写出第一流的环境史著作”，“就培养学生而言，我总是认为他们需要更广博的历史知识，因为他们要在历史系求职。我总是想让他们更多地接触自然科学，参与跨学科项目，尽管这不是很成功。”[2]由此可见，跨学科的培养模式在操作层面还是存在诸多问题，但它确实是我们造就环境史人才的必由之路。在中国，这个问题尤为棘手和迫切，因为长期以来文理分科的教育体制使得大多数学生在进入研究生阶段之后才凸显知识结构的极大缺陷，而“例如在法国几乎就没有分别，历史学家必须把学习地理学作为自己所受教育的一部分”[3]，所以“补课”的任务可能就会稍轻一点。当前我国的环境史人才培养工作任重道远，但是我们应当积极地去探索和实践，只有通过培养储备人才，才能完善研究梯队，从而实现构建中国环境史研究体系的学术愿景。

三

从环境史的具体个案研究和历史书写方式等角度来看，自然科学方法入史的限度主要体现在两个方面，一是自然科学方法不可滥用，否则会大大增加研究结论的危险性；二是在历史书写的过程中，我们要将研究旨趣和行文表达自觉地规范到历史学的范畴之内，防止历史作品的历史感被抽空。

在历史研究中引入自然科学方法，运用必须得当，否则将会得出极其滑稽荒谬的结论，从而使得研究本身变得毫无意义，乃至酿成严重的恶果。

首先，自然科学方法、规律本身存在问题或研究者对其理解不够，如果引入历史研究，必然导致错误的结论。一方面，我们不能迷信自然科学方法，不加辨

1 王利华：《生态环境史的学术界域与学科定位》，《学术研究》2006 年第 9 期。

2 高国荣：《美国著名环境史学家唐纳德·沃斯特教授访谈录》，《世界历史》2008 年第 5 期。

3 包茂宏：《中国环境史研究：伊懋可教授访谈》，《中国历史地理论丛》2004 年第 1 辑。

别即加以利用；另一方面，如果理解不够深入，把握不好运用的尺度，同样无助于研究。例如，冀朝鼎在研究时发现，竺可桢的干旱与否的统计与其水利工程兴修频繁与否的结论并不一致，他指出：“虽然气候的变动可能会影响到某些灌溉计划的效力，但并不是说就不需要灌溉了，因为即使雨量的平均值很大，也还存在一个年际间的雨量差异问题，同时土壤的自然属性也不会因之而改变。所以，气候的变动，最多只能看成是一个使问题的研究复杂化了的因素，而不会严重地影响到现今研究结论的主要方向。”[1]这是一个非常精辟的解释，得益于冀对自己大规模梳理方志资料得出结论的信心，另外，气候学上年际间的雨量差异现象很好地解释了“不一致”的情况。这就启发我们，要更好地研究环境史，就必须对所运用的自然科学方法有一个深刻的理解，否则，即使自然科学方法入史不存在客观上的限度，我们也会在主观上给自己平添麻烦。

其次，史料本身存在问题或者误读史料，套用自然科学的方法，也必然导致错误的结论。在 2010 年《历史研究》组织的环境史笔谈中，钞晓鸿就环境史资料的解读给人留下了深刻的印象。他通过对比分析明清时期一些重要的环境史相关史料，进而指出，“关于环境的记录或隐或现于各种典籍之中，且质量参差不齐，有的含有作者的主观臆测与倾向，有的存在错谬与疏漏。在环境史研究中，既需要广泛阅读查找，又需要审慎鉴别分析，然后才能根据文献是否适用研究对象而决定是否加以利用。”[2]在这里需要说明的，钞晓鸿所指出的史料问题绝不限于明清，而是存在于整个历史时期。因此，在史料的解读和利用方面一定要审慎。

再次，史料和方法都存在问题，结论自不待言。赵治乐在反思古气候研究中存在的问题时指出，[3]关于古代中国气候方面的研究成果颇丰，但方法上仍有不尽人意之处。梅花、柑橘等与人类行为密切相关的生物物种，被过分强调，而特殊小气候下的个别现象往往被放大为普通规律。相反，对雨雪霜等物理现象关注不足。研究者经常有意无意地以冬季温度来代表全年温度，而忽略了其他三个季节；

---

1 冀朝鼎：《中国历史上的基本经济区与水利事业的发展》，朱诗鳌译，中国社会科学出版社，1981 年，第 38 页。

2 钞晓鸿：《文献与环境史研究——“中国环境史”笔谈之六》，《历史研究》2010 年第 1 期。

3 赵治乐：《关于古代气候研究的几点思考——以〈黄淮海平原北宋至元中叶的气候冷暖状况〉为例》，《中国历史地理论丛》2004 年第 2 辑。

对史料的理解过于片面，在作气候对比时出现标准的游移变换，论据与结论之间缺乏严密的逻辑必然性，运用理论时亦有随心所欲之处。当然，我们说这些问题不一定是古气候研究领域所独有的，其他领域同样存在类似问题，必须引起我们高度的注意。

因此，只有正确地运用自然科学方法，并对史料进行正确的解读，才能得出正确的结论。

在历史书写的过程中我们还要考虑如何防止历史感被抽空。其一，环境史将“自然”纳入研究视野决不意味着对“人”的轻视，我们引进自然科学方法来帮助我们更好地理解自然的目的还是为了探求人类整个历史活动的本来面目。所以我们应当时刻把握好自然科学方法入史的限度，必须明确我们不是为了纯粹研究“自然史”；其二，一部优秀的历史作品要想让读者产生兴趣，生动的情节、优美的文字、精彩的论述都是不可或缺的要素，环境史著作同样如此。如果我们不加节制，一味地将自然科学的图表、公式、模型充斥全书，恐怕距离一部合格的历史学著作也很远。

关于环境史当中“人”的问题，王利华曾多次强调，“尽管环境史将众多自然事物和现象纳入研究范围，且过去几十年的工作是以此为主，但决不轻视对人的历史探讨，相反，它要比以往更加全面地讲述和诠释‘人类的故事’，只是讲述和诠释所采用的立场和方式与以往历史研究有着明显不同。如果将人类排除在外，环境史将失去灵魂”[1]，“撇开人类生命活动来讨论环境的历史是没有意义的”[2]。笔者完全赞同这些见解，也希望讲述历史上人与自然互动关系的故事能不断地涌现出来。

综上，我们以环境史为中心，探讨了自然科学方法入史的可能与限度问题。在跨学科研究已成为诸多学科发展趋势的今天，史学研究同样无可避免，我们在与社会科学的交叉中已经取得了诸多的成就，而自然科学方法入史还是一个有待继续检验和拓展的领域。综观当前环境史学界的研究成果，对这一问题的探讨还多局限在理论层面。如果不进行具体层面的研究，我们就永远无法对自身的研究设想作出检验，也只有当我们运用跨学科方法做出经得起考验的环境史成果时，我们再回过头来进行检讨和反思，最终才能够建构起中国环境史的理论大观。

---

1 王利华：《作为一种新史学的环境史》，《清华大学学报（哲学社会科学版）》2008 年第 1 期。

2 王利华：《浅议中国环境史学建构》，《历史研究》2010 年第 1 期。

“南方本多毒，北客恒惧侵”：略论唐代文人的岭南意象

李荣华

摘　要：在唐代，岭南是贬谪文人的主要流放地。由于其生态环境与北方完全不同，文人非常关心该地是否适合生存，因此他们必然会对该地区的环境形成自己的认识。本文通过考察《全唐诗》及其他相关史料，希望深入了解文人的岭南意象。这种意象主要表现在该地环境恶劣，毒物种类繁多。如果身在此地，随时都有生命之忧。其形成是岭南生态环境、经济发展水平以及文人自身遭遇共同作用的结果。

关键词：唐代文人；生态环境；岭南意象

On Literati’s Lingnan Images in Tang Dynasty: In View of Environmental History

Li Ronghua

Abstract: Lingnan was the most important place where the banished literati were exiled in Tang Dynasty. As its ecological environment was different with the north China and the literati were concerned if it was suitable for survival，they necessarily formed their own understandings about its environment. By investigating *The Complete Tang Poetry* and other related historical materials，this paper will help us to deeply understand the literati’s Lingnan images，which mainly showed us a harsh environment and various toxic substances in Lingnan，where there might be living anxieties for people who lived in Lingnan. Its formation was the result of interactions among the ecological environment，the economic development in Lingnan and the literati own experiences.

Key words: Literati in Tang Dynasty; Ecological environment; Lingnan images

唐朝建立后，随着南方经济的发展，南北交通条件的改善，岭南与中原社会的联系日益紧密。与北方地区相比较，岭南经济文化十分落后，是贬谪文人的主要流放地。但是南北生态环境完全不同，文人非常关心该地是否适合自己的生存，因此他们如何认识、评价这一地区的生态环境（即他们的岭南意象）也就值得探讨。以往学者的研究多注重岭南经济、政治以及文化等方面，[1]而探讨文人群体的岭南意象则相对较少。[2]本文从环境史的角度。通过考察全唐诗及其他相关史料，来研究文人的岭南意象及其形成原因，以求教于方家。

一、唐代文人岭南意象的表现

唐代文人笔下的岭南，环境恶劣，毒物种类繁多，如有瘴气、含沙、毒草、毒蛇、蛊毒、鳄鱼等。他们不断地书写这些毒物，以表达内心的恐惧以及对生命的担忧，从而使其岭南意象充满悲剧色彩。

1．“处处山川同瘴疠，自怜能得几人归”

史书中对岭南之瘴的最早记载大约是在东汉初年或者稍早时期。[3]与此同时，中原人士在南下的过程中，逐渐形成瘴气杀人的观念。到了唐代，这一观念依旧

---

1 参见蔡良军：《唐宋岭南联系内地交通路线的变迁与该地区经济重志的转移》，《中国社会经济史研究》1992年第3期；王承文：《六祖慧能早年与唐初岭南文化考论》，《中山大学学报》（社会科学版）1998年第3期；朱立智：《浅谈隋唐时期岭南的对外丝绸贸易》，《岭南文史》2001年第4期；周智武：《试论唐宋岭南少数民族手工业》，《中南民族大学学报》（人文社会科学版），2003年第6期；马强：《地理体验与唐宋“蛮夷”文化观念的转变——以西南与岭南民族地区为考察重心》，《西南师范大学学报》（人文社会科学版）2006年第2期；吴建新《汉六朝隋唐时期岭南农业文化的特色——兼述冼冯家族的兴起与岭南农业文化的关系》，《农业考古》2006年第4期。

2 罗媛元等人从文学的角度探讨了文人的岭南诗歌意象，主要有岭海和瘴疠、客与囚以及虞翻与尉佗等。见罗媛元等：《岭南地域文化环境中的唐诗意象创造》，《暨南学报》（哲学社会科学版）2008年第5期；罗媛元等：《唐人在岭南诗歌意象中的书写》，《广州大学学报》（社会科学版）2008年第10期。

3 左鹏：《汉唐时期的瘴与瘴意象》，《唐研究》（第8卷），北京：北京大学出版社，2008年，第260页。

流行。《旧唐书》卷六九《卢祖尚传》中记载，贞观初年，唐太宗欲任命卢祖尚为交州都督，卢祖尚先答应，后“以旧疾为辞”。唐太宗不得已，派杜如晦去宣旨，他也坚决不去。卢祖尚之所以抗旨，原因是“岭南瘴疠，皆日饮酒，臣不便酒，去无还理”。《旧唐书》卷一二六《陈少游传》中，当陈少游被任命为桂州刺史、桂管观察使时，他不愿去，原因亦是“南方炎瘴，深怆违辞，但恐不生还再睹颜色矣”。《旧唐书》卷四一《地理志》中载，北流县“鬼门关”以南“尤多瘴疠，去者罕得生还，谚曰：‘鬼门关，十人九不还’”。人们十分畏惧该地的瘴气。

文人通过诗歌也表达了他们对瘴气的恐惧：“昔传瘴江路，今到鬼门关。土地无人老，流移几客还。自从别京洛，颓鬓与衰颜。”[1]沈佺期离开京师后，曰渐衰老，原因恐怕就是岭南之瘴的影响。宋之问的“处处山川同瘴疠，自怜能得几人归”[2]、张均的“瘴江西去火为山，炎徼南穷鬼作关。从此更投入境外，生涯应在有无间”[3]以及李德裕的“风雨瘴昏蛮日月，烟波魂断恶溪时”[4]等诗句也反映了他们恐惧的心态。总之，岭南炎瘴的环境使文人有如临地狱、生不如死之感。

2. “含沙缘涧聚，吻草依林植”

含沙，又称蜮、短狐、射工、水弩等，即今天的恙虫病，是由恙虫立克次体所引起的急性发热性斑疹寒状传染病。[5]据《诸病源候论》卷二五《蛊毒病诸候》记载，含沙主要生活于水中，“夏月在水内，人行水上，及以水洗浴，或因大雨潦时，仍逐水便流入人家，或遇道上牛马等迹内即停住，其含沙射人影便病。”因此宋之问指出“含沙缘涧聚”，[6]张祜也指出“溪行防水弩”。[7]来到岭南的文人为了躲避含沙，一般晚上活动于水边，“夕宿含沙里，晨行冈路间”，[8]“夜渡千仞溪，

---

1 沈佺期：《入鬼门关》，曹寅等：《全唐诗》卷九七，北京：中华书局，1960 年，第 1050 页。

2 宋之问：《至端州驿见杜五审言沈三佺期阎五朝隐王二无竞题壁慨然成咏》，曹寅等：《全唐诗》卷五一，第 626 页。

3 张均：《流合浦岭外作》，曹寅等：《全唐诗》卷九〇，第 985 页。

4 李德裕：《到恶溪夜泊芦岛》，曹寅等：《全唐诗》卷四七五，第 5397 页。

5 萧璠：《汉宋间文献所见古代中国南方的地理环境与地方病及其影响》，李建民主编：《台湾学者中国史研究论丛》（生命与医疗），北京：中国大百科全书出版社，2005 年，第 268 页。

6 宋之问：《早发大庾岭》，曹寅等：《全唐诗》卷五一，第 623 页。

7 张祜：《寄迁客》，曹寅等：《全唐诗》卷五一〇，第 5803 页。

8 沈佺期：《入鬼门关》，曹寅等：《全唐诗》卷九七，第 1050 页。

含沙不能射”。[1]由此可见他们对含沙的恐惧。

吻草即野葛，又名冶葛、钩吻、胡蔓草等。其蔓生，所以“吻草依林植”。[2]它含有剧毒，“野葛，毒草也。……其毒多著于生叶中。不得药解，半日辄死”，[3]主要毒性成分为钩吻素子、钩吻素寅、钩吻素卯等。人中毒后，症状为呼吸麻痹，轻者呼吸困难，重者呼吸停止直至死亡。[4]岭南当地人的风俗之一就是利用野葛制作毒药：“岭南风俗，多为毒药。令奴食冶葛死，埋之土中。蕈生正当腹上，食之立死；手足额上生者，当日死；旁自外者，数日死；渐远者，或一月，或两月；全远者，一年、二年、三年亦即死……或以涂马鞭头控上，拂着手即毒，试着口即死。”[5]《旧唐书》卷一八六《王弘义传》中记载酷吏王弘义与来俊臣罗织罪名，陷害他人时，常以野葛狼毒来比喻自己所发之文牒，“有如狼毒野葛也”。可见，北方地区的人们对野葛并不陌生。因此，当有人前往岭南之时，送别之人会让他时刻提防野葛，这从元稹的送别诗《送崔侍御之岭南二十韵》中强调“毒草莫亲芟”[6]可以看出。总之，在时人看来，前往岭南一定要小心野葛。

3.“须防杯里蛊，莫爱橐中珍”

关于岭南蓄蛊之风，唐前期诗人宋之问较早注意到，“地偏多育蛊，风恶好相鲸”。[7]不过，唐中期以后这一地区蓄蛊成风，“益虫群飞夜扑灯”，[8]“人多药户生狂蛊”。[9]《岭表录异》中也记载“广之属郡及乡里之间多蛊毒”。[10]该地之所以多蛊毒，当时之人认为是与湿热的环境分不开的，“在唐以后的史料，都显示出南方多蛊毒，甚至北方无益毒。这种观念固然受到古人以为南方暑湿而孕育毒物

1 刘禹锡：《莫徭歌》，曹寅等：《全唐诗》卷三五四，第3962页。
2 宋之问：《早发大庾岭》，曹寅等：《全唐诗》卷五一，第623页。
3 刘恂，鲁迅校勘：《岭表录异》卷中，广州：广东人民出版社，1983年，第15页。
4 江苏新医学院：《中药大辞典》（下册），上海：上海科学技术出版社，1986年，第1666页。
5 张鷟：《朝野佥载》卷1，北京：中华书局1979年，第4页。
6 元稹：《送崔侍御之岭南二十韵》，曹寅等：《全唐诗》卷四〇六，第4525页。
7 宋之问：《入泷州江》，曹寅等：《全唐诗》卷五三，第651页。
8 韩愈：《永贞行》，曹寅等：《全唐诗》卷三三八，第3791页。
9 陆龟蒙：《奉和袭美寄琼州杨舍人》，曹寅等：《全唐诗》卷六二五，第7186页。
10 刘恂，鲁迅校勘：《岭表录异》“补遗”，第38页。

的想法有关，但是隋代以前，蛊毒基本上也在北方出现”。[1]岭南蓄蛊的传统与当地的生态环境有一定的关联。

面对岭南蓄蛊之风，人们指出如果前往此地，必须防备，“须防杯里蛊，莫爱橐中珍”。[2]其预防之法主要有两种。一是用银来检测，“畏药将银试”，[3]“试蛊看银黑”。[4]银变黑则证明含有益毒。不过在今天看来，只有当蛊药中含有硫化物时，才能使银的表面产生硫化银，从而变黑，因此并不是所有的蛊毒都可以通过银检测出来。二是用药物来预防，元稹指出可以用雄黄来预防，“夷民喜聚蛊，秘方云，以含银变黑为验，攻之重雄黄”。[5]《备急千金要方》卷二四《蛊毒》中对此方也有记载：“蛊毒千品，种种不同，……所以出门常须带雄黄麝香神丹诸大辟恶药，则百蛊猫鬼狐狸老物精魅永不敢著人，养生之家大须虑此。”面对着蛊毒，时人不得不谨慎小心。

4.“悬蛇结虺如葡萄”

岭南的蛇种资源极其丰富。柳宗元的“悬蛇结虺如葡萄”、[6]李贺的“竹蛇飞蠹射金沙”、[7]李绅的“丹蛇玄虺潜螇蛇”[8]以及“瘴岭冲蛇入，蒸池蹑虺趋”、[9]黄滔的“时闻雷雨惊樵客，长有龙蛇护洞门”[10]等诗句可以说明。《岭表录异》卷下中也指出该地有金蛇、蚺蛇以及两头蛇等。[11]在这些蛇种当中，威胁最大的当属虺。关于虺与蝮蛇的关系，东汉应劭认为虺就是蝮，有剧毒：“蝮一名虺。……螫人手足则割去其肉，不然则死。”唐人颜师古同意郭璞的看法，认为蝮和虺不是一种：“《尔雅》及《说文》皆以为蝮即虺也，博三寸，首大如擘，而郭璞云

1 范家传：《六朝隋唐医学的传承与整合》，香港：香港中文大学出版社，2004 年，第 153-154 页。

2 白居易：《送客春游岭南二十韵》，曹寅等：《全唐诗》卷四四〇，第 4898 页。

3 袁不约：《送人至岭南》，曹寅等：《全唐诗》卷五〇八，第 5771 页。

4 元稹：《送崔侍御之岭南二十韵》，曹寅等：《全唐诗》卷四〇六，第 4525 页。

5 元稹：《送崔侍御之岭南二十韵》，曹寅等：《全唐诗》卷四〇六，第 4524 页。

6 柳宗元：《寄韦珩》，曹寅等：《全唐诗》卷三五一，第 3931 页。

7 李贺：《黄家洞》，曹寅等：《全唐诗》卷三九一，第 4406 页。

8 李绅：《逾岭峤止荒陬抵高要》，曹寅等：《全唐诗》卷四八〇，第 5463 页。

9 李绅：《趋翰苑遭诬构四十六韵》，曹寅等：《全唐诗》卷四八〇，第 5460 页。

10 黄滔：《寄罗浮山道者二首》，曹寅等：《全唐诗》卷七〇五，第 8109 页。

11 刘恂，鲁迅校勘：《岭表录异》卷下，第 32-33 页。

各自一种蛇。其蝮蛇，细颈大头焦尾，色如绶文，文间有毛，似猪鬣，鼻上有针，大者长七八尺，一名反鼻，非虺之类也。以今俗名证之，郭说得矣。虺若土色，所在有之，俗呼土虺。其蝮唯出南方。”[1]蝮蛇主要生长在南方，虺到处都有。它们之所以有毒，在当时人们看来是与太阳之气分不开的，“炎蒸结作虫虺毒”。[2]在王充的《论衡》卷二三《言毒》中，“天下万物，含太阳气而生者，皆有毒螫。毒螫渥者，在虫则为蝮蛇、蜂、虿；在草则为巴豆、冶葛……”炎热的环境是有毒的，其所孕育的万物必然含有毒性。这种认识从生态学的观点看有失偏颇，但是却反映了古人的一种观念。

5．“鳄鱼大如船，牙眼怖杀侬”

岭南的古鳄有马来鳄、湾鳄等。其中，马来鳄分布在内陆的河水中，湾鳄分布在沿海岸和潮汐带。[3]在唐代，潮州、梅州以及整个珠江三角洲等地鳄鱼分布比较广泛，西江谷地、潭江流域等珠江三角洲边缘山区则相对较少。[4]

鳄鱼严重影响着岭南当地人们的日常生活，尤其是在潮州一带。韩愈在《泷吏》一诗中写道：“往问泷头吏，潮州尚几里。行当何时到，土风复何似。”泷吏特别提及当地的鳄鱼，“大于船，牙眼怖杀侬”。[5]《旧唐书》卷一六〇《韩愈传》中记载，当韩愈到达潮州，“询吏民疾苦”，当地吏民一致认为“郡西湫水有鳄鱼，乱而化，长数丈，食民畜产将尽，以是民贫”。韩愈“令判官秦济炮一豚一羊，投之湫水”，并呪之，“……今与鳄鱼约，三日乃至七日，如顽而不徙，须为物害，则刺史选材技壮夫，操劲弓毒矢，与鳄鱼从事矣！”自此以后，潮州再无鳄鱼之害。实际上，鳄鱼依旧生存在该地，并不因韩愈的威逼利诱而逃离。《岭表录异》卷下中载，李德裕被贬到潮州，路经鳄鱼滩时，“损坏舟船，平生宝玩，古书图画，一

---

1 班固：《汉书》卷 33《田儋传》，北京：中华书局，1962 年，第 1848 页。

2 李绅：《逾岭峤止荒陬抵高要》，曹寅等：《全唐诗》卷四八〇，第 5463 页。

3 何业恒：《马来鳄、湾鳄》，《中国珍稀爬行类两栖类和鱼类的历史变迁》，长沙：湖南师范大学出版社，1997 年，第 54 页；曾昭璇：《论韩江流域的鳄鱼分布情况》，《华南师范大学学报》（自然科学版），1988 年第 1 期。

4 曾昭璇：《试论珠江三角洲地区象、鳄、孔雀灭绝时期》，《华南师院学报》（自然科学版），1980 年第 1 期。

5 韩愈：《泷吏》，曹寅等：《全唐诗》卷三四一，第 3825 页。

时沉失。遂召舶上昆仑取之。但见鳄鱼极多，不敢辄近，乃是鳄鱼窟宅也”。[1]鳄鱼依旧威胁着当地人的生命。“鳄鱼，其身土黄色。有四足，修尾。形状如鼍，而举止矫疾。口森锯齿，往往害人”。[2]此外，在汀江一带也栖息着凶猛的马来鳄。[3]“予闻闽有水，生毒雾厉气，中之者，温屯沤泄，藏石走濑，连舻糜解；有鱼焉，锯齿锋尾面兽蹄。是食人，必断而跃之，乃仰噬焉，故其名曰恶溪”。[4]恶溪之所以得名，原因之一就在于该地有食人的鳄鱼。总之，鳄鱼已经成为岭南环境恶劣的象征之一。

由以上可以看出，唐代文人对岭南十分恐惧，而韩愈“南方本多毒，北客恒惧侵”这句诗正反映了他们的这种心态，可以充分表现其岭南意象。

二、唐代文人岭南意象的形成原因

文人岭南意象的形成，一方面与岭南的生态环境及经济发展水平有关。这一地区丰富的物产资源满足了当地居民生产生活的需求，但在相当程度上抑制了他们发展生产的动力，从而限制了经济的发展，致使其生态环境没有发生较大变化，毒物众多。另一方面，也与文人自身的遭遇有关。被贬谪到该地的文人通过书写当地恶劣的环境以表达他们内心的失落以及对死亡的恐惧。

1. 岭南生态环境与经济发展的关系

唐代岭南的气温高于现在，湿润多雨。[5]《隋书》卷三一《地理志》中记载岭南二十余郡“土地下湿”。宋之问也指出韶州一带“日夜清明少，春冬雾雨饶”。[6]今日岭南大部分地区年降水量在1 500～2 000毫米，以夏雨为主，北部春雨多于

1 刘恂、鲁迅校勘：《岭表录异》卷下，第27页。

2 刘恂、鲁迅校勘：《岭表录异》卷下，第27页。

3 文焕然等：《历史时期中国马来鳄分布的变迁及其原因的初步研究》，北京：中国科学院地理研究所，1979年，第8页。

4 柳宗元：《愚溪对》，董诰等：《全唐文》卷五八五，北京：中华书局影印本，1983年，第5906页。

5 何业恒：《近五千年来华南气候冷暖的变迁》，《中国历史地理论丛》1999年第1辑。

6 宋之问：《早发韶州》，曹寅等：《全唐诗》卷五三，第654页。

秋雨，南部秋雨多于春雨。[1]

地貌上，岭南以山地、丘陵为主，平原和盆地所占不大。其东、西、北面以山地丘陵为主，南面以平原和谷地为主。地势北高南低，向沿海地带倾斜。水资源方面，该地河流众多，珠江为最大的水系，东江、西江、北江从三面汇来，在下游构成河网稠密的三角洲。珠江三角洲是逐步形成的，唐宋时期，已经完成大面积的水下堆积，由汉晋时期辽阔的海湾演变为岛屿洲潭的地理景观。[2]总之，岭南地貌复杂，水资源丰富。

岭南湿热的气候、复杂的地貌、丰富的水资源使得这一地区的动植物资源极其丰富。以《岭表录异》为例，可以看到当地人的各种食物资源。其中，动物性食物有蚝蛎、水牛、羊、鹿、猪、鸡、野象、鸮、鹧鸪、跳蜓、嘉鱼、鲎鱼、黄腊鱼、竹鱼、乌贼鱼、鲟鱼、虾、石矩、瓦屋子、水蟹、蛤蚧、蜈蚣、蚂蚁等，植物性食物有山橘子、山姜花、桄榔、荔枝、龙眼、橄榄、枸橼子、椰子等。这些种类繁多的动植物资源，丰富了当地人们的饮食文化，满足了他们生产生活的需要。童恩正在探讨华南农业起源时指出，这一地区植物资源的丰富，特别是水生动物的易得，使得狩猎采集或捕捞的经济较易维持，因此该地区在很长时期保留了几种不同经济类型。尤其对以农业生产为主的部落而言，农业生产的不足很容易从其他方面得到补充，他们感受不到改进生产的压力，其农业生产方式也就不会发生较大的变化。[3]到了唐代，当地的农业生产仍然以“火耕水耨”为主。[4]由此可以看出岭南的资源、环境对当地经济发展的影响。

岭南经济发展水平相对落后，生态环境没有发生较大的变化，因此这一地区植被茂密，[5]适合瘴气、含沙、蛊毒、毒蛇等毒物的生存。首先，就瘴气而言，“从自然环境来说，瘴气是热带森林气候的表现之一，其特点是云雾多、湿度大、闷热。这种环境，枯枝落叶多，土壤中含腐殖质多，水中含腐殖酸等也比较多，

---

1 任美锷主编：《中国自然地理纲要》，北京：商务印书馆 1992 年，第 247-250 页。

2 周源和：《珠江三角洲的成陆过程》，《历史地理》（第 5 辑），上海：上海人民出版社，1987 年，第 62 页。

3 童恩正：《中国南方农业的起源及其特征》，《农业考古》1989 年第 2 期。

4 吴建新：《汉六朝隋唐时期岭南农业文化的特色——兼述冼冯家族的兴起与岭南农业文化的关系》，《农业考古》2006 年第 4 期；陈伟明：《唐宋华南少数民族饮食文化初探》，《东南文化》1992 年第 2 期。

5 中国科学院《中国自然地理》编辑委员会：《中国自然地理·历史自然地理》，北京：科学出版社，1982 年，第 21-22 页。

微生物生长繁殖迅速，饮食稍不注意易生疾病"。[1]在《岭表录异》卷上中，"岭表山川，盘郁结聚，不易疏泄，故多岚雾作瘴"。[2]瘴气的形成不仅与湿热的环境有关，也与茂密的森林资源有关。其次，就含沙的传播媒介恙螨而言，它主要孳生于阴暗、潮湿的丛林边缘，溪沟、江河沿岸的灌木杂草丛中以及鼠类出没的场所。[3]岭南潮湿的环境、丰茂的植被为其生存提供了一定的条件。第三，关于蛊，"俗传有萃百虫为蛊以毒人。盖湿热之地，毒虫生之，非第岭表之家，性惨害也"。[4]岭南湿热之地适合各种毒虫的生长繁殖，从而奠定了当地之人蓄蛊之风的物质基础。第四，关于毒蛇，"悬蛇结虺如葡萄"。[5]今天的岭南是我国蛇种甚多的区域，主要毒蛇有眼镜蛇、银环蛇、金环蛇、眼镜王蛇、尖吻蝮、烙铁头和竹叶青等。对于唐代的岭南而言，其生态环境未发生较大改变，毒蛇的数量也就可想而知。第五，关于野葛，"阴森野葛交蔽日"。[6]《唐本草》注云："野葛生桂州以南，村墟闾巷皆有。"[7]可见岭南野葛资源极其丰富。此外，该地区也适合鳄鱼的生存。鳄鱼主要生活在热带亚热带地区的河流、湖泊和多水的沼泽中，也生活在靠近海岸的浅滩之中。以唐代岭南鳄鱼的分布情况来看，它们的生存环境没有受到当地人们生产活动的影响。总之，文人对岭南所形成的认识不是随心所欲的。而是建立在当地生态环境、经济发展水平的基础之上的。

2. 文人群体岭南意象的形成

自秦汉以来，在南北交往的过程中，华夏社会逐渐形成岭南环境恶劣、不适宜人生存的观念。到了唐代，这种观念表现得更加强烈。

唐代流放各级官员的地方主要有岭南、黔中、剑南以及江南东、西两道、山南东、西两道、关内道、淮南道等。其中，岭南道是流放罪人最集中的地区。根

---

1 文焕然：《两广南部及海南的森林变迁》，《河南大学学报》（自然科学版）1992 年第 1 期。

2 刘恂、鲁迅校勘：《岭表录异》卷上，第 3 页。

3 萧璠：《汉宋间文献所见古代中国南方的地理环境与地方病及其影响》，李建民主编：《台湾学者中国史研究论丛》（生命与医疗），北京：中国大百科全书出版社，2005 年，第 268 页。

4 刘恂、鲁迅校勘：《岭表录异》卷上，第 3-4 页。

5 柳宗元：《寄韦珩》，曹寅等：《全唐诗》卷三五一，第 3931 页。

6 柳宗元：《寄韦珩》，曹寅等：《全唐诗》卷三五一，第 3931 页。

7 唐慎微、尚志钧等校点：《证类本草》卷十，北京：华夏出版社，1993 年，第 291 页。

据两《唐书》所载，有名有姓且有具体流放地者共 211 人，岭南道就有 138 人，约占流人总数的 65%。如果加上那些被流放到岭南但只有人名而五更具体的流放地或者有地名而无人名的，那么被流放到这一地区的罪人远远高出其他地区而位居榜首。[1]一般而言，官员被流放之地属于恶地。刘禹锡在《读张曲江集作并引》中写道："世称张曲江为相，建言放臣不宜与善地，多徙五溪不毛之乡。"[2]唐德宗贞元年间窦参被贬之时，"其窦参等所有朋党亲密，并不可容在侧近，宜便条疏，尽发遣向僻远无兵马处，先虽已经流贬，更移向远恶处者"。[3]由此可以看出，岭南在唐人心目之中属于"恶地"、"不毛之地"。

据有关学者对《全唐诗》和《全唐诗补编》中诗人的粗略统计，唐代岭南籍作者 31 人，南迁岭南作者 234 人，因此南迁文人的作品构成了岭南诗歌的主体。对于这些文人而言，他们离政治中心越来越远，其理想抱负更加难以实现，然而在该地又时刻面临着死亡的威胁。于是，在掺杂着屈辱、焦虑、企盼、恐惧的巨大心理压力之下，他们势必会形成一种深重的悲伤与忧惧的心理，从而使其笔下的岭南意象充满着悲惧之感。[4]韩愈被贬至潮州后，在写给皇帝的奏章中说："臣少多病，年才五十，发白齿落，理不长久，加以罪犯至重，所处又极远恶，忧惶惭悸，死亡五日。"[5]柳宗元也表达出相似的情感："今抱非常之罪，居夷僚之乡，卑湿昏雾，恐一日填委沟壑，旷坠先绪，以是怛然痛恨，心肠沸热。"[6]相反，当张悦遇赦，返回中原之时，"见花便独笑，看草便忘忧"，[7]喜悦之情毫无掩饰。所以，文人对岭南恶劣环境的书写就不足为怪了。

三、结语

综上所述，在唐代文人看来，岭南环境险恶，毒物众多，如有瘴气、含沙、

---

1 王雪玲：《两〈唐书〉所见流人的地域分布及其特征》，《中国历史地理论丛》2002 年第 4 辑。

2 刘禹锡：《读张曲江集作并引》，曹寅等：《全唐诗》卷三五四，第 3974 页。

3 陆贽：《奏议窦参等官状》，董诰等：《全唐文》卷四七四，第 4843 页。

4 罗媛元等：《唐人在岭南诗歌意象中的书写》，《广州大学学报》（社会科学版）2008 年第 10 期。

5 韩愈：《潮州刺史谢上表》，董诰等：《全唐文》卷五四八，第 5554 页。

6 柳宗元：《答周群巢饵药久寿书》，董诰等：《全唐文》卷五七四，第 5805 页。

7 张悦：《喜度岭》，曹寅等：《全唐诗》卷八八，第 976 页。

野葛、蛊毒、毒蛇以及鳄鱼等。如果来到此地，随时都有生命危险。这种意象的形成是岭南生态环境、经济发展水平以及文人自身遭遇共同作用的结果。该地丰富的物产资源满足了当地人们生产生活的需要，但是在相当程度上抑制了他们发展生产的动力，从而延缓了经济的发展，相应地其生态环境没有发生较大的变化。因此，这一地区环境恶劣、经济落后，成为贬谪文人的主要流放地。文人不断书写该地恶劣的环境以此来表达他们内心的愤懑以及对死亡的恐惧之情，而“南方本多毒，北客恒惧侵”这句诗恰好反映了他们的这种心态，可以充分表现其岭南意象。

汉唐时期南方风土病研究述评

李荣华

摘　要：研究汉唐南方风土病，不仅要探讨它们相当于今天何种疾病，还要研究它们对汉唐历史的冲击与影响。把南方各种风土病视为一种地域偏见，有助于探讨南方社会变迁的问题，但有可能忽视它们所形成的生态原因。从人与环境互动的角度，利用当今学者的研究成果，可以进一步探讨南方经济发展、生态环境优化、族群变动等问题。

关键词：汉唐；南方；风土病；生态原因

Research Review of Endemic Disease in South China during Qin and Han Dynasties

Li Ronghua

Abstract: If endemic disease in South China during Qin and Han Dynasties is studied，we not only can research that they are equivalent to one special disease today，but also their impact and influence to the history of Qin and Han Dynasties. It that all kinds of endemic disease in South China is regarded as a kind of regional discrimination will be help to study the change of southern society，but ecological causes that they form is possible to be neglected. We may use Scholars' research nowadays and further discuss economic development，ecological environment optimization，population fluctuation and so on in South China from the interaction between human and environment.

Key words: Qin and Han Dynasties； South China； Endemic disease； Ecological causes

风土病，即地方病，“不普遍于各方，仅局限于一域之疾病名称也”。[1]它是与发病地区水土因素（地球化学因素）紧密相连的疾病，“即其病因存在于发病地区的水和土壤之中，可能是某些元素或化合物的过多、不足或比例失常，通过食物和饮水作用于人体而致病。”[2]病区的地理、水文、环境等因素是风土病形成的主要生态因素。

汉唐时期是南方开发的重要时期，但是这一地区的各种风土病，严重阻碍了当地经济的发展，直接威胁到南下之人的生存。总结有关汉唐时期南方风土病的研究成果，可以进一步探讨南方经济的发展及其生态环境的优化、社会的变动等问题。

一、医学史视野下的研究

汉唐时期南方风土病种类繁多。陈胜昆《中国南方风土病的历史研究》总结了这一地区的各种风土病，有脚气病、疟疾、丝虫病、恙虫病等。[3]萧璠《汉宋间文献所见古代南方的地理环境与地方病及其影响》指出，南方风土病主要有疟疾、血吸虫病、恙虫病、丝虫病等。[4]范家伟《地理环境——论古代医学对岭南地区疾病的解释》探讨了岭南脚气病、疟疾、麻风病、梅毒等地方病。[5]

关于瘴气的研究。瘴气相当于今天的何种疾病，学者在研究的过程中，存在着争议。范行准、范家伟、龚胜生、萧璠等认为瘴气即疟疾。[6]郑洪等认为瘴有两

1 萧鸣籁：《世界风土病分布之通论》，《地学杂志》1923 年第 1、2 期，第 2-3 页。

2 朱育惠等：《中国医学百科全书（地方病学）》，上海：上海科学技术出版社，1992 年，第 1 页。

3 陈胜昆：《中国南方风土病的历史研究》，《科学月刊》1979 年第 12 期。

4 萧璠：《汉宋间文献所见古代南方的地理环境与地方病及其影响》，李建民主编：《台湾学者中国史研究论丛》（生命与医疗），北京：中国大百科全书出版社，2005 年，第 231-276 页。

5 范家伟：《地理环境与疾病——论古代医学对岭南地区疾病的解释》，《中国历史地理论丛》2000 年第 1 辑。

6 范行准、伊广谦等整理：《中国病史新义》，北京：中医古籍出版社，1989 年，第 304 页；范家伟：《六朝时期人口迁徙与岭南地区瘴气病》，《汉学研究》第 16 卷第 1 期，1998 年 6 月；萧璠：《汉宋间文献所见古代南方的地理环境与地方病及其影响》，李建民主编：《台湾学者中国史研究论丛》（生命与医疗），北京：中国大百科全书出版社，2005 年，第 231-276 页；龚胜生：《2000 年来中国瘴病分布变迁的初步研究》，《地理学报》1993 年第 4 期。

种含义，一指瘴病，一指致病的瘴气。瘴气之说来源于中国传统医学病因的邪气理论，其表象为南方常见的潮湿雾气，实际上，它是对南方自然地理和气候条件的概括，不一定指某种具体的物理、化学或生物学因素。[1]冯汉镛指出，瘴气不是一种病，而是包括了内外科的许多疾病，如疟疾、痢疾、温病等。[2]丁光迪认为瘴气是一种疾病，“指山林间雾露烟瘴、湿热杂毒恶气，从而成病之名称，属于疫疠之疾，其中有些是恶性疟疾。”[3]于赓哲认为青藏高原一带的瘴气是由高原反应所导致的。[4]

关于射工、沙虱的研究。萧璠认为沙虱、射工、水毒病皆为恙虫病，即丛林斑疹伤寒。[5]余云岫认为沙虱病即恙虫病。[6]范行准指出射工为恙虫病，它是我国古代主要的地方性传染病，因其有寒热症候，古人往往与疟疾相混。[7]不过，马伯英认为沙虱病当为血吸虫病，射工病有可能包括恙虫病与血吸虫病。[8]此外，朱师晦对岭南的恙虫病进行了系统研究。[9]康白从流行病学、病状和诊断、治疗和预防等方面全面论述了我国古代在诊治沙虱热方面所取得的成就。[10]

关于脚气病的研究。侯祥川、范家伟等人认为脚气病的形成原因主要是维生素 B1 缺乏症。[11]范行准区分了两种不同的脚气病，一种是由维生素 B1 缺乏所导致的，另一种则为丝虫病的专称。在他看来，宋以前医家把这两种疾病混为一起，北宋以后才把丝虫病与因维生素 B1 缺乏而得的脚气病区分开来。[12]廖育群认为，在以“白米为主食”的生活环境下，维生素 B1 缺乏症并未普遍存在。脚气病实

---

1 郑洪等：《“瘴气”病因学特点源流考》，《中医药学刊》2004 年第 11 期。

2 冯汉镛：《瘴气的文献研究》，《中华医史杂志》1981 年第 1 期。

3 丁光迪主编：《诸病源侯论校注》《瘴气侯》，北京：人民卫生出版社，1991 年，第 338 页。

4 于赓哲：《疾病与唐蕃战争》，《历史研究》2004 年第 5 期。

5 萧璠：《汉宋间文献所见古代南方的地理环境与地方病及其影响》，李建民主编：《台湾学者中国史研究论丛》（生命与医疗），第 268 页。

6 余云岫：《古代疾病名候疏义》，北京：人民卫生出版社，1953 年，第 186 页。

7 范行准，伊广谦等整理：《中国病史新义》，第 280 页。

8 马伯英：《中国古代主要传染病辨异》，《自然科学史研究》1991 年第 3 期。

9 朱师晦：《我国古代岭南的恙虫病》，《中华医史杂志》1955 年第 4 号。

10 康白：《论我国古代在沙虱热方面的成就》，《中华医史杂志》1956 年第 11 号。

11 侯祥川：《我国古书论脚气病》，《中华医史杂志》1954 年第 1 期；范家伟：《东晋至宋代脚气病之探讨》，《新史学》6 卷 1 期，1995 年 3 月。

12 范行准、伊广谦等整理：《中国病史新义》，第 245-252、353-360 页。

质上是“多发性神经炎”，是由汞、铅、砷等矿物药中毒引起的。[1]

关于血丝虫病的研究。范行准指出史书和医书中所记载的“尰病”为血丝虫病。[2]汪小烜认为吴简中所记载的“肿足”是血丝虫病。[3]高凯研究了走马楼吴简中的各种疾病，认为吴简中的“肿两足”、“腹心病”、“苦腹心病”以及“雀两足”等疾病与血吸虫相关，“风病”、“苦风病”、“盲两目”、“盲左、右目”、“踵左足”、“踵右足”、“苦痈病”等与麻风病关系密切。[4]不过，侯旭东认为吴简中“肿足”的病因应该是严重的冻疮。[5]

关于血吸虫病的研究。有些学者认为沙虱病、射工病等疾病有可能是血吸虫病，这在前面已经提及。不过，也有学者认为蛊病有可能与血吸虫病有关。范行准认为，中医蛊病部分包含了晚期日本血吸虫病。[6]聂国祥指出，如果说隋唐以后的医学文献中有关蛊病包含了晚期日本血吸虫病，那么魏晋以前的蛊病不一定包含晚期日本血吸虫病，先秦时期的“蛊”字不可能具有晚血含义。[7]张纲指出古人所谓的蛊病主要指今天的血吸虫病。[8]

以上的研究有助于我们认识汉唐时期南方的风土病。但是，研究它们的目的并不只是为了认识它们，正如范家伟质疑传统疾病史的研究目的一样，“疾病史的目的，只是探讨古今疾病的对照、对译，还是可以有更深层的研究？”[9]通过研究它们，我们也可以探讨汉唐时期南方社会的发展及其生态环境的优化，或者重新解释这一时期南方社会的变动问题。

---

1 廖育群：《关于中国古代的脚气病及其历史的研究》，《自然科学史研究》2000 年第 3 期。

2 范行准、伊广谦等整理：《中国病史新义》，第 350-352 页。

3 汪小烜：《吴简所见“肿足”解》，《历史研究》2001 年第 4 期。

4 高凯：《从吴简蠡测孙吴初期临湘侯国的疾病人口问题》，《史学月刊》2005 年第 12 期；高凯：《地理环境与中国古代社会变迁三论》，天津：天津古籍出版社，2006 年，第 204-241 页。

5 侯旭东：《长沙走马楼吴简“肿足”别解》，《吴简研究》第 2 辑，湖北：崇文书局，2006 年，第 214 页。

6 范行准：《有关日本住血吸虫病的中医文献的初步探讨》，《中华医学杂志》1954 年第 11 号。

7 聂国祥：《隋、唐以前中医蛊字涵义之商榷》，《中国血吸虫病防治杂志》1997 年第 5 期。

8 张纲：《中医百病名源考》，北京：人民卫生出版社，1997 年，第 87 页。

9 范家伟：《中国疾病史研究方法之探讨——以中古时期脚气病为例》，台北中研院科学史委员会主办第六届科学史研讨会论文，2002 年 3 月 30—31 日。转引自余新忠：《中国疾病、医疗史探索的过去、现实与可能》，《历史研究》2003 年第 4 期。

二、社会史视野下的研究

研究中国古代的疾病一般是医史学界的任务，但是，史学界逐步把其纳入到社会史的范畴之中。中国社会史的研究自20世纪二三十年代开始，进入20世纪80年代以后，史学界开始重新思考社会史的研究内容，“马克思主义社会理论主要表现在广义的宏观社会史方面，所构建的宏观社会历史的理论模式，是一种‘骨架’的社会史，它还需要补充作为‘血肉’的狭义社会生活、生活方式的内容，而这方面恰恰是中国理论界长期忽视的。”[1]为此，史学界提出要建立以社会生活、生活方式为研究内容的新社会史。台湾学者杜正胜认为：新社会史在吸收以前历史研究成果的基础上，应当增益人民生活、礼俗、信仰和心态等方面的内容。他制定了一份以生活礼俗史为讨论重心的研究纲目，共包括十二部分内容，分别是生态资源、产业经营、日常生活、亲族人伦、身份角色、社群聚落、生活方式、艺文娱乐、生活礼仪、信仰与宜忌、生命的体认以及生命的追求等。[2]新社会史的提出，不断扩展着传统史学的研究内涵。

在此背景下，史学界开始对医史学界的研究成果进行全面的检讨。李建民以《陈胜昆医师全集》为例，对传统医学史的研究进行了省思。他认为，医疗史研究有着不同的取向：一是一般历史性背景的介绍与研究；二是文献考定与理论整理；三是正史、字书、笔记小说或医书中许多病案有描述患者或某病的病状或证候；四是文化史或者生活礼俗史的研究，其重点不在于疾病本身病理的分析，而是关注疾病、医疗行为的文化层面。[3]医学史研究不应当只是简单梳理医学疾病知识历史，它可以提供一个全新解读史料的视角，即在历史研究关于史因的探讨中，增加“医学史的向度”。[4]陈元朋指出，纯粹的医学理论与治疗技术等方面的难题，虽然是缺乏中医专业素养的一般历史研究者较难插足的领域，但是，如果把对中

---

1 常建华：《中国社会史研究十年》，《历史研究》1997年第1期。

2 杜正胜：《什么是新社会史》，《新史学》3卷4期，1992年12月。

3 李建民：《传统医疗史研究的若干省思——〈陈胜昆医师全集〉读后》，《新史学》3卷3期，1992年9月。

4 李建民：《中国医学的“一种文化”——史料、方法与视野》，《古今论衡》第18期，2008年10月。

国医学史的关注层面放到社会史的研究脉络中，则是一条值得尝试的研究路径。[1]余新忠认为，从社会史的角度探讨疾病医疗史意义重大，一是丰富了历史的面相，使历史变得更加鲜活，拉进了医学史与现实生活的距离；二是丰富和增强了历史解释的纬度和力度；三是拓宽了历史学的研究范围，有利于促动历史学者打破自我封闭，加强跨学科对话；四是随着新课题的引入以及研究中某些研究困境的出现，有利于促使研究者思考传统研究取向和方法的限度，并寻求新的取向和方法；五是在某些方面，也可能促进正统疾病医疗史研究的深入。[2]

疾病史与历史学相结合，增加了诠释历史的新途径。传统上，研究汉唐时期南方社会的发展，学者一般从经济文化的角度进行，或者更关注经济文化重心的南移问题。探讨南方经济的发展问题也可以从疾病史的角度进行。张轲风探讨了“障”转变为“瘴”的过程，指出“障气”之“障”，凝结了空间阻隔意象与边疆意象，体现出中原汉文化强烈的地域意象。[3]张文认为瘴气和瘴病并非疾病概念，而是文化概念，是以汉文化为主的中原文化对南方尤其是西南的地域偏见和族群歧视。[4]左鹏认为瘴虽然可以视为致病之因，但实际上它是人们对于某些地方的感受与偏见。瘴的分布、扩散与收缩，是人群的迁移与同化，也是文化的传播与涵化。[5]龚胜生研究两千年来中国瘴病分布变迁时，指出战国西汉时期瘴病以秦岭淮河为北界，隋唐五代时期以大巴山长江为北界，明清时期以南岭为北界。瘴病分布范围变迁的原因在于南方的开发。[6]以上学者把瘴气作为一种文化符号，探讨南方经济发展和社会变迁问题。南方的发展不仅体现在经济文化方面，也体现在人们的地域认同方面。

此外，于赓哲探讨了蓄蛊地域的变化。自隋唐以来，蓄蛊之风被认为是南方某些地域特有的恶习，其体现了主流文化对非主流文化的地域歧视；随着南方的

1 陈元朋：《民国以来宋代医学史研究概况简介——以台湾与大陆地区的研究成果为例》，《大陆杂志》90卷5期，1995年。

2 余新忠：《中国疾病、医疗史探索的过去、现实与可能》，《历史研究》2003年第4期。

3 张轲风：《从“障”到“瘴”：“瘴气”说生成的地理空间基础》，《中国历史地理论丛》2009年第2辑。

4 张文：《地域偏见和族群歧视：中国古代瘴气与瘴病的文化学解读》，《民族研究》2005年第3期。

5 左鹏：《汉唐时期的瘴与瘴意象》，《唐研究》第8卷，北京：北京大学出版社，2002年。

6 龚胜生：《2000年来中国瘴病分布变迁的初步研究》，《地理学报》1993年第4期。

开发，蓄蛊之地逐渐向南漂移，其迁转流移反映了主流文化圈的拓展过程。[1]他还研究了“南土卑湿”的问题，认为其不仅是地理环境及疾病问题，更是文化问题，体现了北方主流文化圈对南方的想象与偏见。不过，随着南方经济文化的发展，族群边界的动摇与转移，这种偏见也发生着变化。[2]作者通过蓄蛊地域及卑湿观念的变迁，研究南方社会的发展问题。这种研究思路显然与传统的研究方法不同，但是它们殊途同归，都共同探讨南方开发这一历史命题。

南方风土病的形成与当地生态环境紧密相关。文焕然指出瘴气的形成与南方茂密的森林资源、湿热的环境有关。“从自然环境来说，瘴气是热带森林气候的表现之一，其特点是云雾多、湿度大、闷热。这种环境，枯枝落叶多，土壤中含腐殖质多，水中含腐殖酸等也比较多，微生物生长繁殖迅速，饮食稍不注意易生疾病。”[3]萧璠也指出，南方山岭之所以多瘴气，山上的林木起着相当重要的作用。[4]王子今认为研究瘴气，除了文化学和心理学的分析外，进行病理学和生态学的研究或许更为重要。[5]即应当从生态环境的角度探讨其形成的机理，或许这样，才能正确理解瘴气。仅把瘴气作为一种地域偏见，固然有助于我们对它的认识，但有可能忽视它所形成的生态原因。因此，应该从人与环境的互动中去研究瘴气的形成及消失原因，其他风土病也同样。

三、环境史视野下的研究

当疾病、医疗成为社会史的研究范畴时，它们也成为环境史的研究主题。钞晓鸿在环境史的框架下对以往疾病史的研究进行了总结，分为疫病的时空分布、病疫的传播防治史以及疫病与生态环境、社会变迁之间的关系等内容。[6]刘翠溶认

---

1 于赓哲：《蓄蛊之地：一项文化歧视符号的迁转流移》，《中国社会科学》2006 年第 2 期。

2 于赓哲：《疾病、卑湿与中古族群边界》，《民族研究》2010 年第 1 期。

3 文焕然：《两广南部及海南的森林变迁》，《中国历史时期植物与动物变迁研究》，重庆：重庆出版社 2006 年，第 94 页。

4 萧璠：《汉宋间文献所见古代中国南方的地理环境与地方病及其影响》，李建民主编：《台湾学者中国史研究论丛》（生命与医疗），第 216 页。

5 王子今：《汉晋时代的“瘴气之害”》，《中国历史地理论丛》2006 年第 3 辑。

6 钞晓鸿：《世纪之交的中国生态环境史——以近年来大陆生态环境史研究为研究中心》，《生态环境与明清社会经济》，合肥：黄山书社 2004 年，第 36-39 页。

为中国环境史的研究主题应该包括“疾病与环境”。[1]王利华指出，环境史研究的基本立足点是“人类与环境双向互动的历史关系”，不仅需要考察人类如何利用环境获得生活（特别是能量）资源，也需要探讨人类如何应对环境中的各种不利因素，包括细菌、病菌等对生命健康的历史危害。[2]

环境史领域内如何研究疾病、医疗诸问题？一方面，探讨疾病与自然环境之间的关系，分析影响疾病发生和散布的环境因素，主要包括气候、地理、动物、植物以及人类的聚落形态（人口密度）等因素。另一方面，研究疾病与人群之间的关系，探讨影响疾病发生和散布的“人群”因素，以及疾病对特定人群所造成的冲击。[3]只有这样，才能把疾病纳入到自然生态系统和社会生态系统之中，真正实现人与环境的互动。从环境史的角度探讨中国古代的疾病，主要涉及到两方面内容，一是传染病，二是地方病或风土病。在研究的过程中，应当从自然环境、社会环境与人之间的关系来探讨疾病的形成、消失过程以及它对中国古代社会的影响。

萧璠《汉宋间文献所见古代南方的地理环境与地方病及其影响》在梳理汉宋时期的人们如何认识南方风土病的基础上，探讨了南方地理环境与风土病之间的关系、风土病对南下之人的影响。[4]范家伟在《六朝隋唐医学之传承与整合》一书中也专门论述了南方风土病与生态环境之间的关系、中原人士在南下的过程中所形成的疾病恐慌。[5]学者在研究南方风土病的过程之中，向我们展示了南方环境恶劣的一面，他们注意到了当地风土病对南下之人的不利影响，而且也强调南下之人对这一地区所形成的疾病恐慌。不过，他们没有进一步探讨人们所形成的疾病恐慌消失的原因，及其与南方生态环境变迁之间的关系。同样，在研究中古人士对卑湿的南方怀有强烈恐惧这一历史命题时，学者虽然意识到随着南方的开发，人们的恐惧感逐步消失，但是，也没有进一步研究它的消失与南方环境改造之间

---

1 刘翠溶：《中国环境史研究刍议》，《南开学报》（哲学社会科学版）2006 年第 2 期。

2 王利华：《生态环境史・主持者言》，《南开学报》（哲学社会科学版）2006 年第 5 期。

3 林富士：《中国疾病史研究刍议》，《中国中古时期的宗教与医疗》，台北：联经出版事业股份有限公司，2008 年，第 543-545 页。

4 萧璠：《汉宋间文献所见古代南方的地理环境与地方病及其影响》，李建民主编：《台湾学者中国史研究论丛》（生命与医疗），第 191-298 页。

5 范家伟：《六朝隋唐医学之传承与整合》，香港：香港中文大学出版社，2004 年，第 127-155 页。

的关系。

南方的开发不仅是经济文化发展的过程，更是生态环境变迁的过程。今天我们在研究汉唐时期南方生态环境变迁问题时，着重探讨人们如何破坏当地的环境，[1]忽视了这一地区环境的优化过程，即由不适宜人们生存转变为适宜人们生存的过程。南方农业的发展、植被资源的变化、治水与治田相结合的塘浦圩田系统的建立、卑湿环境的改变，从根本上改善着当地的生态环境，使得各种风土病形成的环境因素不断消失，南方的生态环境发生着巨大的变化。

在秦汉时期中原社会的观念中，南方属于恶地，疾病流行，环境卑湿。[2]然而，在唐人心目中，长江下游美不胜收，令人无限神往。江南，吴越，几乎成为"好山水"的代名词，[3]南方的生态环境更加适宜人们的居住。因此，在研究南方风土病如何消失时，应该注意到生态环境与社会、经济的协同变化过程。[4]采用环境史的视野，能使我们对南方风土病的认识更加清楚，也更加系统。

在中国古代社会，南下的中原人士，带去了先进的生产技术，促进了南方经济文化的发展。至于北人南下的原因，史学界一般认为他们为了躲避华北的战乱，为了活命。但是，另一个方面也不容忽视，即南下的北人如何在南方生存的问题。南北环境的差异、南方流行的各种风土病，严重阻碍着南下之人的生存，这也预示着北人的南下过程充满着艰辛。随着南方经济的发展、生态环境的优化以及人们医学知识的增长，南下之人的适应能力增强，他们不断土著化，与当地的土著族群逐渐融合，南方的族群分布格局处于变动之中。

春秋战国时期，在南方地区分布着众多的土著族群，东南地区以百越族群为主，长江中游一带以越、濮等"荆蛮"为主。秦汉至隋唐时期，随着普通民众的

---

1 如王福昌：《秦汉时期长江中下游地区的环境保护》（《社会科学》1999 年第 2 期）、李文澜：《唐代长江中游水患与生态环境诸问题的历史启示》（《江汉论坛》1999 年第 1 期）、张迪祥：《春秋、战国时期以来长江流域人口活动对植被变迁的影响》（《植物资源与环境学报》2000 年第 1 期）、陈雄：《秦汉魏晋南北朝时期宁绍地区土地开发及其对环境的影响》，（《浙江师范大学学报》（社会科学版）2002 年第 5 期）以及武仙竹：《三峡地区的环境变迁与三峡航运》（《四川文物》1998 年第 6 期）等文章。

2 范行准、伊广谦等整理：《中国病史新义》，第 305 页。

3 张伟然：《唐人心目中的文化区域及地理意象》，李孝聪主编：《唐代地域结构与运作空间》，上海：上海辞书出版社，2003 年，第 372-377 页。

4 王利华：《"生态认知系统"的概念及其环境史学意义——兼议中国环境史上的生态认知方式》，《鄱阳湖学刊》2010 年第 5 期。

南下以及中央政府对南方的经营，南方地区特别是长江中下游地区的人口结构得到根本改变，汉人成为这一地区的主体族群。当地的土著族群要么融于华夏之中，要么居住于穷山僻壤之地。《隋书》卷 31《地理志》载，“南郡、夷陵、竟陵、沔阳、沅陵、清江、襄阳、舂陵、汉东、安陆、永安、义阳、九江、江夏诸郡，多杂蛮左，其与夏人杂居者，则与诸华不别。其僻居山谷者，则言语不通，嗜好居处全异，颇与巴、渝同俗。”南方社会面貌发生着巨大的变化。

南方的开发，经济的发展，重心的南移，除表现在人口的增长、农业的发展外，还表现在这一地区生态环境的优化，各种风土病的消失。研究汉唐时期南方的风土病，可以让我们重新诠释南方的发展及其社会变动等问题。

总之，研究汉唐南方风土病，不仅要分析它们相当于今天何种疾病，更要研究它们对汉唐社会的冲击与影响。把南方各种风土病视为一种地域偏见，有助于探讨南方社会变迁问题，但有可能忽视它们所形成的生态原因。从环境史的角度，利用当今学者的研究成果，可以进一步探析南方经济发展、生态环境优化、族群变动等问题。

汉唐时期长江中下游地区环境的优化
——从“含沙射影”词义的演变谈起

李荣华

摘　要：从汉至唐，“含沙射影”的含义，由含沙暗中攻击人的方式，转变为阴谋诬陷别人的行为。其词义的变化，反映了含沙社会影响力的减弱及长江中下游地区生态环境的变迁。随着长江中下游地区经济的发展及其农业景观的建立，含沙的生存环境发生显著变化，其分布范围逐步缩小，这一地区的生态环境得到优化，更加适宜人们的居住。

关键词：汉唐；含沙射影；长江中下游地区；生态环境；优化

The Optimization of the Eco-environment in the Middle-Lower Yangtze Area during Han and Tang Dynasties
— Starting from the Change of the Meaning of “Hansha She Ying”

Li Ronghua

Abstract: From tHan Dynasty to Tang Dynasty, the original meaning of “Hansha she ying” transforms from the way that Hansha injures people stealthily into the behavior that one complots to frame and slander others. The variation of its meaning reflects the decrease of social influence power of Hansha and the changes of ecological environment in the Middle-Lower Yangtze Area. The development of southern economy and the establishment of agricultural landscape have made the living environment of Hansha change fundamentally and its distribution range has reduced gradually. The ecological environmental of the Middle-Lower Yangtze Area has been optimized, which makes it more livable.

Key words: Han and Tang Dynasties; Hansha she ying; the Middle-Lower Yangtze Area; Ecological environment; Optimize

汉唐时期长江中下游地区经济的发展，奠定中国经济重心南移的基础。当今学者认为这一地区经济的发展，也带来负面影响，即生态环境不断恶化。[1]经济的发展必然会对生态环境产生一定的影响，如果考虑到长江中下游地区生态环境的地域性和时段性特征，经济的发展有可能使该地区的生态环境不断优化，由不适宜人们的居住转变为适宜人们的生存。

“含沙射影”是大家耳熟能详的一个成语。它的含义原为作为毒虫的含沙伤害人的方式，到了唐代，开始演变为暗中诽谤或者陷害人的行为，其词义的变化也许与长江中下游地区生态环境的变迁有关。本文试从汉唐时期“含沙射影”词义的转变入手，探讨长江中下游地区生态环境的优化过程，并以此求教于方家。

一、含沙社会影响力的减弱与“含沙射影”词义的演变

含沙作为一种毒虫，又名蜮、射工、射影、水弩、短狐等，主要分布于长江中下游及以南地区。战国时期的文献已经有所记载，屈原《离骚·大招》中，“魂乎无南！南有炎火千里，蝮蛇蜒只。山林险隘，虎豹蜿只。鰅鳙短狐，王虺骞只。魂乎无南！蜮伤躬只。”[2]虽然含沙已经在南方存在，但是，这一时期，南北尚未统一，诸侯国间战争不断，经济文化交流并不频繁，含沙还不足以引起中原社会的关注。

秦汉帝国建立后，南北统一，中原社会加强对南方的经营和管理，南北社会的联系日趋紧密。由于南北生态环境的差异，中原社会十分在意南方的生态环境，尤其对于危及人生命的各种有毒之物。时人对含沙的分布状况有所关注。《搜神记》

---

1 郑学檬：《中国古代经济重心南移和唐宋江南经济研究》，长沙：岳麓书社，2003 年，第 28-37 页。

2 洪兴祖、白化文等点校：《楚辞补注》卷十《大招章句》，北京：中华书局，1983 年，第 217 页。

卷一二中记载汉武帝时期，长江水中生存着含沙。“汉光武帝中平中，有物处于江水，其名曰蜮，一曰短狐。”《汉书》卷二七《五行志》下之上中记载，“刘向以为蜮生南越。……在水旁，能射人，射人有处，甚者至死。南方谓之短狐。”王充的《论衡》卷二三《言毒》中，“南道名毒曰短狐。”道为方的意思，南道即南方。[1]南方到处都有含沙。另外，人们对含沙的形状以及含沙伤人的方式也有所认识。许慎《说文·虫部》中，“蜮，短狐也，似鳖，三足。”服虔也认为含沙似鳖，“短狐，南方盛暑所生，其状如鳖，古无今有。”[2]他还指出含沙以沙射人，“含沙射人，皮入肉中”。[3]

魏晋南北朝时期，由于社会动荡，大量中原人士避乱江南。他们的亲身经历，直接影响着整个社会对南方生态环境的整体评价。在他们看来，南方地区多毒物。受此影响，时人对含沙的认识更加全面。在分布区域上，三国吴人陆玑指出江淮之地皆有含沙。[4]东晋葛洪指出吴楚之地多毒物，其中之一为含沙。[5]南朝宋鲍照的《苦热行》中，“丹蛇逾百尺，玄蜂盈十围。含沙射流影，吹蛊病行晖。瘴气昼熏体，菵露夜沾衣。饥猿莫下食，晨禽不敢飞。毒泾尚多死，渡泸宁具腓。”[6]华南一带的毒物中包括含沙。魏收《魏书》卷九六《僭晋司马睿传》中记载也记载了南方的毒物，“巴、蜀、蛮、獠、溪、俚、楚、越，鸟声禽呼，言语不同，猴蛇鱼鳖，嗜欲皆异。……地既暑湿，多有肿泄之病，障气毒雾，射工、沙虱、蛇虺之害，无所不有。”与秦汉时期相比，含沙的分布范围没有发生变化。

在含沙的形状方面，葛洪《抱朴子》卷一七《登涉》中指出含沙似鸣蜩，“状如鸣蜩，状似三合杯，有翼能飞，无目而利耳，口中有横物角弩”。蜩，即蚱蝉，“俱方首广额，两翼六足，以胁而明”。[7]张华《博物志》卷三中认为含沙似甲虫，“江南山溪中水射上虫，甲类也。长一二寸，口中有弩形”。这一时期人们对含沙的认识存在着争议，明人李时珍认为含沙的形状和鳖、蝉、甲虫的外形皆有关，

1 黄晖撰：《论衡校释》卷二三，北京：中华书局，1990年，第952页。
2 孙诒让：《周礼正义》卷六五《秋官·叙官》，北京：中华书局，1987年，第2732页。
3 孙诒让：《周礼正义》卷六五《秋官·叙官》，第2732页。
4 陆玑：《毛诗草木鸟兽虫鱼疏》卷下，北京：中华书局，1985年，第63页。
5 王明著：《抱朴子内篇》卷一七《登涉》，北京：中华书局，1986年，第306页。
6 鲍照：《苦热行》，郭茂倩：《乐府诗集》卷六五，北京：中华书局，1979年，第937页。
7 李时珍，刘衡如等校注：《本草纲目》卷四一《蚱蝉》，北京：华夏出版社，2008年，第1539页。

“射工长二、三寸，广寸许，形扁，前阔后狭，颇似蝉状，故《抱朴子》言其状如鸣蜩也。腹软背硬，如鳖负甲，黑色，故陆玑言其形如鳖也。六七月甲下有翅能飞，作铋铋声。阔头尖喙，有二骨眼。其头目丑黑如狐如鬼，喙头有尖角如爪，长一、二分。有六足如鳖足，二足在喙下，大而一爪；四足在腹下，小二歧爪，或时双屈前足，抱拱气喙，正如横弩上矢之状。”[1]如果李时珍的认识正确的话，那么汉魏六朝时期的人们只是从局部描述含沙的形状，没有从总体上把握。

这一时期人们对含沙攻击人的方式以及含沙射人后的症状也进行了仔细的探究。干宝《搜神记》卷一二中记载含沙以沙射人，“江人以术方抑之，则得沙石于肉中。”葛洪认为含沙以气杀人，《抱朴子》卷 17《登涉》中，“以气为矢，则因水而射人”。此外，含沙也可以攻击人影，使人患病。陆玑《毛诗草木虫疏》卷下中，“在江淮水中，人在岸上，影见水中，投人影，则杀之，故曰射影。”张华《博物志》卷三中，“以气射人影”。葛洪《肘后方》卷下《治卒中射工水弩毒方》中，“以射人形影则病”。含沙射人中，症状明显，有发热、头痛、畏寒、浑身抽搐、结痂等。干宝《搜神记》卷一二中，“所中者，则身体筋急，头痛发热，剧者至死。”《肘后方》卷下《治卒中射工水弩毒方》中，“初得或如伤寒，或似中恶，或口不能语，或恶寒热，四肢拘急，旦可暮剧，困者三日，齿间血出，不疗即死。其中人有四种，初觉则遍身体视之，其一种正黑如墨子，而绕四边突赤，以衣被犯之，如刺状。其一种作疮，疮久即穿陷。一种突出如石痈状。其一种如火灼人肉，熛起作疮，此种最急，并皆煞人。”

在唐代，人们对含沙的认识没有突破魏晋南北朝时期人们的认识。如在含沙形状方面，孙思邈认为含沙与甲虫相似，《备急千金方》卷二五《治三种射工虫毒方》中，“其虫形如甲虫，有一长角在口前如弩，檐临其角端曲如上弩”。在含沙射人后的症状上，《备急千金方》卷二五《治三种射工虫毒方》中所描述的与《肘后方》中的基本一致，“其初始证候，先恶寒噤瘆，其成疮似蠼螋尿，亦似瘭疽疮。射工中疮有三种：其一种疮正黑如黡子，皮周边悉赤，或衣犯之，如有芒刺痛；其一种，作疮久久穿，或晡间寒热；其一种，如火灼熛起，此者最急，数日杀人。”但是，与汉魏六朝时期相比，唐人所记载含沙的分布范围明显缩小，只分布于长

1 李时珍，刘衡如等校注：《本草纲目》卷四二《溪虫鬼》，第 1574 页。

江中游以南地区及岭南一带。白居易元和八年（813 年）写给江陵府士曹参军元稹的诗中，[1]“君年虽校少，憔悴谪南国。三年不放归，炎瘴消颜色。山无杀草霜，水有含沙蜮。”[2]湖北江陵一带的水中生存着含沙。元和十年（815 年），白居易所写的送别诗《送人贬信州判官》中，记载了江西上饶一带的毒物，“溪畔毒沙藏水弩”。[3]柳宗元的《与李翰林建书》中，“永州于楚为最南，状与越相类。仆闷即出游，游复多恐。涉野有蝮虺大蜂，仰空视地，寸步劳倦。近水即畏射工沙虱，含怒窃发，中人形影，动成疮痏。”[4]永州（今湖南零陵）环境恶劣，有蝮虺、大蜂、射工、沙虱等毒物。岭南地区也分布着含沙，刘禹锡的《莫徭歌》中，“夜渡千仞溪，含沙不能射。”[5]沈佺期的《入鬼门关》中，“夕宿含沙里，晨行蔄露间。”[6]

到了宋代，虽然医书中对含沙有所记载，但是相关内容与魏晋南北朝时期医书中的记载基本相似，没有较大变化。[7]而且，这一时期的文献中只谈及岭南一带分布着含沙。“百越之地，……三月五月，春草黄茅，岚雾瘴氛，上炎下潦，飓风之所扇鼓，且土多毒虫、蚺蛇、沙虱，过而踣者犹十三四焉。”[8]作为毒物的含沙已经不被时人所重视。

从以上可以看出，秦汉到魏晋南北朝时期，随着人们对南方环境认识的深入，他们也对含沙的认识逐步深化，无论是分布范围、形状，还是危害人的方式、射人后的症状。这说明含沙对整个社会的影响较大，否则，人们也不会对此毒物过分关注。自唐代以来，除医书外，其他文献对含沙的记载逐步减少，反映了随着含沙分布范围的缩小，整个社会对含沙的关注度降低，含沙所产生的影响力日益衰落。与此同时，“含沙射影”的词义发生着演变，由作为毒虫的含沙攻击杀害人的方式，形象地转变为阴谋陷害人的行为。白居易的《读史五首》中，“含沙射人

1 朱金城：《白居易年谱》，上海：上海古籍出版社，1982 年，第 59 页。

2 白居易，谢思炜撰：《寄元九》，《白居易诗集校注》卷九，北京：中华书局，2006 年，第 734 页。

3 白居易，谢思炜撰：《送人贬信州判官》，《白居易诗集校注》卷一五，第 1187 页。

4 柳宗元：《与李翰林建书》，《柳宗元集》卷三〇，北京：中华书局，1979 年，第 801 页。

5 刘禹锡，陶敏等校注：《莫徭歌》，《刘禹锡全集编年校注》卷四，长沙：岳麓书社，2003 年，第 260 页。

6 沈佺期，陶敏等校注：《沈佺期集校注》卷二，北京：中华书局，2001 年，第 87 页。

7 王怀隐等：《太平圣惠方》卷五七《治射工中人疮诸方》，北京：人民卫生出版社，1958 年，第 1776-1777 页。

8 晁补之：《鸡肋集》卷二五《上皇帝安南罪言》，第 1118 册，台北：台湾商务印书馆，1986 年影印文渊阁四库全书本，第 578 页。

影，虽病人不知。巧言构人罪，至死人不疑。”[1]白居易用“含沙射人影”比喻使用计谋陷害别人的行为。随后他举出几个例子进行说明，“掇蜂杀爱子，掩鼻戮宠姬。弘恭陷萧望，赵高谋李斯。”这几个例子分别见《琴操·履霜操》、《战国策·楚策四》、《汉书·萧望之传》以及《史记·李斯列传》。[2]宋代欧阳修的《亳州谢上表》中，“造谤于下者，初若含沙之射影，但期阴以中人。”[3]诽谤之人必如含沙射影，中伤于别人。欧阳修此篇文章写于治平四年（1067 年）。这一年正月，宋英宗去世，神宗即位。欧阳修因在丧服内穿紫袄，被御史弹劾。他以前所推荐的蒋之奇趁机诽谤，说他与儿媳私通。宋神宗彻查此事，证明欧阳修遭受诬陷，蒋之奇因此被贬黜，而欧阳修也被贬到亳州（今安徽亳县）。[4]明代归有光《震川先生文集》卷三中，“《亳州谢上表》，欧公遭罹馋谤，故其言多呜咽。”[5]欧阳修对含沙射影的理解或许更为深刻。熙宁六年（1073 年）八月，枢密副使吴充指出，朝廷在广开言路的问题上，一定要仔细审查，不使善良之人造诬陷，“含沙射人，束缊还妇，怀阴害以中良善，托公谊以售私恩，此风浸成，实黯圣政。”[6]吴充用含沙射影比喻阴谋诬陷他人的行为。

二、汉唐时期长江中下游地区生态环境的变迁

秦汉时期，长江中下游地区经济发展缓慢，司马迁在《史记》卷一二九《货殖列传》中指出，“楚越之地，地广人希，饭稻羹鱼，或火耕而水耨，果隋蠃蛤，不待贾而足，地势饶食，无饥馑之患，以故呰窳偷生，无积聚而多贫。是故江淮以南，无冻饿之人，亦无千金之家。”长江中下游地区丰富的物产资源，满足当地居民日常生活需要，人们的生产活动没有从根本上改变这一地区湿地广布、植被丰茂的自然景观。根据今人的研究，江汉平原云梦泽为平原—湖沼的地貌景观，洞庭湖和鄱阳湖地区属于河网切割地貌。长江下游一带湖泊众多，沼泽湿地广布。

1 白居易，谢思炜撰：《白居易诗集校注》卷二，第 207 页。

2 白居易、谢思炜撰：《白居易诗集校注》卷一，第 53-54 页；《白居易诗集校注》卷 2，第 207-208 页。

3 李之亮笺注：《欧阳修集编年笺注》卷九四，成都：巴蜀书社，2007 年，第 5 册，第 466 页。

4 郭正忠编著：《欧阳修》，上海：上海古籍出版社，1982 年，第 64 页。

5 李之亮笺注：《欧阳修集编年笺注》卷九四，第 467-468 页。

6 李焘：《续资治通鉴长编》卷二四六，北京：中华书局，2004 年，第 6001 页。

[1]而且，长江中下游山地丘陵地带森林资源极其丰茂。[2]

含沙生活在潮湿的环境中，《肘后方》卷七《治卒中射工水弩毒方》中，“居溪旁湿地，天大雨时，或逐行潦，流入人家而射人。”沙虱不仅生活在水中，也生存在草丛之中。《肘后方》卷七《治卒中沙虱毒方》记载，“山水间多有沙虱，其虫甚细不可见。人入水浴及汲水澡浴，此虫在水中著人。及阴雨日行草中，即著人，便钻入皮里。”今人在研究这两种毒物的生存环境时指出，沙虱、含沙的传播媒介为恙螨，其孳生在阴暗潮湿的丛林边缘、溪沟江河沿岸的灌木杂草丛中等场所。[3]长江中下游地区的生态环境为含沙的生存提供有利的条件。

东晋南朝时期，随着华北政局的动荡，北人的南下，长江中下游平原地区农业景观不断建立。在江汉平原，《太平寰宇记》卷一四六记载南朝刘宋荆州刺史沈攸之将荆州一带的沼泽之地开辟为农田的史实，“宋沈攸之为荆州刺史，堰湖开渎，通引江水，田多收获，故以获名其湖。”《宋书》卷四六《张邵传》记载了张邵在襄阳一带围垦汉水滩地，“及至襄阳，筑长围，修立堤堰，开田数千顷，郡人赖之富赡。”在江淮地区，淮南扬州一带，土地荒芜，《南齐书》卷四四《徐孝嗣传》记载，“淮南旧田，触处极目，陂遏不修，咸成茂草。平原陆地，弥望尤多。”南朝齐人徐孝嗣建议在这一地区开田辟地，“随地垦辟。精寻灌溉之源，善商肥确之异”。太湖流域的开发是以太湖为中心，从四周高地逐步向近湖沼泽地带发展，到了南朝末年，常熟二十四浦形成，这一地区的塘浦圩田得到较大发展。[4]宁绍平原西部山阴（今浙江绍兴）经济发展较快，出现人多地少的现象，于是这一地区的居民向宁绍平原东部沼泽之地迁移。《宋书》卷五四《孔灵符传》记载对此进行了记载，“山阴县土境褊狭，民多田少，灵符表徙无赀之家于余姚、鄞、鄮三县界，垦起湖田。”湖田即围湖造田，将湖周围的滩涂变为良田。《宋书》卷五四《孔季恭传》史臣之论中，记载了江南一带经济发展的成果，“地广野丰，民勤本业，一岁或稔，则数郡忘饥。会土带海傍湖，良畴亦数十万顷，膏腴上地，亩直一金，

1 中国科学院《中国自然地理》编辑委员会：《中国自然地理·历史地理》，北京：科学出版社，1982年，第86-152页。

2 周宏伟：《长江流域森林变迁的历史考察》，《中国农史》1999年第4期。

3 萧璠：《汉宋间文献所见古代中国南方的地理环境那与地方病及其影响》，李建民主编：《台湾学者中国史研究论丛》（生命与医疗），北京：中国大百科全书出版社，2005年，第268页。

4 缪启愉：《太湖塘浦圩田史研究》，北京：农业出版社，1985年，第13-14页。

鄠、杜之间，不能比也。荆城跨南楚之富，扬部有全吴之沃，鱼盐杞梓之利，充仞八方，丝绵布帛之饶，覆衣天下”。但是，长江中下游地区农业的发展是极其不平衡的，山地丘陵地带依然森林茂密，太湖流域以东广大地区则为低洼沼泽之地。

隋唐时期，南北一统，长江中下游地区的农业生产发展迅速，无论是平原，还是山地丘陵。在长江中游江汉平原、鄱阳湖平原以及洞庭湖地区，修筑大量的堤防工程，水网沼泽之地进入全面开发阶段。[1]在长江下游沿海一带，由于海水倒灌，农业生产受到制约，淮南、浙东以及浙西等地海塘的修筑，将沿海荒芜之地变为农田。《新唐书》卷一四三《李承传》记载李承在淮南楚州（今江苏淮安）修筑的常丰堰，“以御海潮，溉屯田瘠卤，收常十倍它岁”。《新唐书》卷一六六《杜佑传》记载扬州一带滨海废弃之地得到改造，“决雷陂以广灌溉，斥海濒弃地为田”。太湖流域盐官县（今浙江海宁）的海塘在开元年间重新修建，“有捍海塘堤，长百二十四里，开元元年重筑。”[2]《新唐书》卷四一《地理志五》中记载了会稽（今浙江绍兴）一带海塘修筑的经过，“东北四十里有防海塘，自上虞江抵山阴百余里，以蓄水溉田，开元十年令李俊之增修，大历十年观察使皇甫温、大和六年令李左次又增修之。”海塘的建设，促进太湖流域圩田水利事业的发展，到唐中后期，这一地区的塘浦圩田系统基本形成。[3]长江中下游平原地带沼泽湿地广布的环境条件，决定了这一地区的水利设施必须兼具排水和灌水的功能，只有这样，才能提高开垦沼泽湿地的能力，使沮洳之地变为良田沃土。《全唐文》卷四三〇李翰《苏州嘉兴屯田纪绩颂并序》中，“嘉禾土田二十七屯，广轮曲折千有余里。公画为封疆属于海，浚其畎浍达于川，求遂氏治野之法，修稻人稼穑之政。芟以殄草，剔以除木，风以布种，雨以附根，颁其法也。”沼泽湿地之中，榛莽丛生，有利于含沙的生存，农田的建立，杂草的清除，水环境的变化，使得含沙所依存的环境彻底发生改变，加快其消亡的步伐。

长江中下游地区山地丘陵主要包括江淮丘陵、江南丘陵。其中，江淮丘陵从大洪山、桐柏山和大别山一直向东延伸，直至苏北平原洪泽湖一带。江南丘陵位于长江中下游地区以南，五岭以北，由中山、低山及介于其间的丘陵盆地构成。

---

1 牟发松：《唐代长江中游的经济与社会》，武汉：武汉大学出版社，1989 年，第 78-91 页。

2 欧阳修等：《新唐书》卷四一《地理志五》，北京：中华书局，1975 年，第 1059 页。

3 缪启愉：《太湖塘浦圩田史研究》，第 21 页。

茶树的种植、畬田农业的发展，山地丘陵地带的植被发生较大变化。

茶树适合种植于低山丘陵地带，《四时纂要》卷2记载，“大概宜山中带坡峻。若于平地，即须畔深开沟垄泄水。水浸根，必死。”随着野生茶树的驯化、人工栽培茶树技术的提高，茶树分布面积进一步扩大。“山南，以峡州上，襄州、荆州次，衡州下，金州、梁州又下。淮南，以光州上，义阳郡、舒州次，寿州下，蕲州、黄州又下。浙西，以湖州上，常州次，宣州、杭州、睦州、歙州下，润州、苏州又下。”[1]虽然陆羽主要讨论不同地区茶叶品质的好坏，但可以看出长江中下游地区广泛种植茶树，低山丘陵地带植被丰茂的自然景观发生改变。

在山地丘陵地带，畬田农业也发展起来。唐代畬田农业主要位于山南道、剑南道以及江南道所属州县周边的山地间。[2]时人已经意识到畬田农业对山地丘陵地带生态环境的影响。“畬山儿，畬山儿，无所知。年年斫断青山嵋。就中最好衡岳色，杉松利斧摧贞枝。灵禽野鹤无因依，白云回避青烟飞。猿猱路绝岩崖出，芝术失根茆草肥。年年斫罢仍再锄，千秋终是难复初。又道今年种不多，来年更斫当阳坡。国家寿岳尚如此，不知此理如之何！”[3]畬田农业破坏山地丘陵间的植被，直接影响到动物的生存环境，这在刘禹锡的《畬田行》中也有体现，“何处好畬田，团团缦山腹。钻龟得雨卦，上山烧卧木。惊麏走且顾，群雉声咿喔。”[4]虽然畬田农业破坏了山地地带的森林植被，但是它也清除了各种灌木丛林，改变了含沙的孳生环境。韩震在舒州同安郡（今安徽桐城）通过焚烧草木，消灭老虎和毒虺，“桐城……本同安，至德二载更名。自开元中徙治山城，地多猛虎、毒虺，元和八年，令韩震焚薙草木，其害遂除。”[5]山地丘陵地带植被的改变，灌木丛林的清除，使得含沙这种毒虫逐步消失，不再危及人的生命健康。

长江中下游地区农业的发展、沼泽湿地以及山地丘陵环境的改造、植被资源的变化、治水与治田相结合的水利工程的修建，从根本上改善着当地的生态环境，含沙的生存环境发生明显的改变，其分布范围进一步缩小。这种变化也体现在瘴

1 陆羽，沈冬梅校注：《茶经校注》卷下《八之出》，北京：中国农业出版社，2006年，第80-82页。

2 [日]大泽正昭，亿里译：《论唐宋时代的烧田（畬田）农业》，《中国历史地理论丛》2000年第2辑。

3 玄泰：《畬山谣》，普济，苏渊雷点校：《五灯会元》卷六，北京：中华书局，1984年，第314页。

4 刘禹锡：《畬田行》，《刘禹锡全集编年校注》卷五，第316页。

5 欧阳修等：《新唐书》卷四一《地理志五》，第1054页。

气分布范围变迁方面。战国西汉时期，瘴气分布的北界可能在秦岭淮河一线，长江流域为重病区。隋唐五代时期，主要分布在大巴山及长江以南，邛崃山、大雪山和横断山脉以东的广大地域，以大庾岭—衡山—鬼门关一线以南尤甚。江淮地区以及苏杭地区，瘴气已经销声匿迹。[1]瘴气的形成与南方潮湿的环境、茂密的森林直接相关，[2]森林植被的变化直接影响到瘴气分布范围的变化。长江中游以南五岭以北广大区域地貌以山地丘陵为主，畲田农业主要集中在山地丘陵边缘地带，其深处植被茂密，因此，这些地方依旧生存着含沙、瘴气等毒物，环境恶劣。

在秦汉社会的观念中，南方属于恶地，疾病流行，环境卑湿。[3]然而，在唐人心目中，长江下游风光旖旎，美不胜收。江南，吴越，几乎成为"好山水"的代名词，[4]在张籍看来，广大的江南风光旖旎。"江南人家多橘树，吴姬舟上织白苎。土地卑湿饶虫蛇，连木为牌入江住。……江南风土欢乐多，悠悠处处尽经过。"[5]江南土地虽然卑湿，多虫蛇，但丝毫不影响他欣赏美景的心情。孟浩然《送袁太祝尉豫章》中，"江南佳丽地，山水旧难名。"[6]白居易也时刻惦念着江南的美景，"江南好，风景旧曾谙。日出江花红胜火，春来江水绿如蓝。能不忆江南？江南忆，最忆是杭州。山寺月中寻桂子，郡亭枕上看潮头。何日更重游？江南忆，其次忆吴宫。吴酒一杯春竹叶，吴娃双舞醉芙蓉。早晚复相逢！"[7]另外，他在《郡斋旬假始命宴呈座客示郡寮》中又写到，"风流吴中客，佳丽江南人。"[8]崔国辅在《题豫章馆》中写道，"杨柳映春江，江南转佳丽。"[9]韩翃《送客游江南》中，"赏

1 龚胜生：《2000 年来中国瘴病分布变迁的初步研究》，《地理学报》1993 年第 4 期。

2 郑洪等：《"瘴气"病因学特点源流考》，《中医药学刊》2004 年第 11 期。

3 范行准，伊广谦等整理：《中国病史新义》，北京：中医古籍出版社，1989 年，第 305 页。

4 张伟然：《唐人心目中的文化区域及地理意象》，李孝聪主编：《唐代地域结构与运作空间》，上海：上海辞书出版社，2003 年，第 372-377 页。

5 张籍：《江南曲》，《张籍诗集》卷一，北京：中华书局，1959 年，第 11 页。

6 孟浩然：《送袁太祝尉豫章》，佟培基笺注：《孟浩然诗集笺注》卷中，上海：上海古籍出版社，2000 年，第 258 页。

7 白居易，谢思炜撰：《忆江南三首》，《白居易诗集校注》卷 34，第 2598-2599 页。

8 白居易，谢思炜撰：《白居易诗集校注》卷二一，第 1655 页。

9 崔国辅：《题豫章馆》，万竞君注：《崔国辅诗注》，上海：上海古籍出版社，1982 年，第 4 页。

称佳丽地，君去莫应知。”[1]韦庄的诗中也谈到了江南秀丽的景致，“人人尽说江南好，游人只合江南老。春水碧于天，画船听雨眠。”[2]总之，长江中下游地区经济的发展，这一地区的生态环境得到改造，由沼泽遍地、榛莽丛生的自然景观转变为农业景观，人们的生存环境发生翻天覆地的变化，该地区特别是长江下游地区更加适宜人们的居住，从而奠定了“含沙射影”词义转变的基础。

三、结语

环境史主要研究人与生态环境之间的互动关系。受当今环境污染现状的影响，学界在探讨古代环境问题时，更多地关注人对环境的破坏作用。实际上，人的活动，不一定只会导致自然的破坏、环境的恶化。评价人对生态环境的影响，应该看这种影响是否适合自身的生存和发展，除此以外无其他标准。汉唐时期，随着经济的发展，长江中下游地区沼泽湿地遍布、草莽丛生的自然景观转变为农业景观，含沙的生存环境发生了巨大的变化，它的分布范围逐步缩小，社会影响力不断减弱，这一地区的生态环境得到优化，更加适合人们的生存。相应的，“含沙射影”的词义也发生着变化，由含沙暗中攻击人的方式，形象地演变为阴谋诬陷别人的行为。

1 韩翃：《送客游江南》，曹寅等编：《全唐诗》卷二四四，北京：中华书局，1960年，第2738页。

2 韦庄：《菩萨蛮》，《浣花词》，聂安福笺注：《韦庄集笺注》，上海：上海古籍出版社，2002年，第410页。

秦汉时期南土卑湿环境恶劣观念考述

李荣华

摘　要：秦汉时期，中原社会形成南土卑湿环境恶劣的观念。此观念的形成是南方社会的现实状况与中原社会的主观认识之间相互作用的结果。与中原地区相比，南方经济落后，医疗卫生条件较差，环境湿热，沼泽湿地广布，疫病流行。中原社会受卑湿之地不适宜居住传统观念的影响，过分强调甚至夸大南方卑湿的环境问题，以此显示南北经济发展水平的差异，突出中原社会的区位优势，展现出对南方社会的地域歧视。

关键词：秦汉；中原社会；南方；卑湿；地域歧视

A Research into the Idea that it was Moisture and Bad in South China during Qin and Han Dynasties

Li Ronghua

Abstract: During Qin and Han Dynasties，the central regions of China formed the concept that it was moisture and the environment was bad in South China. The formation of this kind of idea is the result of interaction between the reality of the South China and the subjective cognition of the central regions of China. Compared with the central regions of China，the southern economy was backward，the medical and sanitary condition was poor，its ecological environment was damp-heat，they were many marsh wetlands and blight epidemic was spreading. The central regions of China was influenced by the idea that it was moisture in some areas of South China and disagreed to live and overemphasized and exaggerated the wet environment of South China，its purpose is to show the differences of economic development in North and South China，outstand the location advantage of the central regions of China and unfold regional discrimination to the South China.

Key words: Qin and Han Dynasties; The central regions of China; South China; Moisture; Regional discrimination

秦汉时期，随着全国统一，在南北交往过程中，中原社会形成南方卑湿环境恶劣的观念。于赓哲先生把“卑湿”视为一种文化符号，从中古时期族群边界变动的角度对其演变过程进行了研究。[1]本文在此基础上，试图从环境—经济—社会三者的互动探讨这一观念的形成原因，并以此求教方家。

一、中原社会对黄河中下游部分卑湿之地的认识

根据现代科学研究，黄河中下游地区属于暖温带大陆性季风气候，四季分明，夏季炎热，冬季寒冷，年平均气温 8～14℃，1 月气温 0～−10℃，气温日较差、年较差很大，降水分布极不平衡，冬春干旱，夏季多雨。历史地理学者在研究秦汉时期的气候时指出，黄河中下游地区的气候与现今虽然有一些差异，但是并不显著。[2]当今科学研究成果有助于我们了解历史时期气候的演变情况，不过，古人也有他们自己对周围环境的切身感受。《黄帝内经素问·五常政大论》中载，“西北方，阴也，阴者其精奉于上，故左寒而右凉。”黄河中下游地区天气以温凉为主。

在对地貌的认识上，这一时期的人们认为北方土层深厚。《论衡·儒增篇》中说，“河北地高，壤靡不干燥”。秦汉以后的人们也持相同的看法。郭义恭《广志》中说，“北方地厚”。[3]葛洪《抱朴子·登涉》记载“中州高原，土气清和。”颜之推《颜氏家训·音辞》则说，“北方山川深厚”。北方即黄河中下游地区，包括黄土高原和华北平原。其中，属于第二地形阶梯的黄土高原，海拔 1 500～2 000 米，地势较高，覆盖着深厚的黄土。属于第三级地形阶梯的华北平原，由黄河、海河

1 于赓哲：《疾病、卑湿与中古族群边界》，《民族研究》2010 年第 1 期。

2 文焕然：《秦汉时代黄河中下游气候研究》，北京：商务印书馆，1959 年，第 70 页。

3（唐）徐坚等：《初学记》卷三，北京：中华书局，1962 年，第 60 页。

等河流所携带泥沙堆积而成，由于这两条河流含沙量巨大，使得这一地区土层深厚。

虽然黄河中下游地区从总体上来说土层深厚，但是，这一地区也有地势卑下的地方。先秦时期，人们就认为这些地方不适宜居住。《左传》成公六年记载，晋景公打算迁都，征求大臣的意见。诸大夫们认为郇、瑕氏一带可以居住，“必居郇、瑕氏之地，沃饶而近盐，国利君乐，不可失也。”但是韩献子以为不可，“郇、瑕氏土薄水浅，其恶易覯。易覯则民愁，民愁则垫隘，于是乎有沉溺重腿之疾。不如新田，土厚水深，居之不疾，有汾、浍以流其恶，且民从教，十世之利也。夫山、泽、林、盐，国之宝也。国饶，则民骄佚。近宝，公室乃贫，不可谓乐。”郇、瑕氏即今天山西解池一带，地势卑下，环境恶劣，疾病流行。相反，新田（今山西侯马）一带地势较高，环境干燥，而且，河水能够带走各种污秽杂物，疾病较少，有利于人的身体健康。即使郇、瑕氏一带资源丰富，可以为国家提供更多的财政支持，但是它不是最佳的居住环境。最终，晋景公同意并采纳了韩献子的意见，迁都新田。《晏子春秋·内篇杂下》中记载：“初，景公欲更晏子之宅，曰子之宅，近市湫隘嚣尘，不可以居，请更诸爽垲者。”在齐景公看来，晏子居住的地方不仅吵闹，而且低洼狭小、湿气较重，因此，必须选择较为高爽的地方居住，只有这样才有利于晏子的身体健康。

到了秦汉时期，人们依然认为黄河中下游部分地区环境卑湿，不适宜居住。《汉书》卷二八上《地理志》中记载秦代襄邑（今河南睢县）立城的原因，“襄邑宋地，本承匡襄陵乡也。……秦始皇以承匡卑湿，故徙县于襄陵，谓之襄邑”。《史记》卷五八《梁孝王世家》中《正义》引《括地志》中记载汉文帝封其子于睢阳（今河南商丘）的原因：“汉文帝封子武于大梁，以其卑湿，徙睢阳，故改曰梁也。”贾让在《治水三策》中指出，冀州应该多修漕渠，“通渠有三利，不通有三害。”其中，三害之一就是“水行地上，凑润上彻，民则病湿气，木皆立枯”。[1]水流不畅，致使土地潮湿，人们容易生病。《汉书》卷七九《冯立传》中记载，冯立被迁为东海（今山东郯城）太守后，“下湿病痹”。唐人颜师古在注中指出，“东海土地下湿，故立病痹也。”冯立患痹病的原因在于东海潮湿的环境。《后汉书》卷

1（汉）班固：《汉书》卷二九《沟洫志》，北京：·中华书局，1962 年，第 1695 页。

五五《千乘贞王伉传》中记载刘鸿之子刘缵继承皇位后，“梁太后下诏，以乐安国土卑湿，租委鲜薄，改鸿渤海王。”[1]乐安在今天山东高青县西北一带，刘鸿之所以被改封，原因之一恐怕是该地环境卑湿。

潮湿的环境不利于人的身体健康，有可能让人患上痹病。《黄帝内经素问·痹病论》中，“黄帝问曰：痹之安生？岐伯对曰：风寒湿三气杂至，合而为痹也。其风气盛者为行痹，寒气盛者为痛痹，湿气盛者为著痹也。”风、寒、湿是痹病形成的三要素，不过，诱发因素不同，痹病的种类也就有所不同，“三气杂合为以一气胜者为主病”。[2]以湿气为形成原因的为著痹，又称湿痹，它是由人体正气不足，感受湿邪，或夹风、夹寒、夹热，侵袭肌肤、筋骨、关节所导致的，症状为肢体关节酸痛、重着、肿胀、屈伸不利等。[3]《黄帝内经素问·异法方宜论》中，“南方者，天地所长养，阳之所盛处也，其地下，水土弱，雾露之所聚也，其民嗜酸而食胕。故其民皆致理而赤色，其病挛痹。”居住在南方卑湿环境下的人们更容易患湿痹。总之，在秦汉时期人们的观念中，黄河中下游地区土层深厚。但是，这一地区也有卑湿之地，它们不适合居住，如果长期生活在此环境中，易患湿痹。

二、中原社会对南方卑湿环境的认识

相对于黄河中下游地区，长江中下游地区属于亚热带湿润季风气候，年平均气候 14～20℃，1 月平均气温 0～8℃，年降雨量在 800～1 600 毫米之间。华南属于热带南亚热带季风气候，年平均气候 20℃以上，1 月平均气温 10℃以上，年降雨量大于 1 600 毫米。根据今人的研究，秦汉时期长江中下游地区以暖湿为主，气温略高于今，或与现今差别不大；[4]华南地区气候较为温暖。[5]在时人的认识中，也能看出南方湿热的环境。《黄帝内经素问·五常政大论》中说，“东南方，阳也，

1（南朝宋）范晔：《后汉书》卷五五《千乘贞王伉传》，北京：中华书局，1965 年，第 1797 页。

2（清）张志聪集注，方春阳等点校：《黄帝内经素问集注》卷五《痹病论》，杭州：浙江古籍出版社，2002 年，第 309 页。

3 路志正、焦树德主编：《实用中医风湿病学》，北京：人民卫生出版社，1996 年，第 228 页。

4 王开发：《根据孢粉分析推论沪杭地区一万多年来的气候变迁》，《历史地理》创刊号，上海：上海人民出版社，1981 年。

5 文焕然：《近五千年来华南气候冷暖的变迁》，《中国历史地理论丛》1999 年第 1 辑。

阳者其精降于下，故右热而左温。”《淮南子·地形训》中说，“南方阳气之所积，暑湿居之。”《论衡·言毒》中记载楚越为“太阳之地”。

与北方相比，南方土地卑下。《史记》卷一二九《货殖列传》以及《汉书》卷二八下《地理志》均提及“江南卑湿”。《论衡·言毒》中也记载，“江南地湿”。长江中下游地区及以南地区位于巫山、雪峰山以东，属于第三级地形阶梯，以平原、丘陵、低山为主。先秦秦汉时期，这一地区平原地带以湖泊沼泽湿地为主。《禹贡》中记载扬州和荆州“厥土惟涂泥”，涂泥主要为湖沼相沉积物。[1]其中，江汉平原云梦泽呈现平原—湖沼形态的地貌景观，洞庭湖和鄱阳湖地区以河网切割的地貌为主，长江下游一带湖泊众多，湿地广布。[2]岭南北部以山地丘陵为主，南部一带为海洋，珠江三角洲平原此时没有形成，处于水下发育阶段，海岸线位于黄埔、广州、佛山、九江一带。[3]从总体看，南方水资源丰富，土地卑湿。

在中原社会传统观念中，卑湿之地是不适宜居住的。当他们面对着卑湿的南方时，认为此地更加不适宜居住。当贾谊被贬长沙时，“既辞往行，闻长沙卑湿，自以为寿不得长，又以适去，意不自得”。[4]在贾谊看来，长沙卑湿，居住在此生命恐怕不能长久。当袁盎被徙为吴相时，袁种告诉他“南方卑湿”，不过，他认为袁盎“能日饮，毋何”。[5]吴国的封域有三郡五十三城，三郡为东阳、鄣以及吴。其中，东阳位于江淮之间，鄣、吴位于江南。[6]袁种强调南方卑湿，言外之意该地环境恶劣，不适宜居住。七国之乱被平叛后，衡山王刘勃未参加叛乱，汉景帝“以为贞信，乃劳苦之曰：‘南方卑湿。’徙衡山王王济北，所以褒之”。[7]衡山国位于江淮之间，东界当在《汉志》酉阳、潜县、居巢一线以东，西界当在下雉、邾县一线以西。[8]汉景帝奖赏衡山王刘勃的办法是把他从卑湿之地迁出，说明南方卑湿环境恶劣的观念深入人心。东汉时期，考侯刘仁要求减邑内徙，原因在于舂陵（今

1 潘凤英：《晚全新世以来江淮之间湖泊的变迁》，《地理科学》1983 年第 4 期。

2 陈桥驿等：《论历史时期宁绍平原的湖泊演变》，《地理研究》1984 年第 3 期。

3 周源和：《珠江三角洲的成陆过程》，《历史地理》第 5 辑，上海：上海人民出版社，1987 年。

4（汉）司马迁：《史记》卷八五《屈原贾生列传》，北京：中华书局，1959 年，第 2492 页。

5（汉）司马迁：《史记》卷一〇一《袁盎列传》，第 2741 页。

6 周振鹤：《西汉政区地理》，北京：人民出版社，1987 年，第 34-37 页。

7（汉）司马迁：《史记》卷一一八《淮南衡山列传》，第 3081 页。

8 周振鹤：《西汉政区地理》，第 47-48 页。

湖南宁远）环境潮湿，“仁以春陵地埶下湿，山林毒气，上书求减邑内徙。”[1]马援之子马防因犯法被徙丹阳（今安徽宣城），他认为“江南下湿”，上书和帝乞归，“和帝听之”。[2]章和元年（公元87年），汉章帝认为阜陵（今安徽全椒）土地下湿，将阜陵国的都城迁到寿春，“以阜陵下湿，徙都寿春”。[3]阜陵位于历阳县（今安徽和县）以西，寿春（今安徽寿春）位于九江郡西北，淮水之滨，两地相距较远。[4]相对于阜陵，寿春的环境比较干爽，这恐怕是汉章帝迁徙阜陵国都城的原因。

更有甚者，中原社会认为居住在南方卑湿环境下的人们容易夭折。《黄帝内经素问·五常政大论》中记载，“帝曰：天不足西北，左寒而右凉，地不满东南，右热而左温，其故何也？岐伯曰：阴阳之气，高下之理，太少之异也。东南方，阳也，阳者其精降于下，故右热而左温。西北方，阴也，阴者其精奉于上，故左寒而右凉。是以地有高下，气有温凉，高者气寒，下者气热，故适寒凉者胀，之温热者疮，下之则胀已，汗之则疮已，此腠理开闭之常，太少之异耳。帝曰：其于寿夭何如？岐伯曰：阴精所奉其人寿，阳精所降其人夭。”东南方气候炎热，人们寿命比较短暂。唐人王冰认为，“阳方之地，阳气耗散，发泄无度，风湿数中，真气倾竭，故夭折。即事验之，今中原之境，西北方众人寿，东南方众人夭，其中犹各有微甚尔，此寿夭之大异也，方者审之乎！”[5]清人张志聪也指出，“阴精所奉之处，则元气固藏，故人多寿。阳精所降之方，则元阳外泄，故人多夭。”[6]由于气候的原因，南方之人阳气不能固守于身体中，容易耗散，致使其寿命远不如北方之人。《淮南子·地形训》中说，“南方阳气之所积，暑湿居之。其人修形兑上，大口决眦，窍通于耳，血脉属焉，赤色主心，早壮而夭”。《史记》卷一二九《货殖列传》中记载，“江南卑湿，丈夫早夭。”班固《汉书》卷二八下《地理志》中也记载，“江南卑湿，丈夫多夭。”虽然此种观念受五行思想的影响，但它是建立

1（南朝宋）范晔：《后汉书》卷一一四《城阳恭王祉传》，第560页。

2（南朝宋）范晔：《后汉书》卷二四《马防传》，第858页。

3（南朝宋）范晔：《后汉书》卷四二《阜陵质王延传》，第1445页。

4 李晓杰：《东汉政区地理》，济南：山东教育出版社，1999年，第221页。

5（唐）王冰撰注，鲁兆麟主校：《皇帝内经素问》卷二〇《五常政大论》，沈阳：辽宁科学技术出版社，1997年，第128页。

6（清）张志聪集注，方春阳等点校：《黄帝内经素问集注》卷八上《五常政大论》，第523页。

在中原人士对南方生态环境认识的基础之上。[1]

三、南方社会发展水平与中原社会的地域歧视

众所周知，秦汉时期，黄河中下游地区是整个国家的基本经济区，经济发展水平较高。“包括泾水、渭水和汾水流域，以及黄河的河南—河北部分在内的这一整个地区，却构成了一个基本经济区，这一基本经济区，是从公元前206年到公元220年整个两汉时期的主要供应基地和政权所在地。”[2]广大南方地区经济比较落后，《史记》卷一二九《货殖列传》中载，“楚越之地，地广人稀，饭稻羹鱼，或火耕而水耨，果隋蠃蛤，不待贾而足；地势饶食，无饥馑之患，以故呰窳偷生，无积聚而多贫。是故江淮以南，无冻饿之人，亦无千金之家。”

南方经济落后，一方面，使得这一地区生态环境保持原始面貌，沼泽湿地广布。这在前面已经谈到。另一方面，使得这一地区医疗卫生条件较差。建立在一定社会生产方式基础上的经济发展程度，直接决定了人们的社会保障和物质医疗保障，奠定了人们是否健康长寿的客观物质基础。也就是说，经济发展水平越高，人们的平均寿命较高；经济发展水平越低，人们的平均寿命较低。[3]南方地区经济发展水平决定了当地居民的医疗水平和平均寿命。而且，这一地区湿热的环境，有利于病原体的孳生、繁殖，人们以水为中心的生产生活方式，为各种病原体的入侵提供了大量的机会，致使他们易感染各种疾病。[4]

既然南方医疗卫生条件较差，人们又易感染各种疾病，那么，他们如何应对疾病呢？秦汉时期，南方十分盛行“信巫鬼、重淫祀”的社会风俗。《汉书》卷二八下《地理志》中记载，楚人“信巫鬼，重淫祀”。《史记》卷二八《封禅书》中说，“越人俗鬼，而其祠皆见鬼，数有效。”《后汉书》卷四一《第五伦传》中记载，

---

1 于赓哲：《疾病、卑湿与中古族群边界》，《民族研究》2010年第1期。

2 冀朝鼎、朱诗鳌译：《中国历史上的基本经济区与水利事业的发展》，北京：中国社会科学出版社，1981年，第78页。

3 卫正勋：《论社会经济发展水平制约人类平均寿命——关于平均寿命发展规律探索之一》，《医学与哲学》1986年第1期。

4 萧璠：《汉宋间文献所见古代中国南方的地理环境与地方病及其影响》，李建民主编：《台湾学者中国史研究论丛》（生命与医疗），北京：中国大百科全书出版社，2004年，第231页。

会稽（今浙江绍兴）一带“俗多淫祀”。当地人通过祭拜鬼神应对疾病，解除疼痛。王符在《潜夫论》卷三《浮侈》中指出：“今多不修中馈，休其蚕织，而起学巫祝，鼓舞事神，以欺诬细民，荧惑百姓……或弃医药，更往事神，故至于死亡不自知为巫所欺误，乃反恨事巫之晚，此荧惑细民之甚者也。”弃医药，事鬼神，只能延误疾病治疗的最佳时机，提高疾病死亡率。

从客观事实的角度，南方地区经济落后、环境湿热、疫病流行，直接影响到当地居民的医疗卫生水平和平均寿命，必然会对南下的中原人士产生种种不良的影响。但是，中原社会强调南方环境的卑湿，目的在于显示南北经济发展水平的差异，突出北方社会的区位优势，展现出对南方社会的地域歧视。所谓地域歧视，是以一定的文化中心为本位，对其他地区进行形象扭曲和地域文化贬低，包括地理感知的不良评价与对地域人群（或族群）的贬低，其原因在于地区间地理环境、经济文化的差异。[1]可见，南北环境的差异、南方经济的落后，是中原社会歧视南方地区的根本原因，也是中原人士不愿前往南方的主要原因。而秦汉帝国在经营南方过程的种种遭遇，更加深了中原社会对南方卑湿环境的印象。

秦汉帝国为了统一南方，不得不派大量士兵南下。由于南方生态环境完全不同于中原地区，南下的士兵短时期内难以适应这种环境，他们中的大部分命丧黄泉。吕后时期，西汉政府禁止向南越供应铁器，赵佗独立，并侵犯长沙，为此吕后派兵南下，“会暑湿，士卒大疫，兵不能踰岭。”[2]士兵还没有到达岭南，已经伤亡过半。《汉书》卷四九《晁错传》中，晁错指出秦朝时期前往南方的戍卒不能适应当地水土大量死亡的事实。“杨粤之地少阴多阳，其人疏理，鸟兽希毛，其性能暑。秦之戍卒不能其水土，戍者死于边，输者偾于道。”汉武帝时期，闽越攻打南越，南越向西汉政府求助，淮南王刘安认为南下的军队不能适应当地的环境，“南方暑湿，近夏瘅热，暴漏水居，蝮蛇蠚生，疾疠多作，兵未血刃而病死者什二三”。[3]由于湖南江西一带与岭南的交通险阻，极其艰难，“南粤王黄屋左纛，地东西万余里，名为外臣，实一州主也。今以长沙、豫章往，水道多绝，难行。”汉武帝着力经营西南地区，想通过这一地区，出其不意，占领岭南。不过，在经营西南地

1 马强：《唐宋时期中国西部地理认识研究》，北京：人民出版社，2009 年，第 400 页。

2（汉）司马迁：《史记》卷一一三《南越列传》，第 2969 页。

3（汉）班固：《汉书》卷六四上《严助传》，第 2781 页。

区的过程中，军队同样遭遇重创，“当是时，巴蜀四郡通西南夷道，戍转相饷。数岁，道不通，士罢饿离暑湿死者甚众”。[1]东汉建武二十四年（公元 48 年），武陵蛮反叛，光武帝刘秀派马援前去镇压，结果，“马援卒于师，军士多温湿疾病，死者太半”。[2]总之，秦汉政府在经营南方的过程中，付出了巨大的代价，也使得中原社会对南方卑湿的环境记忆犹深。

总之，秦汉时期，中原社会形成南土卑湿环境恶劣的观念。这一观念的形成，与南北环境、经济发展水平之间的差异密不可分。相对于中原地区，南方地区经济落后，医疗卫生条件较差，环境湿热，沼泽湿地广布，疫病流行。中原社会受卑湿之地不适宜居住传统观念的影响，在认识南方生态环境的过程中，过分强调南方环境的卑湿，并将其无限制夸大，目的在于显示南北经济发展水平的差异，突出北方社会的区位优势，展现出对南方社会的地域歧视。

1（汉）司马迁：《史记》卷一一六《西南夷列传》，第 2995 页。

2（南朝宋）范晔：《后汉书》卷四一《宋均传》，第 1412 页。

橘化为枳：“江”抑或“淮”

——写本时代地理观念的传承与变迁

赵仁龙

摘　要： 本文对写本时代关于“橘化为枳”的表述系统进行梳理，并简要分析其所承载的地理知识、观念之传承与变迁。从中可以发现，时人的地理观念取决于其所接受之文本知识及其对现实生态环境的认知，并随着二者的变化而改变。

关键词： 江，淮，橘化为枳，地理观念

Orange Mutate into Frutus：Yangtze River or Huaihe River

Inheritance and Change of People's Geographic Concepts in the Period of Manuscripts

Zhao Renlong

Abstract: The author arranges different description about "orange mutate into frutus", and analyzes the inheritance and change of people's geographic concepts it contains.It could clearly be seen that the people's geographic depended on their textual knowledge and understandings on the reality ecological environment.And will be changed with that.

Key words: Yangtze river; Huaihe river; Orange mutate into frutus; Geographic concepts.

提及"橘化为枳"，人们多会想到"晏子使楚"的故事，其名实转变的植物学意义也成为学界关注的焦点；[1]然而在"逾淮为枳"还是"过江为枳"的问题上，前人似乎不够重视，或直取己见，或罗列异文，本文欲就此提出几点看法，以求教于方家。

一、文本表述的变化

首先让我们来看一下两组较早相关文献的对比：

表 1　《考工记》与《淮南子》相关记载比较[2]

文献	成书年代	内容
《考工记》	战国初期	橘逾淮而北为枳，鸲鹆不逾济，貉逾汶则死，此地气然也
《淮南子》	前 140 年	故橘树之江北则化而为枳，鸲鹆不过济，貈渡汶则死

表 2　《晏子春秋》与《韩诗外传》相关记载比较[3]

文献	成书年代	内容
《晏子春秋》	战国	晏子将至楚……婴闻之："橘生淮南则为橘，生于淮北则为枳，叶徒相似，其实味不同。所以然者何？水土异也"
《韩诗外传》	西汉初	齐景公使晏子南使楚……晏子曰："然，固取之。王不见夫江南之树乎？名橘，树之江北，则化为枳。何则？地土使然尔"

1 参见中国科学院自然科学史研究所主编：《中国古代地理学史》，科学出版社，1984 年，第 178、179 页；李约瑟主编：《中国科学技术史》第六卷《生物学及相关技术》第一分册《植物学》，科学出版社，2006 年，第 90-102 页等。

2《考工记》在汉代被补作《周礼·冬官》，对于其成书年代，历代学者莫衷一是，本文取闻人军之战国初期成书说。引文参闻人军：《考工记译注》，上海古籍出版社，1993 年，第 117 页；刘文典：《淮南鸿烈集解》卷一《原道训》，中华书局，1989 年，第 20 页。

3 对于《晏子春秋》的成书，学界亦多探讨，参见骈守骞：《银雀山汉墓竹简〈晏子春秋〉校释》附录，书目文献出版社，1988 年。本文取多数赞成之战国说。引文参吴则虞：《晏子春秋集释》（下）内篇杂下第六，中华书局，1982 年，第 392 页；屈守元：《韩诗外传笺疏》卷十，巴蜀书社，1996 年，第 861 页。

表 1 的单纯表述和表 2“晏子使楚”的故事化表述正是“橘化为枳”的两个表述系统，此后历代相关引述均基于以上文本。据现存版本《考工记》和《晏子春秋》，春秋战国时，已有以“淮”为植物地理分布界线的观念；而成书较晚的《淮南子》和《韩诗外传》，虽有分别抄引前两书的嫌疑，但均有“江”、“淮”之异。西汉末年，刘向、刘歆父子校雠图书，并利用资料编撰了《新序》、《说苑》。《说苑》亦记载了晏子使楚的故事：

晏子将使荆……晏子反顾之曰：“江南有橘，树之于江北，生不为橘乃为枳，所以然者何？其土地使之然也。”[1]

刘氏父子所校图书就包括《周礼》、《晏子春秋》和《淮南子》，又据徐复观研究，《新序》、《说苑》大量吸收了《韩诗外传》，[2]则刘向必定见过此故事的不同写本；而从现存文本来看，在这个故事上，刘向依据的是《韩诗外传》或其同源资料。如果事实如此的话，刘向校书时并未对上述诸书的相关记载进行改动，但他认同的是以“江”为橘、枳地理分界线的观念。

下面我们来看一下东汉魏晋时人对“橘化为枳”的相关表述[3]：

高诱：橘所生也，生江北则为枳。

王逸：橘受天命，生于江南，不可移徙，种于北地，则化为枳也。

嵇康：橘渡江为枳。

张华：橘渡江北化为枳，今之江东甚有枳橘。

潘岳：在南称甘，渡北则橙。

《列子》：吴楚之国，有大木焉，其名为櫾，碧树而冬生，实丹而味酸，食其

---

1 赵善诒：《说苑疏证》卷一二《奉使》，华东师范大学出版社，1985 年，第 338 页。

2 参见徐复观：《两汉思想史》第三卷，华东师范大学出版社，2001 年，第 43-48 页。

3 所引依次为：王利器：《吕氏春秋注疏》之《孝行览·本味》高诱注，巴蜀书社，2002 年，第 1444 页；（宋）洪兴祖：《楚辞补注》之《九章·橘颂》王逸注，中华书局，1983 年，第 153 页；戴明扬：《嵇康集校注》卷 4《答难养生论一首》，人民文学出版社，1962 年，第 185 页；范宁：《博物志校证》卷四，中华书局，1980 年，第 46 页；潘岳：《为贾谧作赠陆机一首》，《文选》卷二四，中华书局，1977 年，第 350 页；杨伯峻：《列子集释》卷五《汤问》，中华书局，1979 年，第 158 页。

皮汁，已愦厥之疾，齐州珍之，渡淮而北，而化为枳焉。

可见，两汉魏晋时人多认同"江"为当时的植物地理分界线，橘为江南之树；至于《列子》的叙事，则可能是编者参照《周礼》、《晏子春秋》而作，用"淮"以托古。而后魏贾思勰在《齐民要术》中谈到"橘"和"柚"时，分别征引了《考工记》和《列子》的相关表述，[1]显然他认同以"淮"为橘、枳的地理分界线。

在"江"抑或"淮"的问题上，隋唐以前文本虽有不同声音，但我们可以看到一条清晰的线索；而隋唐统一全国，南北学术融合，文本表述却产生了空前的混乱。以唐代四大类书为例，凡标明引《周礼·考工记》者并用"淮"无异，但在引用"晏子使楚"故事化表述时则错乱不一，见表3。

表3 唐代类书相关记载比较[2]

文献	原出处	内容
《北堂书钞》	《晏子春秋》	婴曰：婴闻橘生淮北为枳，叶徒相似，其味不同，水土异也
《艺文类聚》	《晏子春秋》	晏子使楚……晏子对曰：婴闻橘生江北则为枳，叶徒相似，其实味不同，水土异也
《艺文类聚》	未标明	晏子使楚，楚王曰：齐人善盗乎，子对曰：婴闻江南之橘，生于淮北则为枳
《白氏六帖事类集》	未标明	臣闻橘生江南，北则为枳，叶徒似而味不同，水土异也
《白氏六帖事类集》	未标明	晏子使楚，楚王使缚盗而至，曰：齐人也，善为盗乎？晏子曰：橘生江北为枳，水土异也

《艺文类聚》所引前后不同，大概是其书出于众人之手而依据文本各异所致；后条虽主"淮"，但是"江"、"淮"并出，为前代文本所无，似是混杂《韩诗外传》与《晏子春秋》。白氏所引与《艺文类聚》前条相似，亦应引自《晏子春秋》，或白氏依据《艺文类聚》，或两者所据写本相同。同是标明抄引《晏子春秋》的《北堂书钞》和《艺文类聚》前条，却独在"江"、"淮"上产生分歧，再参照白氏，

1 参见缪启愉：《齐民要术译注》，上海古籍出版社，2006年，第720、725页。

2 引文参见《北堂书钞》卷四〇政术部奉使三十六"晏子使楚"条；《艺文类聚》卷二五人部九"嘲戏"条、卷八六叶部上"橘"条；《白氏六帖事类集》卷7"缚盗"条、卷三〇"为枳"条。董治安主编：《唐代四大类书》，清华大学出版社，2003年。

我们有理由相信：《晏子春秋》在唐代，或汉唐之间，对“橘化为枳”的地理界线表述上存在着截然不同的两种写本。这就使原本就存在分歧的表述更加错综复杂，从而引起唐代以来相关知识、观念的错乱。唐玄宗及唐武宗时，长安宫中的柑橘结实，大臣们纷纷献文以贺祥瑞，均讲到了“橘化为枳”，玄宗时群臣贺表称：“江南为橘，江北为枳，盖以地气”，而武宗时李德裕却说：“度淮而枳，由地气而不迁”。[1]其他的例子还很多，不再一一列举。

不过唐人已经开始怀疑“橘化为枳”的说法了，[2]陈藏器认为，“书曰：江南为橘，江北为枳。今江南具有枳、橘，江北有枳无橘，此自别种，非干变易也。”[3]明确指出橘和枳是不同物种，不可能存在变易，其立论的根据则是：当时江南有橘和枳，而江北有枳无橘。据尚志均考证，陈藏器《本草拾遗》约成书于开元后期，但其前后均有诗文歌咏长江北岸的橘柚。如襄州，崔湜：“蛟浦菱荷净，渔舟橘柚香”，萧颖士：“杭稌蔗橘，杂荆衡之蓄；桑麻黍粟，侔冀魏之境”；舒州，“鳣鲂宜入贡，橘柚亦成蹊”；扬州，“露浴梧楸白，霜催橘柚黄”等。[4] 可见，唐代江北也有橘柚种植，陈说不过简括而言，但他带给我们一个重要的信息：部分唐人对当时橘的实际分布北界之认知与相关记载是吻合的，即以“江”为界。但这不足以改变唐代相关知识、观念的混乱局面，这些差异也随着不同文本一直流传到现代。

二、观念的传承与变迁

现在我们对“橘化为枳”的“江”、“淮”之变有了一个大体的了解，那么是什么因素导致这一系列变化呢？写本时代书籍的流传、知识的传播，主要依靠手

1《贺宫内柑子结实表》，（清）董诰等编：《全唐文》卷九六二，中华书局，1983 年；（唐）李德裕：《瑞橘赋并序》，（宋）李昉等编：《文苑英华》卷八七，中华书局，1966 年。

2 对此，《中国古代地理学史》举（宋）车清臣（若水）的《脚气集》、李约瑟《中国科学技术史》则举（宋）韩彦直的《橘录》，并对“橘化为枳”的可能性进行分析，和本文关注重点不同，故不深入讨论。

3 尚志均：《〈本草拾遗〉辑释》，安徽科技出版社，2002 年，第 130 页。

4 崔湜：《襄阳作》，《全唐诗》卷五四；萧颖士：《登宜城故城赋》，《全唐文》卷三二二；卢纶：《送浑别驾赴舒州》，《全唐诗》卷二七六；李白：《秋日登扬州西灵塔》，《全唐诗》卷一八〇，（清）曹寅等编：《全唐诗》，中华书局，1960 年。

抄，其中难免会有增减讹误，从而形成各异的文本表述；但汉代文献一致认为橘为江南之树、以"江"为当时的植物地理分界线，却不是抄错所能解释的。[1]有一种可能就是，汉代的气候转冷，使橘的地理分布北界南移，汉人依据自己对现实生态环境的认知，在著述中对相关记载进行了修改，即改"淮"为"江"。[2]

学界关于历史气候变化的研究成果颇丰，虽对西汉及唐代冷暖变化存在争议，但普遍认为春秋战国时期为温暖期、东汉魏晋南北朝为寒冷期。[3]汉武帝时、西汉晚期及王莽时代有大量的严寒记录，[4]这必然对橘的生长、分布产生很大影响。据记载，西汉时，除长江沿岸及其以南地区外，巴蜀、长安、南阳地区也有橘类种植，但长安和南阳均有其小气候环境因素，气候指向意义不大。[5]龚高法认为，我国东部地区亚热带北界在春秋战国时较今北移 2 个纬度，在汉初、南北朝时则较今南移 1 个纬度。[6]淮南王刘安的封地即在江淮之间，王都寿春，他与宾客自然熟悉当地的物产，则《淮南子》以长江为当时橘、枳的地理分界线当属事实，而非凭空修改前人的记载。因此，无论《考工记》、《晏子春秋》以"淮"为界，还是《韩诗外传》、《淮南子》、《说苑》等以"江"为界，均是作者基于历史气候变化和植物地理分布变迁的表述。东汉魏晋南北朝的寒冷气候，也许使人们更加认同以"江"为界；而唐代"江"、"淮"交错的局面，似乎也反映了唐代气候冷暖变化影响着橘类地理分布北界的南北摆动。

当然，我们也不能忽视另外一个重要的因素，即知识传承。西汉今文经学兴盛，《韩诗外传》之作者韩婴在汉文帝时为诗博士，而韩诗直到东汉末年一直保持其官学地位，大传其道。在这方面，《晏子春秋》虽被刘向、歆和班彪、固父子列

---

1 石泉先生《古文献中的"江"不是长江的专称》一文认为"淮水古亦称江"，并举《晏子春秋》、《淮南子》对橘化为枳的记载，认为当时"江"、"淮"可相互转用。但汉代未见相关记载用"淮"，姑且存之。参见石泉：《石泉文集》，武汉大学出版社，2006 年，第 12 页。

2 张伟然先生注意到了改"淮"为"江"的气候变化因素，很有启发意义，但认为这一改变发生在唐代却甚是不妥。参见张伟然、周鹏：《唐代南北地理分界线及相关问题》，《中国历史地理论丛》2005 年第 2 期。

3 相关研究可参见周书灿：《20 世纪中国历史气候研究述论》，《史学理论研究》2007 年第 4 期，不一一列举。

4 参见王子今：《秦汉时期生态环境研究》，北京大学出版社，2007 年，第 60-62 页。

5 参见文焕然：《中国历史时期植物与动物变迁研究》，重庆出版社，1995 年，第 127-135 页。

6 龚高法、张丕远、张瑾瑢：《历史时期我国气候带的变迁及生物分布界限的推移》，《历史地理》第五辑，上海人民出版社，1987 年，第 1-10 页。

于儒家，其地位是无法与之相比的，从接受人群及影响程度上来说，自然也远小于《韩诗外传》。而且《韩诗外传》的故事化表述，相比《考工记》的单纯表述，更容易为读者所接受和传播。因而，在两汉甚至到隋唐，人们在讲述晏子使楚故事时，所依据的主要是《韩诗外传》，而非《晏子春秋》。甚至有人在抄写《晏子春秋》时，依据自己的经验改“淮”为“江”，因而唐代类书才会对此有不同的文本表述。虽然随着今文经学的衰落，《韩诗外传》的地位下降，但经过数百年的传授，其相关知识、观念被广泛接受并存在于各种文本当中。

相比之下，属于古文经学的《周礼》经刘向、歆父子的整理，虽在王莽时一度被列入学官，但颇受质疑；其学真正的兴起应在东汉末年，郑玄为之作注，因而大行。诸书在谈到“橘化为枳”而称引《周礼》者，均为“淮”无异，自是因其为“经”的特殊地位。《周礼》的地位在后世日渐高涨，其所记载的相关知识也必然为更多人所接受。也许这也是《晏子春秋》中“淮”不被淹没的原因之一，因为其记载是与《周礼》相合的。

当然，以上仅就其本源的传播而言，其他文献在相关知识、观念的传承上起很大的作用。如前引潘岳诗“在南称甘，渡北则橙”，《文选》李善注引《淮南子》曰：“江南橘，树之江北，而化为橙”；[1]而《文选》又是唐代士子的重要读物，有“文选烂，秀才半”之说，那么“橘化为枳”的知识、以“江”为植物地理分界线的观念也就随着诗、注而得以传播。

1（南朝梁）萧统编，（唐）李善注：《文选》卷二四，中华书局，1977年，第350页。

环境史的“环境”问题

赵九洲

摘　要：关于环境史中的“环境”问题，学界认识还存在着一定的混乱，有必要进一步加以梳理。环境史并非完全等同于环境的历史，学者们在重视环境的同时不应忽视文化。变态与常态环境应给予同样的重视，深入开展常态环境之研究很有必要。环境的丰富内涵需理清，环境的古与今、实与虚、远与近等几组关系都应深入探究。

关键词：环境的历史；变态环境；常态环境；环境的内涵

Environmental Issues in Environmental History

Zhao Jiuzhou

Abstract: There is still some confusion in the scholar's understanding about the environmental issue in the environmental history. It is necessary to do more to explore. Environmental History is not exactly the same to the history of environment, while scholars pay attention to the environment, they should not be neglected the culture. Abnormal and normal environment should be given the same emphasis, and the depth research of the normal environment is necessary. The rich content of the environment need to be clarified. The relationship of the environment between several groups such as such as past and present, reality and illusion, far and near that should be research further.

Key words: History of Environmental; Abnormal environment; Normal environment; the content of the environment

关于环境史的定义、主题、方法等问题，国内外学者所做探讨已经非常之多。但就笔者所见，对环境史中“环境”的内涵的剖析还较少，相关认识仍不明朗，亟需加以清理。今不揣孤陋，特撰此文提出自己的见解，敬请长者前辈批评指正。

一、环境史与环境的历史

我们知道，围绕人类社会由文化主导还是由环境主导的问题，历史学界曾进行过长时间的论战，这场论战以地理环境决定论的式微而告终。此后，传统史学重人事而轻自然的倾向遂越来越强烈，自然环境逐渐成为历史事件可有可无的背景与点缀，很多时候自然环境因素完全被排斥在了历史学者的视野之外。

随着社会的发展，特别是20世纪后半叶环境破坏问题的日渐突出，环境因素在历史演进中的重要作用又逐渐受到了学者们的重视。越来越多的人注意到传统史学的倾向有必要加以纠正，重新肯定自然环境在史学中的地位已经刻不容缓了，于是环境史应运而生[1]。

但是，自环境史兴起以来，由于相关学者异帜高标，大力宣扬自然环境对历史进程的重要影响，这使得学界对环境的认识又出现了偏差。不管是环境史学者，还是非环境史学者，大都抱有这样的一种观点，认为环境史就是环境的历史，所要研究的对象主要就是森林植被、土壤状况、水文条件、动物分布、气候干湿、气温冷暖等外在自然的空间布列与时间演变，而这些自然条件对人类社会的发展产生了重大影响。

我们应该承认，环境的历史是环境史的重要组成部分，抽掉了环境的历史，环境史也就失去了安身立命之本。但是，环境史却又不仅仅是环境的历史，其内涵要丰富得多。环境之外，社会层面的诸多因素也在我们的考虑之中。环境史要改变传统史学重人事轻自然的弊病，但这并不意味着环境就要重自然轻人事，矫枉而不能过正，我们不能从一个极端走向另一个极端。环境史关注人类社会与环境之间的互动关系，是环境参与下的历史，绝非仅仅是环境本身的历史。

梅雪芹认为，环境的历史包括“作为自然史研究领域的环境的历史”和“作

---

1 关于环境史兴起的过程可参看包茂红：《环境史：历史、理论和方法》，《史学理论研究》2000年第4期；高国荣：《什么是环境史》，《郑州大学学报》2005年第1期。另外两人还有多篇相关文章，不再一一列举。

为‘社会的历史’之研究范围的环境的历史”，而“作为人与自然之关系研究领域的环境史”与环境的历史“的关键区别分别在于它对人和自然的看法，这就决定了我们在研究人与自然相互影响的历程时，会以一种具有特色的人与自然互动的视角来重新解释历史和人事”，其主张颇有见地[1]。

要理清环境史与环境的历史之间的关系，我们应该在以下几个方面做出努力：

其一，研究的主题上，自然与社会并重，环境因素与文化因素不可偏废。我们的目的在于把自然重新引入历史学的范畴以更好地理解社会，绝非只是为了探究环境而探究环境。我们将构建一种自然—社会二元一体的观察视角与理论框架，深入论证两者之间的辩证关系，剖析环境与文化互相影响、互相制约、互相塑造、互相驯化的历史发展脉络。

其实，对于环境史的旨趣的探讨历来比较多。李根蟠较早提出的“自然进入历史，历史回归自然”就很有见地，正如他所概括的那样，环境史把“历史研究中一度被人为地从自然中抽离出来的人类社会，被重新放回大自然当中，放回它事实上不可须臾或离的地球生物圈当中”，而自然环境是“一种积极的能动的因素，是参与历史活剧演出的演员”[2]。王利华也指出，“社会和文化的许多历史变异和差别，不但需从其自身的发生、演化过程中寻找答案，而且应从其所处的生态环境中求索根源”，而环境史也“与自然史研究不同，生态史学虽然重视考察各种历史自然现象，但时空界域圈定在人类诞生以来、与人类活动发生了关联的那些部分。而在这一时空界域内的生态环境变迁，并不是一个纯粹的自然过程，人类的各种活动及其方式和结果，都是生态环境变迁的重要影响因子和表现”[3]。另外邹逸麟、朱士光、侯甬坚、包茂红、高国荣、梅雪芹等学者也都有较多探讨，不再一一赘述。可见环境史的诸多领军人物虽未对环境史中的“环境”加以明确的界定，但大都对环境与文化之关系有一较公允的界定。至于学界普遍存在的误解，应是言者无意而听者有心了。

要之，环境史的研究主题是极为广泛的，如果只注意到环境而轻忽文化与社会因素，环境史的发展空间就受到了很大的限制。

---

1 梅雪芹：《从环境的历史到环境史——关于环境史研究的一种认识》，《学术研究》2006 年第 9 期。

2 李根蟠：《环境史视野与经济史研究——以农史为中心的思考》，《南开学报》2006 年第 2 期。

3 王利华：《中国生态史学的思想框架和研究理路》，《南开学报》2006 年第 2 期。

其二，从论证基点上看，较之传统史学的一大不同是我们重新审视环境在人类历史上的重要作用。但这并不意味着我们就要贬低文化的作用，把环境作为所有历史现象的终极决定力量。所有的历史现象都不是单线条的，任何用单一的原因予以解释的企图都是不可取的。

就国内的情形来看，非环境史学者中对环境史的抵触情绪仍比较强烈，其中顶重要的一个原因就是他们认为环境史在宣扬环境决定论。相应于极度彰显文化在社会演进中的重要作用的传统史学，新生的环境史自然不能不为环境的重要作用而摇旗呐喊。但是，阐述与论证时从一个极端走向另一个极端的现象还是很普遍的。国外的不少环境史经典作品环境决定论色彩极为浓厚，如克罗斯比、贾雷德·戴蒙德等人的著作就是这样[1]。国内不少学者也呼吁用环境来对若干重大历史事件提出重新的解释，并在积极将他们的主张付诸实践。由此来看，圈外学者指责不少环境史学者的学术中或多或少都有些环境决定论倾向，也并非空穴来风。

盲目强调环境的作用，我们可能又陷入了环境决定论的泥潭而不能自拔，从而使阐述流于刻板，不唯不能得出全面、立体、准确的历史图像来，亦且难以自立于史学之林。环境史要健康发展，就必须化解非环境史学者的抵触情绪，而理清环境决定与文化决定的关系显然是当务之急。有人指出，“环境史学者在坚守自己的学术方向、强化自身特色的同时，亦须积极地切入主流史学中的相关论题，推进环境史与其他史学分支之间的沟通和联结，这是环境史学者今后必须努力开展的工作，也是这门新兴学术最终跻身于主流史学高庙大堂的必由之路。”[2]

实际上圈内学者也并没有否定文化的重要作用，在文化与环境两者关系的摆布上，绝大多数学者并没有走极端，正如休斯所言，“虽然对一个学者来说不偏不倚总是比旗帜鲜明要难，但很多环境史学家发现他们自己还是持折中的立场”[3]。国内学者也早有人进行了定性：“尽管环境史将众多自然事物和现象纳入研究范

---

1 阿尔弗雷德·克罗斯比著，许友民、许学征译：《生态扩张主义》，辽宁教育出版社2001年版。阿尔弗雷德·克罗斯比著，郑明萱译：《哥伦布大交换——1492年以后的生物影响和文化冲击》，中国环境科学出版社2010年版。贾雷德·戴蒙德著，谢延光译：《枪炮、病菌与钢铁：人类社会的命运》，上海译文出版社2006年版。贾雷德·戴蒙德著，江滢、叶臻译：《崩溃：人类社会如何选择成败兴亡》，上海译文出版社2006年版。

2 王利华：《作为一种新史学的环境史》，《清华大学学报》2008年第1期。

3 唐纳德·休斯著、梅雪芹译：《什么是环境史》，北京大学出版社2008年版，第116-117页。

围，且过去几十年的工作是以此为主，但决不轻视对人的历史探讨，相反，它要比以往更加全面地讲述和诠释‘人类的故事’，只是讲述和诠释所采用的立场和方式与以往历史研究有着明显不同。如果将人类排除在外，环境史将失去灵魂。”[1]

所以，认为环境史奉行环境决定论，是不少学者的错误解读。我们要在强调环境作用的时候，避免对文化的作用选择性失明。

其三，从学科的长远发展来看，如果仅仅围绕着环境本身打转转，环境史可能永远无法挣脱历史地理的束缚。即使转换了思路与理念，也可能会甫出历史地理的窠臼，又入生态学与环境科学之瓮。

就目前的情形来看，多数环境史作品中环境与社会两张皮，环境成了主角，而社会则沦为了背景与点缀，很多时候我们是在借环境史的新瓶装历史地理之旧酒。近来不少学者倡导将生态学作为环境史的学理基础，并进行了有益的尝试[2]。但若仍然不能很好整合环境与社会关系的话，我们或许又有为生态学与环境学所束缚的危险。如何在研究思路与叙述模式上确保历史的厚重感与纵深感，又写出鲜活灵动的新意来，还需与学界同仁进行进一步的探讨。

二、环境的两种状态

正如上文所述，由于多数人将环境的历史等同于环境史，所以已有的环境史成果往往只关注环境本身（包含人影响下的环境）。国内学者对环境与人类社会之间的互动关系的探究仍不够。

仔细分析的话，影响人类之环境状况大致分两种，一为常态环境，一为变态环境。所谓常态环境，是指长时间持续稳定存在的环境状况，人类置身其中受到长时间的潜移默化的影响。如山地或平原的地貌、土壤、水文、气候等都有较稳定的特征，生活在其中的人们会选择相应的生计方式来应对。

变态环境则是在极短的时间内发生急剧的变化持续时间却有限的环境状况，人类生产、生活会受到剧烈的冲击从而产生巨大的变化。如灾荒、瘟疫发生时，

---

1 王利华：《作为一种新史学的环境史》，《清华大学学报》2008 年第 1 期。

2 王建革近年来接连推出两部专著，在论证过程中很好地践行了生态学理念，参见氏著：《农牧生态与传统蒙古社会》，山东人民出版社 2006 年版；《传统社会末期华北的生态与社会》，三联书店 2009 年版。

社会组织、规范与秩序都将受到严峻的挑战。

应该说，常态与变态之环境对人类社会都很重要，都值得我们深入探究。不过就目前的情形来看，绝大多数的研究成果是在探究变态之环境在人类社会中的投影，如灾荒、疾疫等对人类的影响，而常态的环境对人们的影响，历来关注者甚少。

早在环境史兴起之前，对变态环境之研究就已经蔚为大观了。毋庸讳言，灾荒史、疾病医疗史都有其独立的发展演变轨迹，其起源远早于环境史。只是后起的环境史试图将它们整合到自己的旗帜下，以构建更宽阔的学术疆域。这一整合既壮大了环境史研究的队伍，又为相关研究打开了全新的局面。因为用环境史的学术理念去审视旧命题，为灾荒史、疾病医疗史的进一步发展提供极大的便利。我们也应该继续开展对变态环境之研究，但是我们若只满足于此，不尝试进行突破，我们可能又陷入了借环境史的新瓶装灾荒史、疾病医疗史的旧酒的陷阱中。更致命的是，我们的视野将受到蒙蔽，思维将受到约束，书写手法也将受到掣肘，这显然是不利于环境史的健康发展的。同时，变态是暂时的，而常态则是长久持续的，我们朝夕相伴的是常态环境而非变态环境。所以，在变态环境之外，常态的环境更值得我们下大工夫花大力气去探究。窃以为，常态环境才是最能彰显环境史魅力的地方。

那么如何开展常态环境之研究呢？笔者以为，应该更多关注环境与民众的生计问题，从最基本的生活层面出发探究社会状况。有学者认为："人类生存的最基本的两个方面，一个是活命，一个是保命。当我们把人看作最自然的一部分的时候，我们要考虑人的最基本的生存需要。活命就要吃东西，就需要食物，那么可以以此看为人类生存的一个起点。人类生存于有限的环境之中，生命需要有所保障，这就是我们常提到的医疗体系、保险体系，当然战争、国防也应归入这个保护体系之中。人类社会作为环境系统中的一部分，应该怎样延续下去、怎样演化发展，就是环境史应该研究的内容。"[1]所以某种程度上说，环境史也是资源史与生计史。从资源与生计的角度出发，把握常态环境对人们生产、生活方式的塑造作用以及人们对环境的适应、改造与突破，无疑是开展常态环境研究的重要方向。

---

1 王利华：《社会史研究的先带视野——从环境史研究的跨学科谈起》，《中国图书评论》2007年第5期。

开展常态环境之研究需要在哪些方面进行尝试呢[1]？笔者酝酿了几点构想，分述如下：

其一，从饮食的角度切入，探索特定环境状况对人们经营并获取食物资源方式的影响。常态之环境在传统时代饮食风格与格局上了深深的烙印，很有必要做深入的探究，遗憾的是绝大多数学者大都只关注文化层面的问题。较早把视野从文化拓展到环境且取得较大成就的当推王利华，他探究的侧重点虽仍旧是在文化，却给了环境以较重要的地位。其专著开篇即专列一章探究环境状况对人们食物生产方式的影响，接下来的诸多章节对环境的关注也随处可见，这项研究为学界进一步从环境史的角度探究饮食问题提供了极大的便利[2]。该书出版已过去了十个年头，但尚未出现可与之比肩的后续著作。我们相信这依旧是一个大有潜力可挖的研究领域，期望能看到更多经典作品。

其二，开展水资源史研究。传统的水利史研究关注技术也好，探究地方社会也罢，虽也触及到水在人们生计中的重要性，但对环境与民众的生计问题关注还不够深入。如果引入环境史理念并采用常态环境的视角审视当前的研究状况的话，我们将会看到很有必要把关注的主题从“水利”扩大为“水资源”。倘若我们能够摆脱仅仅着眼于治水、漕运、灌溉的局限，大力开展生计层面的饮水、取水、礼仪习惯、思想观念、水力利用等诸多方面的研究，必然能得到一幅更加逼真更加立体的历史图景[3]。

其三，从能源的角度切入，探究能量的获取与流动。近年来，为了更好地界定环境史的对象和范围以推动研究的深入开展，部分环境史学者引入了“人类生态系统”的概念[4]。人类生态系统一如别的生态系统，物质循环与能量流动是至关重要的两大功能，而能量是最核心的问题。就目前情况来看，除了人自身所需求

1 刘翠溶曾提出若干环境史尚待研究的课题，颇有见地，但并未对环境的常态与变态问题进行区分，参见氏著：《中国环境史研究刍议》，《南开学报》2006 年第 2 期。

2 王利华：《中古华北饮食文化的变迁》，中国社会科学出版社 2000 年版。

3 不少区域社会史学者已经注意到了这一点，但环境史的理念仍有待加强。参见行龙：《“水利社会史”探源——兼论以水为中心的山西社会》，《山西大学学报》2008 年第 1 期；《论区域社会史研究的理论与方法——山西明清社会史研究》，《史学理论研究》2004 年第 4 期。王铭铭：《“水利社会”的类型》，《读书》2004 年第 11 期。

4 参见王利华：《生态环境史的学术界域与学科定位》，《学术研究》2006 年第 9 期。

的粮食问题之外，亟需深入探讨的课题有燃料、畜力的利用情形与常态环境之间的关系。

其四，开展人居环境史研究。人类的居住状况与环境之间的密切联系学界一直有人在关注，涌现出了大量的成果。但国内从环境史的角度切入深入探究的作品，笔者尚未见到。近年，城市环境史在西方发展迅速，美国学者马丁·麦乐西是代表人物，他在理论基础、概念界定、功能发挥等方面作出了重要贡献[1]。国内这一领域关注者并不太多，希望能有更多学者进入并推出优秀作品。城市环境史之外，村落环境史的研究也大有可为。实际上考古工作者对史前人类聚落的研究已经具有了环境史的色彩，我们可在这一方面进行更深入的探讨，并把视野从史前延伸至历史时期。埃马纽埃尔·勒华拉杜里的名作《蒙塔尤》的环境史色彩已经非常浓厚，该书的第一部分用七个章节对蒙塔尤附近的生态环境状况做了全面的解构，但这些探究更多还是为了后文对社会状况的分析营造背景，环境与社会的整合上较之此前的研究并没有实质性的突破[2]。如果用新思维新思路去探究村落，我们一定能写出若干堪与《蒙塔尤》媲美且更具环境史风味的经典作品来的。

其五，在环境史视野下探究礼仪习惯。礼仪习惯不仅仅是文化现象，也是环境现象，它们往往为一定的环境状况所塑造，又反过来对环境施加了深刻的影响。这方面已有不少学者作出了研究，如尹绍亭对云南少数民族地区刀耕火种与相关礼仪习惯的研究，王建革对江南望田头习俗的研究，王利华对端午风俗的研究等都是非常精彩的[3]。引入常态环境的思维，我们会发现这一领域仍有大量的文章可作。

其六，开展关于生态环境的思想观念之研究。唐纳德·休斯认定，环境史研究分为三个层面，一是环境对人类历史的影响，二是人类对环境的影响及环境的反作用，三是人类的环境思想[4]。前两者国内学者关注已经颇多，而思想层面的关注还很不够。休斯认为环境思想“包括自然研究、生态科学，以及诸如宗教、哲

1 参见包茂宏：《马丁·麦乐西与美国城市环境史研究》，《中国历史地理论丛》2004年第4期。

2 埃马纽埃尔·勒华拉杜里著，许明龙、马胜利译：《蒙塔尤》，商务印书馆2007年版。

3 尹绍亭：《远去的山火——人类学视野中的刀耕火种》，云南人民出版社2008年版。王建革：《望田头：传统时代江南农民对苗情的观察与地方性知识》，载王利华主编：《中国历史上的环境与社会》，三联书店2007年版。王利华：《端午风俗中的人与环境——基于社会生态史的新考察》，《南开学报》2008年第2期。

4 唐纳德·休斯著，梅雪芹译：《什么是环境史》，第3页。

学、政治意识形态和大众文化等思想体系如何影响人类对待自然的各个方面。不关注这方面的社会史和思想史，就无法理解地球及其生命系统发生了什么”[1]。特定的思想是在特定的环境状况下兴起的，用常态环境视角梳理环境思想，这也应当成为环境史研究的重要思路之一。

总之，若能对变态环境与常态环境给予同样的关注，积极开展常态环境方面的研究，环境史研究必将取得更大的成就。

三、环境的几组关系

从大的方面来看，环境应包括自然环境与社会环境两个层面。社会环境姑置不论，但就自然环境而言，其内涵也有深入探究的必要。以开阔的眼界去审视的话，我们会发现，人们不仅受到置身其中之环境的影响，还受到过往的环境的影响；不仅受到真实环境的影响，还受到文学作品与文化建构所营造或赋予的虚幻环境的影响；不仅受到近距离接触之环境的影响，还受到远处环境的影响。所以，对环境史中的环境必须要有更全面的认识，须知古环境、今环境、真环境、虚环境、大环境、小环境、内环境、外环境都应包括在内，唯有如此才能真正领悟环境史的真谛，写出既厚重又不失灵动的好文章来。

笔者试着对环境史中“环境”的丰富内涵做一初步的探究，以期为环境史的进一步发展贡献一份力量。

1．环境的今与昔

（1）历史时代之环境与史前时代之环境

探究历史时代之问题，自然应关注历史时代之环境状况。但是，研究某时代之问题若仅仅关注某时代之环境，则往往难以得出真正深刻全面之见解。对于环境史研究而言，史前时代的环境绝不容轻视。祖先们所生活的环境通过文化演绎与生理遗传深刻地影响了后代们的生产生活，我们的很多喜好与憎恶都留有祖先生活情状的印记。

---

1 唐纳德·休斯著，梅雪芹译：《什么是环境史》，第 6 页。

心理学研究认为，童年经历对人有深刻的影响。或许可以类比一下，整个人类的“童年时代”的生活经历也深深地影响了我们后来的生活状况并映射到了我们文化的方方面面。

通过分析童年生活经历，能找出人类的心理状况与性格特征形成的原因；而深入探究早期人类的生活情状，也会找出很多文化现象形成的前世因缘。拨开技术进步加诸于我们身上的层层迷雾，我们会发现，现代人依旧有很多的特点与先民非常类似。要知道，人类在丛林与荒野中生活了上百万年，而农业时代才一万多年，工业时代更是只有三百多年，在我们心灵中留下的印记的深度，工业时代不如农业时代，农业时代又不如前农业时代。如果平心静气地仔细聆听的话，或许我们都能听到自己血脉深处还有祖先们的留下的乐符在永不休止地跳跃吧。

人类对周边环境因素的喜好与憎恶之情往往可用追溯的方法找到答案。把当代人类的若干特征与千百万年前的祖先联系起来，似乎有些荒诞不经，但笔者认为还是很有道理的。

所以，要做好环境史，通古今环境之变与不变都非常重要，史前环境问题绝不容忽视。考古学与古生物学、古气象学方面的相关成就，我们应该认真借鉴，以期为我所用，更好地阐释相关命题。

（2）置身其中之环境与曾经生活之环境

探究某一人群之思想与行为时，当然要关注他们正置身其中的环境，但如果不推展开来探究他们曾经生活过的环境，仍不能正确理解人们的所作所为。宋以前中原官员到边远地区任职时，以中原环境状况为范本尝试改变任所地区的环境，进而变“蛮夷”为华夏，即为人们曾经生活过环境对其深远影响的例子。相关的例子非常多，这里不一一列举。

元明清以来，随着南北经济状况的大逆转，转而有人主张以南方环境为样本来修整北方之环境。王培华注意到江南官员多极力倡议在畿辅地区发展水利。南方农业生产效率远高于北方，经济更比北方富有朝气，这些强烈的反差不可避免地要给南方学者留下深刻的印象。他们长期生活在南方的水乡泽国，耳濡目染，绘制蓝图时自觉不自觉地也要以江南农业生产模式为底本。江南河港湖汊纵横交错，灌溉农业发达，于是他们极力主张在北方兴修农田水利，变北方的旱作农业灌溉农业。南方地区以稻作为主，产量极高，于是他们又主张在北方推广稻作，变低产的旱地种植结构为高产的水田种植结构[1]。

可见，不考察人们曾经生活过的环境，显然就无法理解他们对现居环境的认知模式与应对方式。所以，注重某一时期某一个人或某一群体与环境的互动关系时，上溯此前他们所生活之环境状况是很有必要的。

2．环境的实与虚

人类朝夕相对、为其所塑造并对其施加影响的当然是实实在在的环境，我们环境史探究的主要对象自然也应该是真切存在的环境。但是，若把目光仅仅停留在真实的环境上，仍然难以把握人类思想、行为与环境之关系的全貌。深入探究的话，我们就会发现，人们不仅仅与真实环境展开互动，也与虚幻的环境有密切的关联。

人类是一种文化的动物，他们可以通过文化来建构虚幻的环境。当然，虚幻环境以真实环境为蓝本而构造，其中处处都有真实环境投下的影子。但虚幻环境却不完全等同于真实环境，它超出真实环境之外，虽然往往只存在于人们的头脑之中，却会对人们的思想与行为产生制约作用，最终通过人们的活动回馈到真实的环境并对其产生深远影响。

总体而言，与人们关系密切的虚幻环境有两种。其一为文人雅士所建构的文学虚幻环境。为什么我们对松、竹、梅、菊有着独特的情感呢？为什么鸿雁、春蚕、秋蝉、鸳鸯、仙鹤、梅花鹿、蛙鸣、风雨都能触发我们别样的情怀呢？为什么我们会格外向往山水与楼台亭榭呢？因为一代代的文人在它们身上投注了太多的主观印象，具体的事物由其本来意义升华为抽象的文化意念与符号，深刻影响了我们的精神世界，同时又对我们改造环境的行为产生了深远的影响。

其二为宗教人士所建构的神异虚幻环境。无论是基督教所宣扬的天堂、地狱，还是佛教声称的极乐世界、阿鼻地狱，抑或是中国人传统信仰中的天人感应、阴阳五行，都对人们产生了重要的影响。而这种宗教性的认知显然对真实环境与人们的行为都产生了重要影响。佛教的不杀生观念一定程度上减少了信徒对周边环境的破坏，而先秦时期人们按照时节安排生产活动也使得环境所遭受的消极影响

---

1 此处及以下所涉及水利思想问题详见王培华：《元明清华北西北水利三论》，商务印书馆 2009 年版。

大大降低。关于先秦人们的环境理念，近来关注者颇多，从环保的角度探究古人的行为虽未必合适，但却为我们探究真实环境与虚幻环境间的关系提供了极大的便利[1]。

可见，梳理清楚真实环境与虚幻环境之间的关系也是很有必要的，物质世界与精神世界中的两个环境彼此间的互动值得我们做进一步的探究，环境史的研究应该进一步深入到精神的层面。笔者坚信，不久的将来这一方面必然会有大批厚重的成果涌现出来的。

3．环境的远与近

进行微观区域的环境史研究时，应以该区域的环境为关注的重点。但若仅仅关注小区域之环境，也会出现偏差。仔细考量的话，就会发现，人们不仅与身边之环境联系密切，也与远处之环境有着千丝万缕的联系。

生态系统有着精细复杂的结构，某一部分的变化会在整体中产生连锁反应。所以，局部环境的改变往往会产生多米诺骨牌的效应，从而对远处的环境产生一定的影响。很多时候，某地环境之变化的因由不能仅从本地来寻找，远处环境所扮演的角色也应给予高度的重视。在传统时代，较典型的是黄土高原上的植被破坏，当地的水土流失加剧的同时，对黄河中下游与海河流域也产生了明显的影响，那里地表淤积与抬升的速度大大加快。自隋以后运河水道不断的东移，北方地区兴修水利工程越来越困难，都可以从这个角度寻求解释。

进入工业时代，随着社会的发展，物质资源的流动越来越便捷，而人们与远处环境的关系更为密切。我们生活在某个地方，但我们同时也在世界范围内许多地方的环境打上了自己的印记。我们汽车中的汽油可能采自中东、拉美，我们家具中的木材可能取自亚马逊热带雨林，我们冶炼钢铁的矿石可能来自澳大利亚。环境远与近之间的界限，在当代变得越来越不容易分辨了。

---

1 朱松美：《周代的生态保护及其启示》，《济南大学学报》2002 年第 2 期；罗桂环：《中国古代的自然保护》，《北京林业大学学报》2003 年第 3 期；崔德卿：《秦汉时代山林树泽的保护与时令》，载《中国历史上的环境与社会》，三联出版社 2006 年版；陈朝云：《用养结合：先秦时期人类需求与生态资源的平衡统一》，《河南师范大学学报（哲学社会科学版）》2002 年第 6 期；吴晓军：《中国古代生态文化：为了复兴的反思》，《甘肃社会科学》2003 年第 2 期。类似的文章还有很多，不再一一列举。

此外，环境自身的某些变化更是会产生深远的影响。某一地区气候的变化可能与全球洋流循环模式有密切联系，如尽人皆知的厄尔尼诺现象与拉尼娜现象即是如此。而剧烈的地质变化也会产生全球效应，如 1815 年印尼的坦博拉火山大爆发导致了世界范围内的“无夏之年”[1]，亦可见远处之环境之重要性。

总之，探究区域环境史时不能只抓一点而不及其余，远与近的关系必须摆布好。由近及远，以远识近，不仅要窥一斑而知全豹，还要知全豹以窥一斑。

此外，还应加以区分的有环境的大与小、内与外等几组关系，由于相对容易把握，且限于篇幅，这里就不再一一深入探讨了。

综上，本文剖析了环境史与环境有关的三个问题，分别考究了环境史与环境之关系，环境的常态与变态之关系，环境的诸多内涵等，并指出了研究中存在的若干认识偏差并提出了相应的对策。笔者相信只要对环境史的“环境”问题形成全面清晰的认识，无限辽阔的天地就一定会呈现在我们的面前，而环境史也定能进一步发展壮大。

---

1 这一问题国外学者关注较早，近来渐引起国内学者的重视，笔者所见较有分量的有杨煜达、满志敏、郑景云：《嘉庆云南大饥荒（1815—1817）与坦博拉火山喷发》，《复旦学报》2005 年第 1 期；李玉尚：《黄海鲱的丰歉与 1816 年之后的气候突变——兼论印尼坦博拉火山爆发的影响》，《学术界》2009 年第 5 期。

论环境复古主义

赵九洲

摘　要：复古主义是人类挥之不去的情结，传统时代盛行社会复古主义，进入工业时代后又兴起了环境复古主义。环境复古主义与环保主义关系密切，两者都对环境史产生了重要的影响。环境史要健康发展，就必须对环境复古主义的功过进行辩证分析。环境史学者要避免过强的环境复古主义倾向，就必须规避衰败论的学术理念与叙述模式。

关键词：社会复古主义；环境复古主义；环境史；衰败论

A Research About The Environmental Revivalist

Zhao Jiuzhou

Abstract: Revivalist doctrine is a lingering feeling of human. The social revivalist doctrine was prevalence in traditional time，and the environmental revivalist doctrine was popular in the industrial age. Environmental revivalist doctrine and environmentalists are closely related，both of them have a significant impact on the environmental history. For the healthy development of environmental history，we should make a dialectic analysis of the merits and demerits of the environmental revivalist doctrine. In order to avoid too strong environmental revivalist tendency，environmental historians must avoid the decline of academic philosophy and narrative mode.

Key words: The social revivalist; The environmental revivalist; Environmental history; The decay theory

一、从社会复古主义到环境复古主义

1. 人类社会普遍存在的社会复古主义

深入探究的话，就会发现，复古主义理念其实或多或少存在于每个人的心中，古今中外，概莫能外。传统时代的复古主义，多为对古代社会的怀念与推崇，笔者名之为社会复古主义。

社会复古主义理念在我国最为深入人心，大到治国平天下，小到修身齐家，复古情结无处不在。在中国人的精神世界中，所有的荣光都是属于神与圣的，神也好，圣也罢，都凭依于遥远的古代。神虚无缥缈，圣更贴近国人的入世精神，所以"为往圣续绝学"就成了一代代学人孜孜以求的目标。对国人影响最大的思想流派中，儒家、道家、墨家无不标榜复古，而以儒家为甚。即使最具有现实主义精神的法家，其实也绕不开三皇、五帝与三王。从帝王将相到文人墨客，动辄借古人言行来浇自己胸中之块垒。而日常生活中，祖先崇拜的影子更是随处可见，祖宗家法成为人们永久的行为规范。认为今不如古，"世风日下"与"人心不古"的感慨无时无刻无之。

其实，复古主义在其他地区也很有市场，几乎所有的宗教都对创世之神与远古英雄顶礼膜拜。《圣经》中提及的人类初祖在伊甸园中的幸福生活，让信徒们为之魂牵梦萦。而伊斯兰教中的复古倾向更为强烈，自古以来就不乏"恢复正教"与"回到《古兰经》去"的主张。而佛教、犹太教等宗教中，也都有着浓烈的复古主义色彩。而其他各民族的信仰中，也大都有对传说时代的留恋与向往之情。

在世俗生活中，其他地区的人们同样有着复古情结。早在古希腊时，诗人赫西俄德就依据神话故事把人类划分为黄金时代、白银时代、青铜时代、英雄时代与黑铁时代五个阶段，认为社会随时间推移而不断恶化[1]。柏拉图所描述的亚特兰蒂斯文明起初让人十分向往，但也是在不断的衰落，最终归于灭亡[2]。古罗马时，诗人奥维德对人类历史的分期大致沿袭了赫西俄德的说法，只是去掉了英雄时代

1 赫西俄德著，张竹明、蒋平译：《工作与时日·神谱》，商务印书馆，1991 年，第 4-7 页。

2 柏拉图著，王晓朝译：《柏拉图全集》第 3 卷《克里底亚篇》，人民出版社，2002 年，第 354-363 页。

而分为四个阶段[1]。到晚近，欧洲人则言必称希腊、罗马，连声势浩大的文艺复兴运动也不得不打着古人的招牌来进行。

2．环境复古主义兴起

进入工业时代以后，社会的发展日新月异，人们的生产生活水平无可争议地达到了有史以来最好的水平。于是，旧有的思想理念受到了猛烈的冲击，古人的社会状况与生活情形既然已经毫无吸引力，社会复古主义自然也就逐渐失去了市场。可人们的复古情结却不会消失，随着环境问题的日趋严重与环保运动的兴起，它以另外一种形式出现在了人们的面前。相当多的人认定环境在随着时间推移而不断恶化，古之环境远胜当今。就国内来看，不少人的心目中，远古尤为环境的黄金时代，令人不能不心向往之。在国外，对前工业时代环境的怀念之情也甚为强烈，奥尔多·利奥波德与蕾切尔·卡逊等人就是这种思想的早期代表人物[2]。这种推崇古代环境的倾向，笔者称之为环境复古主义。

在当代，随着环境的持续恶化，人们的环境意识不断增强，而环境复古主义思潮遂在社会的各个领域内都引发了强烈的共鸣。学界也受到了震荡，不管是历史、哲学、文学等人文学科的学者，还是生态学、环境科学等自然科学领域的学者，在对环境问题忧心忡忡的同时，也大都产生了对过往环境的怀念与留恋之情，而这种倾向对他们的学术理念也产生了重要的影响。

社会复古主义也好，环境复古主义也罢，背后隐藏的都是人类挥之不去的怀旧复古情结。

3．复古主义长期盛行的原因

为什么复古主义会成为人类挥之不去的情结呢？笔者以为，祖先们的生活情状会通过文化演绎与生理遗传深刻地影响后代们的生产生活，我们的很多喜好与憎恶都留有祖先生活情状的印记。

心理学研究证明，童年经历对人有深刻的影响。或许可以类比一下，整个人

---

1 奥维德著，杨周翰译：《变形记》，人民文学出版社，1984 年，第 3-8 页。

2 奥尔多·利奥波德著，侯文蕙译：《沙乡年鉴》，吉林人民出版社，1997 年。蕾切尔·卡逊著，吕瑞兰、李长生译：《寂静的春天》，吉林人民出版社，1997 年。

类的“童年时代”的生活经历也深深地影响了我们后来的生活状况并映射到了我们文化的方方面面。

下面列举的一系列问题，都很让人费解，如果我们回溯到先民的生活时代透过当时的生活情状来看，将会得出比较合理的答案来。

为什么我们有如此强烈的亲近自然的愿望？为什么我们会向往远离现代文明喧嚣的旷野与名山大川？为什么我们喜欢在阳台上与庭院里种植花花草草？为什么我们如此喜欢饲养宠物？为什么我们喜欢大多数的鸟鸣声？为什么我们会极端憎恶蛇、鳄鱼等爬行类的动物？为什么我们对黑暗有着根深蒂固的恐惧与憎恶？为什么电闪雷鸣会让我们生出敬畏之心？为什么我们会有鬼魂与神灵的观念？为什么我们会如此注重婚礼与葬礼？

通过分析童年生活经历，能找出人类的心理状况、性格特征与行为模式形成的原因；而深入探究早期人类的生活情状，也会找出很多文化现象形成的前世因缘。拨开技术进步加诸于我们身上的层层迷雾，我们会发现，现代人依旧与先民有不少共通之处。要知道，人类在丛林与荒野中生活了上百万年，而农业时代才一万多年，工业时代更是只有三百多年，在我们心灵中留下的印记的深度，工业时代不如农业时代，农业时代又不如前农业时代。如果平心静气地仔细聆听的话，或许我们都能听到自己血脉深处还有祖先们留下的乐符在永不休止地跳跃吧。

人类对过往社会与环境的向往之情往往可用追溯的方法找到答案。把当代人类的若干特征与千百万年前的祖先联系起来，似乎有些荒诞不经，但笔者认为还是很有道理的。

此外文化的影响也不容忽视，人们并非为了怀旧复古而怀旧复古，很多时候是在表示对现状的不满，这一点很容易理解，就不过多展开了。

4. 复古主义的核心理念

（1）原罪论

“原罪”一词来自基督教的传说，它是指人类与生俱来的、洗脱不掉的“罪行”。佛教、伊斯兰教等其他宗教也都有类似的看法，主张现世赎罪以求身后之幸福。

不管是社会复古主义还是环境复古主义，原罪论的色彩都极为明显。前者认定历史演进过程中，人类对社会所进行的所有改变带有罪恶的印记，怀念并向往质朴的远古生活；而后者则认为人类的生产生活都不可避免地对环境产生了消极的影响，进而崇拜不加任何人类干预的自然环境。

（2）衰败论

复古主义者也一直在宣扬衰败论，这种理论对人类的未来持悲观的态度，认为社会与环境都在不断地恶化，其核心观点与进化论完全背道而驰。社会复古主义者认定人类社会在不断地衰退，世道、人心都在持续的恶化中；而环境复古主义者则认为环境在人类的影响下不断地遭受破坏，生态系统在趋于衰败。

原罪论与衰败论纠结在一起，难分彼此，它们共同构成了复古主义的理论基石，对人们的思想与行为产生了深远的影响。

二、环境复古主义、环保主义与环境史

1．环境复古主义与环保主义

环境复古主义与环保主义同样是在环境破坏问题日益严重的背景下出现的，两者有着千丝万缕的联系。两者都对当前的生产生活持批判性态度，都对过往的环境状况持欣赏态度。

环保主义内部并非铁板一块，笔者认为大致可以分为两大阵营，其一为平和的保护主义者，主张对盲目的开采开发加以遏制，使环境状况不会持续恶化，确保环境问题不会危及人类正常的存续与发展；其二为激进的恢复主义者，他们反对人类现有的生产生活方式，奉行环境至上理念，主张停止一切干预，恢复过往的环境状况。

所以，环境复古主义的理念与激进的环保主义的主张极为相似。某种程度上可以说，环境复古主义就是激进的环保主义。我们探究环境复古主义与环境史之关系，实则也是在辨析激进环保主义与环境史之关系。

2．环保主义与环境史研究

学术风格常常会受到社会思潮的激荡，环境史也是在环境问题日趋严重的背景下兴起的，其产生发展与环保主义运动有着千丝万缕的关系，环境保护天然地

就是环境史的重要研究内容。休斯指出，美国环境史的开创者们“即便不全是，但绝大多数都是环保主义者，正是这一情况使得他们在其研究和撰述中特别重视这一点”[1]。我国的情况非常类似，投身环境史研究的学者们也都或多或少有些环保主义倾向，而环境复古主义也难免渗入环境史的理念并对环境史的研究范式产生重要影响。

近年来环境史理论方面的论文层出不穷，这些成果或多或少都受到了环保主义与环境复古主义思潮的影响。学者们对古代的环境状况有着强烈的兴趣，急切想把现代的环保理念运用于古代。一些非环境史学者往往把环境史等同于环境保护的历史，圈内学者也或多或少存在这样的倾向。标有“环境保护”字样并对古代环境状况进行讴歌的历史论文非常多，其中尤以关注先秦环保理念的文章为多[2]，在不少学者的笔下，先秦是中国环境状况最为理想时代。关注后世环保状况的也不少。此外，不少学者还在历史地理学所取得的丰硕成果的基础上，对古代的环境恶化与应对问题进行了进一步探讨，大都认为环境在随着时间的推移而不断地恶化。

应该说，环保理念的介入，为我们打开了一片全新的天地。但是，环境史却不能简单地界定为环境保护史，其研究范围要广阔得多。我们也不能完全为环境复古主义所左右，我们的思想要更全面更深刻。

环保思潮是20世纪中后期才在美国兴起的，中国的环境保护意识的真正觉醒可能更要晚至20世纪晚期。毫无疑问，我国古代也曾有些具有环保色彩的政府与个人行为，但传统时代的环境问题并不如工业社会严重，相关的行为只在特定时期特定情况下出现，数量非常少，不具有自觉性和现代的环境意识。只关注环境保护的话，我们会发现可研究的问题少得可怜，涉及的时间段也短得可怜。此外，

---

1 唐纳德·休斯著、梅雪芹译：《什么是环境史》，北京大学出版社2008年版，第36-40页、第39页。另外该书对环保主义还有深入分析，可参看第113-114页。

2 袁清林：《中国环境保护史话》，中国环境科学出版社1990年版；朱松美：《周代的生态保护及其启示》，《济南大学学报》2002年第2期；罗桂环：《中国古代的自然保护》，《北京林业大学学报》2003年第3期；崔德卿：《秦汉时代山林树泽的保护与时令》，载《中国历史上的环境与社会》，三联出版社2006年版；陈朝云：《用养结合：先秦时期人类需求与生态资源的平衡统一》，《河南师范大学学报（哲学社会科学版）》2002年第6期；吴晓军：《中国古代生态文化：为了复兴的反思》，《甘肃社会科学》2003年第2期。类似的文章还有很多，不再一一列举。

若用环保思维去探讨中国古代环境史，可能会得出一些似是而非的结论来。

3．对环境复古主义的辩证评析

应该承认，环境复古主义有其合理的因素。自工业时代以来，人类对环境的压榨与日俱增，人们索取了大量的资源，又排放了数量惊人的废弃物质，环境状况确实令人担忧。他们对美好环境的向往与追求应予肯定，他们对当代生产生活方式的反思与批判也应给予高度评价。

同时，环境复古主义对以往环境的重视，也拓宽了我们的研究思路，使我们在探究具体的环境史问题时，注意对环境做长时段的纵深把握。探究历史时代之问题，自然应关注历史时代之环境状况。但是，研究某时代之问题若仅仅关注某时代之环境，则往往难以得出真正深刻全面之见解。而探究某一人群之思想与行为时，当然要关注他们正置身其中的环境，但如果不推展开来探究他们曾经生活过的环境，仍不能正确理解人们的所作所为。

但是，环境复古主义的消极面也不容忽视。环境复古主义思想支配之下，人们往往把唯自然论与衰败论奉为圭臬。一旦陷入这两大理念的窠臼，纵使研究课题五花八门，结论也大都只是为人类的原罪论添油加醋并为环境不断恶化做注脚而已。

4．从环境复古到生命中心

环境史学者大都有着强烈的环境忧患意识，时时牵挂着人类的前途与命运，更多悲天悯人的情怀。可以说，强烈的环境诉求与批判意识正是环境史的灵魂所在。但是，我们还是应该尽量避免激进的环境复古主义立场。过分迷恋过往的环境，会有趋于偏激而背离客观真实之虞，这是为学者之大忌讳。过强的环境复古意识，往往导致环境中心主义的立场。站在这一立场看问题，会发现人类诞生以来一直在对环境施加恶的影响，最终推导出的是令人沮丧的原罪论。

既往的人类中心主义虽然不无缺陷，但若离开了人类自身的立场来谈环境是没有任何意义的。其实，即使人类不施加任何影响环境仍无时无刻不在自我演变。而生命出现以来也积极地对环境施加干预，人类诞生后只是使得干预作用进一步强化。不对环境产生任何干预，所有的生命都无法生存，人类也不例外，所以环境中心主义的立场是不足取的。我们要批判对环境的过度开发，但这不意味着就要盲目推崇完全无人力干预的荒原。

那么我们该采取怎样一种立场呢？王利华最早引入的生命中心主义的立场或许是最好的选择。他曾在多篇文章和多个场合中表明这一立场，他认为环境史“应当转向对人类与自然协同演进关系的系统思考，‘环境史’应当成为一种既具有强烈现实关怀，又具有深刻历史哲学思考和生命价值追求的特殊事业。”[1]站在生命中心主义的立场上观察问题，既纠正了人类中心主义的狂妄与自大，又避免了环境复古主义的偏激与悲观，从而可以写出真正客观公允的历史来。

总之，对于环境复古主义的不足我们要有清醒的认识。我们肩负的使命是揭示真相，我们不应为环境复古主义所左右，探究问题时应以公平、公正、客观为自己的核心理念，避免无谓的意气之争。唯有如此，才能写出真正厚重的学术成果来。

三、对环境复古主义与衰败论的检讨

已有的环境史成果中环境复古主义色彩浓厚，与衰败论的盛行有关。环境史学者在开展研究前往往已抱有一先验性的认识，即环境在不断地衰退，而衰退的罪魁祸首是人类。于是，多数的研究都是在为这一先验性的结论作注脚。这样的研究奉行的往往是令人悲观、恐惧的环境灾变说，最终推导出来的则是极具宗教色彩的末世论。休斯也指出，在衰败论影响下的环境史的核心理念可能“仅仅是世界史上宗教末世论的世俗替代品”[2]。面对环境问题，环境史学者努力探究人们在过往历史中的经验教训，以期为当今社会提供借鉴，但这并不意味着我们要沉浸在对过往的怀念之中，悲观沮丧地坐等末世的到来，我们还是应该摆脱复古情结，更积极地向前看，勇敢地去面对问题并解决问题。当务之急，我们必须规避衰败论的叙述模式。

1 王利华：《浅议中国环境史学建构——“中国环境史”笔谈之二》，《历史研究》2010 年第 1 期。另还曾在多篇文章中表达类似观点，不一一列举。

2 唐纳德·休斯著、梅雪芹译：《什么是环境史》，第 117 页。

1．避免唯人类意志论

探究环境问题时应全面评价自然与人类的影响，不要把任何自然灾变都与人类的干预扯上关系。已有的学术成果中探究环境变迁原因时，无不把人类的生产、生活作为决定性力量。当然，人类活动确实是环境变迁至关重要的驱动力，但过于夸大人类的影响力——特别是传统时代——则是有问题的。盲目地为任何环境变化贴上人为标签，表面上看是环境中心主义，骨子里却依旧是人类中心主义，这是不可取的。对我们而言，考虑的核心问题不应该是环境复古或是生态恢复，而是如何确保环境问题不会毁掉我们这个物种的前途。

关于唯人类意志论的不足，大致可从以下四个方面进行分析：

（1）环境并非随时间推移呈线性恶化，在历史时期，随着社会情状的变动，环境状况也时有起伏，不能持有机械的观点。大凡灾荒与长期战乱发生后，人对环境的压力都会有所减轻，而环境状况也会有所改观。据学者研究，魏晋北朝时期因为大动荡造成人口锐减，人类活动对环境的压力大大减小，华北地区的环境较之汉代就有一定程度的改善[1]。而近代以来，随着化石能源的广泛使用，传统时代因获取薪柴而对森林形成的巨大压力而今不复存在，所以近年来局部地区环境也有好转的迹象。环境的演变有着错综复杂的脉络，先入为主认定环境今不如古是片面的。

（2）环境有其自身的演进机制，没有人类的干预环境照样会发生变化。我们知道，有史以来环境的自我变化是惊人的。太阳活动状况、地质变动、洋流与气团异动等自然现象，都不以人的意志为转移，在科技高度发达的今天如此，在传统时代人类更是无能为力。大自然之玄妙，远远超乎我们的想象。我们要保护环境，但没必要过度崇拜不加人力干预的自然。没有人，自然照样有沧桑巨变。

以水土流失为例，它是环保主义者心中永久的伤痛，也是环境复古主义的重要立论基础，但过分的强调人类在水土流失过程中的作用则是有问题。笔者认为，有必要指出的有两点：其一，水土流失的历史远比人类古老，没有人力干预的情况下它照样会发生。水土流失是能量的自然宣泄过程，能量会自发地从高能位向

1 参见王利华：《中古华北饮食文化的变迁》，中国社会科学出版社 2000 年版，第一、三章的部分论述。

低能位流动，直至位差被彻底抹平。黄土高原地区厚厚的黄土层高居第二阶梯，俯瞰东方低洼地区，它们有着自发向东方移动以减小重力势能的趋势。即使没有人力干预，黄土高原也不会永世长存，只是太行山迟滞了它消亡的速度。其二，水土流失并非一无是处，它对人类有着极为重要的意义。没有水土流失，何来广阔的大平原与今日的基本农业区！没有水土流失，又何来肥沃的洪积冲积扇、河口三角洲与人类文明的起源！仔细考量一下，哪个古老文明不是得益于水土流失呢？毫不夸张地说，没有水土流失就没有人类的发展壮大[1]。当然，笔者也无意否认今日水土流失所造成的危害。笔者想强调的是，任何问题都应一分为二地看，程式化、绝对化、极端化往往得不出事物真正立体、全面的图景。

（3）我们也不应盲目崇拜不加任何干预的“纯自然”，实际上也并不存在真正的纯自然。我们知道生命诞生以来一直在对环境进行积极的干预，生物在大气组成、物能流动、地质结构、土壤成分、地表形态等方面的变化中发挥了至关重要的作用。人类诞生以后，进一步加强了对自然的干预。如果去掉所有的干预，整个自然环境将变得死气沉沉。我们要对人类的干预作用加以调控，以便实现人类与环境的和谐相处，而非彻底抹去一切干预，那样不惟人类无法生存，所有的生命也将不复存在。

自然状态下的森林也并不能永远稳定发展，它们会自发地燃烧。就植物群落来看，数量的增长必然造成易燃生物质的急剧积累，造成一种极不稳定的高能量状态，定期地释放能量以恢复稳定状态是必然的趋势，所以在植食动物采食之外，燃烧也是不可避免的。自从植物登陆以后，熊熊的大火就一直在燃烧着，火已经成了一种重要的生态平衡机制。对森林的过度保护会造成严重的后果。一片长期禁绝了任何火灾的森林，并不是一个真正自然的空间，施加了太多的人力控制的结果就是生物质积累的程度远远超过自然状态，所以一旦起火，造成的灾难也空前惨烈[2]。

（4）环境也并非愈古老愈少人类干预愈好，这样的环境其实并不适合我们生

---

1 姚汉源对黄河下游泥沙的淤肥作用有过深入研究，而水土流失的自然属性和社会属性的问题周魁一也有过论述，两人都曾发表了一系列文章，限于篇幅，这里不一一列举。

2 以上论述受斯蒂芬·派因观点的影响甚大，参见氏著，梅雪芹译：《火之简史》，生活·读书·新知三联书店 2006 年版。

存。早期的南方地区的水文与气候状况并不是太适合人类生存，故而司马迁也有“江南卑湿，丈夫早夭”的感慨。而西南原始丛林中猛兽、毒虫纵横，瘴疠之气充塞，时时处处都会危及到人类的生命，在很长时期内并非理想的人居环境。而东北地区沼泽、湿地、丛林密布，这种环境状况也迟滞了国人向东北挺进的步伐，直到晚近人烟都比较稀少。由此可以想见，原初的环境若非经过人们一代代的开发与改造，就绝不会变得适宜人类居住，更不会在其中演进出发达的人类文明。

2．避免作简单量化对比

人们总是对自己生存时代的信息了解最多，而对历史上的信息了解相对要少，于是容易产生当代灾难要比先前时代多的感觉，从而形成社会与环境都在不断衰败与退化的观点，这是人之常情，历史地理学家和灾害史专家也不例外。此外，学者们往往对数学与数字情有独钟，热衷于进行量化与统计分析。从邓云特先生开始，学者们就喜欢统计历史上的灾害记录来做量化分析，由此来探讨灾害的发生和变化规律，结论都是自古至今自然灾害越来越多危害越来越大[1]。他们很少注意的是，某时代文献遗存数量与距今时间的长短呈负相关关系。越是晚近文献越丰富，关于灾害的记载也越多，反之反是。这意味统计分析时样本的选取就是不合理的，其分析的结果往往也经不起推敲。

类似的计量问题非常普遍，在人口史、疾病医疗史、经济史中最为典型，同样地在社会学、心理学等学科中也有所表现。而西方人的一些宏观的大运算更是问题多多，贡德·弗兰克对全世界白银状况的估计即是明显的例证[2]。史学中的计量之所以会有问题，根源可以归结为两点：其一，要建立数学模型，必然要大大简化相关问题，可现实情形是复杂多样的，不像做数学应用题，不能随意一平均了事；其二，统计规律是在数量极其庞大的情况下适用的，简单地套用在数量较少情况下，必然会出问题。

历史研究是要去接近真相，如果只是依据理想状态的数学模型来得出简单的数字，必然与真相相去甚远。要想接近真相，恐怕还需要用更精密更复杂的数学

---

1 邓云特：《中国救荒史》，上海书店 1984 年版。

2 贡德·弗兰克著，刘北成译：《白银资本——重视经济全球化中的东方》，中央编译出版社 2000 年版。关于该书的相关评价，可参看王家范、周立红、安然等人的书评，此处不赘述。

工具。

总之，环境史学不能为了计量而计量，我们不应无视前后史料留存数量的差异，跳出简单的量化分析模式，我们就会发现环境状况并非呈线性恶化趋势。

注意到以上两点，就可以走出衰败论的定势思维模式，从而摆脱过分执着于环境复古的困境。当环境史不再被限定在环境复古主义的立场与环境复古主义者关注的领域的时候，无限辽阔的天地才会完全呈现在我们眼前。

结　语

本文剖析了与环境复古主义相关的若干问题，分别考究了从社会复古主义到环境复古主义的演变脉络，复古主义的历史根源与核心理念，环境复古主义与环保主义、环境史的关系等，并指出了环境史研究中如何应对环境复古主义。笔者也明白，作为环境史学者，我们探究的是历史上的人与自然，为环境问题“把脉”时难免向后看，试图用古代人与环境之关系来为今人提供借鉴与参考。但我们不应陷入对过往的迷恋而不能自拔，向后看的同时还应适度向前看，警醒、批判的同时不应一味悲观、失落。人类社会发展洪流浩浩向前，我们永远也无法再回到过往了，与其怀旧念旧，不如脚踏实地，尝试走出一条全新的解决环境问题的道路来。

试评《什么是环境史》
——兼谈中国环境史研究的若干问题

赵九洲

摘　要：《什么是环境史》是美国学者休斯推出的环境史领域的一本简明扼要的入门教材，该书对环境史的定义、源流、现状、成就、不足、前景等问题进行了深入浅出的剖析，为学界深刻理解环境史提供了便利。通读该书，国内环境史学者可以获得的最大启示是，我们对环境史的定义、研究主题、研究方法等问题的认识还要进一步深化。同时，国内环境史研究不为国外学者所熟悉的现状也亟待改变，我们应加大与国外学界交流与对话的力度，争夺国际环境史研究的话语权。

关键词：环境史；内容；启示；反思

A comment on “*What is the environmental history*”：And discussing some problems in the study of Chinese Environmental History

Zhao Jiuzhou

Abstract: “*What is the environmental history*” is a brief introductory textbook which is written by the American scholar Hughes. The content of this book is about something of the environmental history，such as its defenition，its origin，its current situation，and its achievements. With this book，the academic community is easier to understand the environmental history. Reading through the book，the domestic scholars of environmental history can get the biggest revelation is that our definition of environmental history，research topics，research methods should be further deepened. At the same time，the foreign scholars is not familiar with the domestic environmental history research. We should strengthen the exchange and dialogue with the foreign scholars, and try to fight for the discourse power of the international environmental history research.

Key words: Environmental History; Content; Enlightenment; Rethink

近年来，中国环境史研究得到了长足发展，投身于这一领域的学者日渐增多，环境史的理论架构与学科建设等问题都得到了深入而全面的探讨，全新的中国环境史学逐步建立并茁壮成长起来。不过环境史毕竟还是一门新兴学科，不尽如人意之处仍然不少。最让国内学者尴尬的是，虽然许多高校相继开设了面向本科生和研究生的环境史课程，却苦于没有好的教材来配合课堂学习，以致多数对环境史感兴趣甚或已经投身于相关研究领域的学者对于环境史的基本问题都难以获得全面、清晰的认识。

美国著名环境史学家 J. 唐纳德·休斯原著、梅雪芹教授主持翻译的《什么是环境史》的面世，彻底改变了环境史领域缺少基础教材的尴尬境地。该书旨在“为那些想要一本环境史简明手册的学者以及作为研究助手的研究生提供一份指南，并为了解这一学科已完成的重要工作立一块指向牌”[1]，对环境史研究的源流、现状和趋向等都做了全方位的阐述，为初学者提供了极大的方便。全书简明扼要而又内容丰富，是环境史不可多得的入门之书。

一、全书概况

该书共分七章。第一章《给环境史下定义》，主要阐明了环境史的定义及其内涵与外延。首先，作者解决了“什么是环境史”的问题并论证环境史之重要性，接下来阐述了环境史的研究主题，然后又探讨了环境史与其他学科的关系，最后着重剖析了环境史与旧史学之关联，认为环境史绝不仅仅是历史学科内部的简单进展，它将自然与环境当作“活跃的、塑造性的力量”，为传统的史学研究增添了崭新的视角。

1 《什么是环境史·中文版序》，第 1 页。

第二章《环境史的先驱》，主要讲述了环境史的深厚历史渊源。在分别介绍了希罗多德、修昔底德、希波克拉底、柏拉图、孟子、伊本·赫勒敦等诸位古代世界先贤们的环境思想后，又对中世纪和近代早期以及20世纪初年的环境思想做了全景式的扫描。

第三章《环境史在美国的产生和发展》，对环境史在美国的发展历程做了详尽的介绍。首先阐述了从环境运动到环境史的发展历程，然后对美国环境史的各个研究方向诸如地区环境史、环境保护史中重要人物传记、影响环境的政府部门的历史、城市环境史与性别环境史等都做了详尽的介绍，接着又介绍了技术史、农业史与森林史等相关学科与环境史之间的互动，最后指出了美国环境史走出孤立主义的可喜成就。

第四章《地区、国别和地方环境史》，介绍了正在努力实现“超越国界的联合”[1]各地区环境史的研究现状，作者分加拿大、欧洲、地中海地区、南亚和东南亚、东亚、澳大拉西亚和太平洋诸岛、非洲、古代世界和中世纪八个板块对环境史取得的成果做了全面阐述。

第五章《全球环境史》，将全球尺度下的“大环境史”的研究成果展示给了读者。主要介绍了世界环境史、全球重要性的论题、全世界环保运动历史等方面的研究成果及世界史教材的编写情况。

第六章《环境史的问题与方向》，主要展示了当今环境史本身所存在的一些问题，并指出了环境史今后可能的发展方向。作者在介绍了环境史在过于专业化、过分的鼓吹、环境决定论的倾向、现在主义和衰败论等方面所遭受的指责并做出回应后，又指出了环境史的新的发展方向，如人口的增长、本土与全球决策的冲突、能源与资源、进化与生物技术、大洋与大海等，认为这些都将成为全新的且极有价值的研究领域，而环境史也必将在这些领域取得更辉煌的成就。

第七章《对从事环境史的思考》，主要是对“学习、研究和撰写环境史的建议”[2]，从研究方法、材料搜集和资料利用三个方面进行了探讨，征引了大量经典著作并做了深入分析，为初学者指明方向并寄予厚望。最后，作者饱含深情地对环境史的未来做了展望。

---

1 《什么是环境史》，第57页。

2 《什么是环境史》，第133页。

以上就是本书的大致内容，篇幅虽然不长，却对环境史的方方面面做了一个全景式的扫描，深入浅出，精彩纷呈。概括而言，第一章对环境史下定义，第二、第三章是环境史的源流，第四、五、六章分析了环境史研究的过去、现在和未来，第七章则解决了环境史的方法论问题。

二、启示：环境史的定义、主题、方法与问题

纵览这本小册子，对我们从事环境史研究的启示颇多，今撮要分述如下：

1．必须进一步明确环境史的定义

作为一门新兴学科，环境史一直没有形成一个清晰明确的定义，有学者指出“在环境史领域，有多少学者就有多少环境史的定义”[1]，美国学者罗德里克·纳什、莱斯特·比尔斯基、唐纳德·沃斯特以及休斯本人都对环境史的定义提出过自己的看法，但观点各不相同[2]。国内学者也做了较多的探讨，也是各抒己见，莫衷一是，至今未形成统一意见[3]。

休斯认为环境史包括了自然与文化两个层面，而两者孰轻孰重是给环境史下定义必须要面对和解决的问题。不同的学者采取了不同的立场，往往走向重自然轻文化或重文化轻自然的极端[4]。休斯注意到两种倾向各有弊端，所以他倾向于两个层面的更好平衡，他在第一章中开篇即称环境史“是一门历史，通过研究作为自然一部分的人类如何随着时间变迁，在与自然其余部分互动的过程中生活、劳作与思考，从而推进对人类的理解。”[5]这一观点与李根蟠先生的“自然进入历史，历史回归自然”的表述颇有相通之处，在本书以及作者的其他著作中都得到了很

1 《什么是环境史·译者序》，第 4 页。

2 相关情况可参看高国荣：《什么是环境史》，《郑州大学学报》2005 年第 1 期；包茂红：《环境史：历史、理论和方法》，《史学理论研究》2000 年第 4 期。

3 侯文蕙、包茂红、高国荣、梅雪芹等世界史学者都有大量译著和评述，不一一列举。较有代表性的中国史学者的文章有刘翠溶：《中国环境史研究刍议》，《南开学报》2006 年第 2 期；景爱：《环境史：定义、内容与方法》，《史学月刊》2004 年第 3 期；李根蟠：《环境史视野与经济史研究——以农史为中心的思考》，《南开学报》2006 年第 2 期；王利华：《生态环境史的学术界域与学科定位》，《学术研究》2006 年第 9 期。

4 详见《什么是环境史·中文版序》，第 1-2 页。

5 《什么是环境史》，第 1 页。

好的体现。

休斯对环境史定义的探索是很精辟的，但并不意味着定义问题的彻底解决。诸如环境史的本质究竟是什么，其内涵与外延又如何等问题，休斯其实也没有得出非常明晰的结论，这些都还需要学者做进一步的探讨。

2．研究主题应该多样化

休斯认为，环境史研究的主题可以宽泛地分为三大板块，即环境因素对人类的影响、人类对环境的作用及环境的反作用、人类的环境思想与观念。每一板块都可以做进一步的细化，如第一板块中可分划出为气候史、疾病史、灾荒史等，而第二方面又可区分为城市史、农业史、技术史、森林史等[1]。这样，环境史使得历史学的触角伸向更多的领域，并向自然大幅度迈进。随着自然维度的加入，历史学的研究更加全面更加生动，旧有的研究领域也获得了新的审视角度与叙述方式。

3．研究的方法应该灵活多变

环境史应加强与其他学科的联系并从中汲取丰富的营养，积极借鉴其他学科的研究方法与研究成果。与传统史学相比，最为显著的还是自然科学学理与方法的大量引入与应用，其中占据首要位置的是生态学[2]。

区域环境史与全球环境史兼重。区域环境史研究得力于各区域丰富的环境史文献记载，已经在世界各地如火如荼地开展并取得了辉煌的成就，为全球环境史的研究打下了扎实的基础。历史上很多环境事件越出区域范围而具有全球意义，使得全球环境史的研究有其独特的价值，这样区域与全球相呼应，微观与宏观互相促进，将推动环境史向更高的层次发展[3]。

---

1 详见《什么是环境史》，第3-6页。

2 详见《什么是环境史》，第6-14页。

3 详见《什么是环境史》第4章、第5章。

传统史学所要求的素质与能力也是环境史学家所必不可少的，环境史在学理的透彻把握、材料的广泛搜集和资源的充分利用等方面都需要从传统史学中汲取营养[1]，过分的标新立异和割裂传统是不利于环境史发展的。

4．研究环境史，应该具有自我批判精神

强烈的自我批判意识是环境史学者必备的素质，我们要时时反省自身存在的问题。在第六章中，作者对环境史存在的问题进行了深刻的剖析，认为过分专业化、鼓吹的过与不及、环境决定论的倾向、现在主义、衰败论叙述等问题都对环境史发展有不利影响并指出了应对方案[2]。正如澳洲学者多佛斯所指出的那样，“参与环境史研究的不同领域学者，必须要谦虚与容忍”[3]，同样地，环境史学者与传统史学者之间也应该更多地互相包容互相体谅。只有学者们拥有了博大的胸襟与恢宏的气度，环境史才能真正走上健康的发展之路。

三、反思：中国环境史的发展方向

《什么是环境史》对环境史的方方面面做了深入细致的剖析，对于中国学者了解相关学术理论和国际学术动态大有帮助。但毋庸讳言的是，该书用一本小册子阐述全球环境史研究状况，粗疏之处是在所难免的。具体到中国环境史研究，该书的理论贡献就是很有限的，而文献梳理更是明显不足。

通读全书，印象最深刻的是对中国环境史的介绍太少。介绍环境史渊源的第二章中仅提及了中国古代的孟子[4]，而中世纪以后的论述中则无一处涉及中国。再以介绍区域环境史的第四章为例，总共 21 页，而涉及东亚的部分不足一页，再扣除掉其中论述日本的一段，则专讲中国的部分只有半页，在作者划分的几大区域中是分量最轻的。而且在这一部分作者提到的中国学者仅包茂红、王利华和刘翠

---

1 详见《什么是环境史》，第 133-142 页。

2 详见《什么是环境史》，第 112-118 页。

3 见刘翠溶：《中国环境史研究刍议》，《南开学报》2006 年第 2 期。

4 详见《什么是环境史》，第 21-22 页。

溶三人，而经典作品的作者则无一例外都是外籍学者[1]。另在第四章的引言中，作者这样介绍了环境史有出色表现的区域："在澳大利亚、奥地利、巴西、加拿大、古巴、芬兰、法国、德国、印度、意大利、荷兰、新西兰、葡萄牙、俄国、南非、西班牙、瑞典和瑞士等国，从事当地环境史研究的小群体正日益国际化。其他国家也有望加入这个行列。"[2]中国榜上无名，还在"有望加入"的行列之中。

出现这种情况，可能与作者对中文不熟悉且对中国学界动态了解不够有关，这大大降低了该书对中国环境史研究的指导价值。不过，中国环境史研究本身的不足也是国外学界不予重视的原因之一，我们也应进行深刻的自我检讨。早在几年前，包茂红就指出了中国环境史研究的不足，他认为中国环境史研究存在四个方面的问题：其一，理论基础薄弱；其二，缺少生态与环境科学的知识；其三，当代环境史的研究尚待加强；其四，与其他国家的学术交流亟需加强[3]。这些问题如今依然非常严重，还需要学者们付出艰辛的努力。

针对《什么是环境史》所反映的情况，笔者谈几点自己对中国环境史建设的看法。

1．尽快推出本土版的入门教材

西方学人对环境史所作的大量理论探索使我们受益良多，但中国环境史有其自身的特点，我们对西方学理还需活学活用。国内环境史学者急需解决的难题是如何尽快实现环境史学科理念与学术理论的本土化，以期建设独具特色的中国环境史。

当前国内环境史最基础的读物是两部会议论文集，即刘翠溶与伊懋可主编的《积渐所致：中国环境史论文集》和王利华主编的《中国历史上的环境与社会》，这两个集子中收录了不少精彩的文章，但论文集在学理的铺陈与学术背景的全面呈现方面无能为力，显然不是理想的入门教材。

---

1 作者提及的有伊懋可的《大象的退隐：中国环境史》，夏竹丽的《战天斗地》，马立博的《老虎、稻米、丝绸和淤泥》，段义孚的《中国》，莱斯特·比尔斯基的《中国古代的生态危机与应对》，克里斯·科格金的《老虎与穿山甲》。详见《什么是环境史》，第67-68页；英文原著详情参见第86-87页。

2 《什么是环境史》，第56页。

3 Bao Maohong，"Environmental History in China，" *Environment and History*，10（2004），pp. 475-499.另参见刘翠溶：《中国环境史研究刍议》。

近来，已有不少学者对中国环境史进行了进一步探讨，学术渊源、理论架构、研究理路、研究方法和努力方向等方面的成果蔚为大观，但这些研究由多位学者分头进行的，亟需做一全面的梳理并进行更深入的研究[1]，形成一部便于研究中国环境史的学者翻阅的入门教材或掌要。

编著本土版的《什么是环境史》的时机已然成熟，希望这样的小册子能在不久的将来面世。

2．推出一批本土的经典著作

近年来，投入环境史研究的学者日渐增多，相关论文层出不穷，也涌现了一批环境史方面的专著，有些含金量还颇高[2]，但毋庸讳言的是迄今尚无堪称经典的作品问世。相关作品大都存在这样那样的问题，要之有研究主题的狭隘、研究方法的单一和生态学理念的缺位等几个方面。专著大都集中于一个区域或一个时期的环境变迁，研究的方法都大致是把环境问题区分为气候、水文、植被、动植物分布、灾害、地形土壤等方面的变迁，然后把相关材料填充到相应的部分中去，务求全面却往往有空泛之感，也未能彰显出环境史的特色和学术理念，更多的是借环境史之新瓶装历史地理之旧酒。王利华曾指出："环境史（生态史）的理论基础是生态学，它的主要着眼点是'生命系统'，重在考察生物（特别是人类）与环境、生物与生物之间的历史关系。"[3]如何更好地贯彻生态学的理念也还需要学者们做更多的思考与实践。

---

1 学理探究方面可参看侯文蕙、刘翠溶、包茂红、高国荣、梅雪芹、景爱、李根蟠、王利华、朱士光等人的若干文章，不一一列举。近年来涌现出的综述则有张国旺：《近年来中国环境史研究综述》，《中国史研究动态》2003 年第 3 期；佳宏伟：《近十年来生态环境变迁史研究综述》，《史学月刊》2004 年第 6 期；汪志国：《20 世纪 80 年代以来生态环境史研究综述》，《农业考古》2005 年第 3 期；高凯：《20 世纪以来国内环境史研究的述评》，《历史教学》2006 年第 11 期；陈新立：《中国环境史研究的回顾与展望》，《史学理论研究》2008 年第 2 期；梅雪芹：《中国环境史研究的过去、现在和未来》，《史学月刊》2009 年第 6 期。

2 就笔者所见到的有王子今：《秦汉时期生态环境研究》，北京大学出版社 2007 年版；王元林：《泾洛流域自然环境变迁研究》，中华书局 2005 年版；颜家安：《海南岛生态环境变迁》，科学出版社 2008 年版等。有关区域与断代研究还有很多，不再一一列举。王玉德、张全明的《中华五千年生态文化》（华中师范大学出版社 1999 年版）则是大尺度长时段的相关研究。

3 王利华：《中国生态史学的思想框架和研究理路》，《南开学报》2006 年第 2 期。

我们的环境史学者还需进一步开阔视野并灵活运用各种研究方法与手段，早日推出经典作品，我们的学术界需要本土版的《大象的隐退》和《尘暴》。王建革最近推出的《传统社会末期华北的生态与社会》在突破旧藩篱开创新天地方面做出了有益的尝试，生态理念和生态分析的运用非常出色，令人耳目一新。该书虽还有不少缺陷，但打开了一片新天地，功不可没[1]。

3．加大学术交流的力度

在与其他国家的学术交流方面，我们既要引进来，更要走出去。近年来，我们对国外学术的引介做了大量的工作，但把国内环境史学术成果向外介绍的工作似乎略有逊色。如何突破语言障碍，把我们的声音更多地传向世界，角逐世界环境史舞台上的话语权，也是当今中国环境史学界亟待解决的重大问题。

2009 年 8 月，第一次世界环境史大会在丹麦哥本哈根隆重举行，刘翠溶、张长义、曾华璧、侯甬坚、梅雪芹、包茂红、高国荣、王利华等 14 位中国学者和研究生出席了大会并作了学术报告，他们在会上颇为活跃，展示了关于中国环境史的最近研究成果。会后学者们筹备建立了东亚环境史协会，并成立了专门的网站，搭建起了中国环境史学界与世界各地学者交流的平台。

中国史学者与世界史学者应该在已有的合作平台上深入合作，为中国环境史真正走向世界而继续不懈努力。

4．改革研究生培养机制

我们应加大学科之间特别是历史学与生态学之间的交流与合作，多做跨学科研究，招收具有理科背景且有从事历史研究兴趣的研究生进行培养，调整环境史专业研究生的培养方案。南开大学历史学院环境史专业从 2009 年起开始单独招收研究生，学生入学后必须到生命科学学院选修若干主干课程，接受相关的专业培训，相信这一举措对提高研究生综合素质大有裨益。这样的做法颇值得各相关科研机构借鉴。

---

1 王建革：《传统社会末期华北的生态与社会》，三联书店 2009 年版。

总之，《什么是环境史》是一部涵盖全球视野的环境史入门教材，为我们更好地把握学术发展历程和前沿成果提供了极大的便利。但对中国环境史的勾勒笼统而模糊，无法充分满足中国读者的需要，从而将尽早推出本土教材的任务摆在了中国学者的面前。优点也好，缺点也罢，在环境史的进一步发展过程中，该书无疑还会为我们深入探索提供丰富的营养与无尽的动力，它也必将成为建设中国环境史大厦至关重要的基石之一。

中国环境史研究的认识误区与应对方法

赵九洲

摘　要：中国环境史研究中存在若干认识误区，这对环境史的健康发展是极为不利的，必须加以纠正。环境史并非完全等同于环境变迁史，学者们必须在学理上突破历史地理的藩篱，拓展研究领域并转换视角。环境史也不能与环境保护史混为一谈，学者们不应持有激进的环保主义立场，要努力规避衰败论的认知与叙述模式。环境史与传统史学间也并不存在不可调和的矛盾，学界应厘清环境史学与传统史学间的关系，环境史重视环境在人类演进历程中的作用，但也绝不忽视文化的决定性作用。

关键词：环境变迁史；准静态；环境保护史；衰败论；传统史学

The Misunderstandings of Chinese Environmental History and the Response

Zhao Jiuzhou

Abstract: There is a great number of misunderstandings in Chinese Environmental History，which is extremely adverse to the healthy development of environmental history，and must be corrected. For environmental history is not exactly the same as the environmental change history，scholars should academically break through the barriers of historical geography，expand research area and change perspective. As the Environmental history and the history of environmental protection also can not be confused，scholars should not hold the radical environmentalists' position，we must exert ourselves to avoid the cognitive and narrative mode of Environmental linear decline theory. There is no irreconcilable conflict between environmental history and traditional history that environmental historians and scholars should clarify the relationship between the two. Environmental History not only takes the role of environment in human evolution very seriously but it also pay great attention to the decisive role of culture.

Key words: History of environmental change; Quasi-static; History of environmental protection; Environmental linear decline theory; Traditional history

中国环境史发轫于 20 世纪 90 年代，20 年来，相关研究得到了长足发展，投身于这一领域的学者日渐增多，环境史的理论架构与研究范式等问题都得到了深入而全面的探讨。国内接连召开了两次大型国际环境史会议，出版了两部较有分量的论文集[1]。在 2009 年 8 月召开的第一次世界环境史大会上，十多位中国学者步出国门，直接与国外同行进行学术交流。最近，《历史研究》又专门推出一组环境史笔谈，朱士光等六位学者对环境史的构建模式与发展方向做了进一步探讨。这些都表明环境史日渐壮大，逐渐成为历史学科中重要研究热点。但对环境史的认识一直还存在若干误区，笔者近来做了一些思考，特撰此文进行初步的探讨，敬请方家批评指正[2]。

一、环境史等同于环境变迁史吗？

1．环境变迁史一枝独秀的格局与历史地理的藩篱

为环境史下一个清晰明确的定义一直是诸多环境史学者孜孜以求的目标。美国学者罗德里克·纳什、莱斯特·比尔斯基、唐纳德·沃斯特以及休斯等人都对

1 1993 年 12 月 13—18 日，在香港召开了中国生态环境历史学术讨论会，会后推出的论文集为《积渐所至——中国环境史论文集》，由台北“中央研究院”经济研究所于 1995 年出版，英文版则由剑桥大学出版社于 1998 年出版。2005 年 8 月 17—19 日，在南开大学召开了中国历史上的环境与社会国际学术讨论会，会后推出的论文集为《中国历史上的环境与社会》，由三联书店于 2007 年出版。

2 杨庭硕先生曾从人类学的角度对环境史研究的若干陷阱与误区进行了探讨，可参看氏著《目前生态环境史研究中的陷阱和误区》，《南开学报》2009 年第 2 期。

环境史的定义提出过自己的看法[1]，国内学者也做了较多的探讨并取得了丰硕的成果[2]。但是就笔者所见，诸多学者的定义都没有对环境史与环境变迁史之间的关系作出明确的界定。

目前不少学者总是把环境史简单地等同于环境变迁的历史，相当多的环境史著作其实是在这一理念指导下完成的。近年来环境史方面的专著层出不穷，有些含金量还颇高[3]，但这些作品大都集中于一个区域或一个时期的环境变迁，研究的方法大致是把环境问题区分为气候、水文、植被、动物分布、灾害、地形、土壤等方面的变迁，然后把相关材料填充到相应的部分中去，务求全面却往往有空泛之感，未能彰显出环境史的特色和学术理念，自然与历史、环境与人类也并没有被更好地整合到一起。

为什么会出现环境变迁史一统天下的格局呢？最主要的原因可能在于目前的环境史在学理上并没有突破历史地理的束缚，投身于环境史研究的学者大多具有历史地理背景，他们主要运用的仍然是历史地理的理论和方法，从而使得多数成果给人以借环境史之新瓶装历史地理之旧酒的感觉。要想扭转环境变迁史取代环境史的趋势，就要突破历史地理的藩篱。

毋庸置疑，生态环境史与历史地理学关系极为密切，某种程度上说，中国环境史就是在历史地理的基础上生发出来的。多年来，学者们对两者关系进行了较多探讨[4]。最近，参与《历史研究》笔谈的几位学者又对两者的关系做了进一步解

---

1 相关情况可参看包茂红：《环境史：历史、理论和方法》，《史学理论研究》2000 年第 4 期；高国荣：《什么是环境史》，《郑州大学学报》2005 年第 1 期。

2 侯文蕙、包茂红、高国荣、梅雪芹等世界史学者都有大量译著和评述，不一一列举。较有代表性的中国史学者的文章有刘翠溶：《中国环境史研究刍议》，《南开学报》2006 年第 2 期；景爱：《环境史：定义、内容与方法》，《史学月刊》2004 年第 3 期；李根蟠：《环境史视野与经济史研究——以农史为中心的思考》，《南开学报》2006 年第 2 期；王利华：《生态环境史的学术界域与学科定位》，《学术研究》2006 年第 9 期。

3 就笔者所见到的有王子今：《秦汉时期生态环境研究》，北京大学出版社 2007 年版；王元林：《泾洛流域自然环境变迁研究》，中华书局 2005 年版；颜家安：《海南岛生态环境变迁》，科学出版社 2008 年版等。有关区域与断代研究还有很多，不再一一列举。王玉德、张全明的《中华五千年生态文化》（华中师范大学出版社 1999 年版）则是大尺度长时段的相关研究。

4 朱士光：《关于中国环境史研究几个问题之管见》，《山西大学学报》2006 年第 3 期；景爱：《环境史续论》，《中国历史地理论丛》2005 年第 4 辑；梅雪芹：《中国环境史的兴起和学术渊源问题》，《南开学报》2009 年第 2 期；王利华：《中国生态史学的思想框架和研究理路》，《南开学报》2006 年第 2 期；王琳：《紧张与亲密：环境史与历史地理学》，山东大学 2006 年硕士论文。

构，但历史地理学者与非历史地理学者之间仍存在较多分歧。朱士光认为历史地理学的核心理念——人地关系极其重要，应当也贯彻到环境史的研究中；邹逸麟主张多学科的合作，但其提及的几个应该关注的领域仍处于人地关系的框架中；蓝勇对区域环境史的思路有较多论列，着眼点也仍在环境的变迁上；王利华则认为环境史要进一步发展，必须厘清历史地理学的人地关系研究与环境史研究之间的区别。

笔者认为，人地关系应该是环境史的重要研究内容，但不应该将其视为环境史的全部内容，更不应该将人地关系片面地理解为环境的变迁。历史地理学为环境史提供了丰富的营养，但后者若受到前者过多的拘牵就会导致研究主题狭隘、研究方法单一和生态学理念缺位等若干问题。此外，学理难有突破和思维惰性增长等问题也会接踵而来。一言以蔽之，环境史研究必须突破历史地理的藩篱。

要改变环境变迁史一统天下的格局，要在学术理念上突破历史地理的束缚，我们还需广泛摄取其他学科的营养，环境史学者要有庞杂的知识储备，更要有复杂的头脑。

2．走出环境变迁史困局

我们必须承认的是，环境变迁是环境史研究的重要组成部分，抽去了环境变迁的部分，环境史也就丢掉了安身立命之本；但我们更应清醒地认识到，环境变迁史绝不是环境史的全部。若只把注意力聚焦在环境变迁上，对其他问题视而不见，环境史将会陷入僵化呆板的困境。我们必须走出这一认识误区，为环境史研究开辟更为广阔的天地。要突破困局，当前要做的主要工作是拓展领域和转换视角。

（1）领域拓展——环境与社会并重。从研究领域来看，环境变迁固然是环境史探究的对象，但社会的变迁从未逸出环境史关注范围之外。笔者认为，环境史所关注的变迁，实际上就是自然环境与人类之间的塑造与被塑造关系，大致有四种类型，试分述之：

其一，环境的自我塑造。亿万年来，自然环境有其自身的演变机制与脉络，人类未施加影响的情况下，自然界中的海陆进退、气候冷暖干湿交替、地表的升降和地貌的侵蚀搬运等变化进程一刻都未停息过。

其二，人类对环境的塑造。人类诞生以来，不断通过自己的活动改变自然界，引起了植被状况、水文条件、动物分布等的变化。

其三，人类的自我塑造。人类通过政治、经济与文化活动不断改变自身的物质与精神面貌，也可称之为自我驯化。

其四，环境对人类的塑造。环境状况也在人类社会演进过程中发挥了极为重要的作用，族群差异、发展方向、社会结构等无不受到环境的制约。

就目前的研究状况来看，已有的环境史研究成果主要关注的是第二类型，即人类对环境的塑造作用。环科、生科、地质等自然科学领域的学者已对环境自我塑造进行了大量研究，取得了丰硕的成果，可以直接为我们所用。唯独环境对人类的塑造及人类对环境的适应方面，学者们用力仍明显不足。而这缺失的部分也恰恰是环境史最有价值的部分，环境史通过讲述人类如何与环境打交道的故事来对人类社会的演进做出全新的解释，更好地把握人类的发展脉络，并为环境状况日趋严峻的当前与将来的发展提供最鲜活生动的经验教训。如果不讲述环境如何制约人类而人类又如何适应环境，环境史将会变得极为空洞！

生态环境史应该将以上四种类型全部纳入自己的研究范畴，环境变迁之外更应考究社会变迁，关注环境与人类之间纷繁复杂又生动鲜活的互动关系。政治、经济、文化、军事同样会在我们的观察范围之内。环境史将会是真正的整体史，或许不久的将来，我们通过对自然与社会进行高度整合而开创出许多更新的领域。

（2）视角转换——变与不变兼顾。从研究视角上来看，我们应该具有动静兼备的观察方法，探究环境状况时不仅要注意到“变”，也要注意到“不变”。变与不变的辩证关系，可从以下三个方面来考量：

其一，从质量关系上来看，前工业时代的生产、生活方式虽也有变化，但人类受制于环境又反作用于环境的表征与后果大体上是前后一致的，所以文明演进历程是量变、质变兼有，而以量变为常态。这样，我们在探究传统时代的物流与能流状况时，注意到量变的同时还要注意到质不变。

其二，从时间跨度上看，长时段的环境与社会都是变动不居的，此为变；而短时段的一切又近乎静止不动，此为不变。

其三，从空间区域上看，传统时代的农耕区的范围在不断扩大，非农耕区不断地演变为农耕区，此为变；而某一地区一旦成为农耕区后，地表景观的变化也是很微小的，此为不变。

这样看来，为了更好地切入所讨论的问题，就有必要引入一种“不变”的视角——“准静态”的视角。

所谓“准静态”，是一个相对的概念，动中有静，静中又有动，颇有些“自其变者而观之，则天地曾不能以一瞬；自其不变者而观之，则物与我皆无尽也”的意味。当然变化仍是绝对的，而不变只是相对的，我们不是不承认环境仍然变化，只是认为变化幅度很微小，大体上呈现一种近似凝固的状态。在这种准静态下，我们分析各个生态要素是如何布列的，这样的布列状况对社会有什么影响，人们又怎么调适自己的生产生活方式去应对这种特定的生态状况。

准静态视角在以下两种情形下适用：

其一，较长时段但生态状况并无根本性的变化，如史前长达百万年的时期里人与环境的互动关系，早期农业时代数千年之久的人与环境之互动，都可从准静态切入进行深入剖析。

其二，某一时代某一区域的环境状况与人们生产生活之关系，相当于从历史演进的胶片中切下某一断片，变化可能是极其微小的。以黄河以北的大部分平原地区为例，当森林、草地、沼泽、湖泊、湿地都开发殆尽后，明清时期的生态环境状况其实再未发生根本性的变化，我们关注的焦点应该放在特定环境条件限制下的人们的生产生活。这时更多采取“准静态”的视角，才能更好把握环境与人之间的互动调适关系。

通过引入“准静态”视角，使环境史实现“动静兼备”，变化的环境与人类社会之间的关系我们要研究，而特定时段特定区域内“准静态”的环境对人类的影响及人类社会对环境的适应也是我们研究的内容。窃以为，“准静态”的概念将大大彰显环境史的特色，帮助我们改变过分关注环境变迁史的现状。

总之，我们绝不能单纯从环境变迁角度研究环境史，环境史的内涵是极其丰富的，我们应该也能够写出生动活泼且有深度有高度的文章，而不是千人一面。超越环境变迁，在理论架构和思维模式上真正有所突破，这是我们当前的主要任务之一。

二、环境史等同于环境保护史吗？

1．环境保护史大行其道的现状

近年来环境史理论方面的论文层出不穷，但迄今还无人对环境史与环境保护史的关系作出明确的界定。一些非环境史学者往往把环境史简单地等同于环境保护的历史，圈内学者也或多或少存在这样的倾向。标有“环境保护”字样的历史论文非常多，其中尤以关注先秦环保理念的文章为多[1]，在不少学者的笔下，先秦是中国环境状况的黄金时代。关注后世环保状况的也不少，仅今年以来笔者所见到的就有四篇[2]。可见学者们对古代的环境恶化与应对问题有着强烈的兴趣，急切想把现代的环保理念运用于古代。

一时代之学术风格，必受一时代社会思潮之激荡。毫无疑问，环境史是在环境问题日趋严重的背景下兴起的，其产生发展与环保主义运动有着千丝万缕的关系，而环境保护也天然地就是环境史的重要研究内容。但是，环境史却不能简单地界定为环境保护史，其研究范围要广阔得多。一言以蔽之，环保史从属于环境史，而环境史却不等同于环保史。

只围绕环境的破坏与保护做文章，对环境史的长远发展是非常不利的，主要的消极影响有以下两个方面：

其一，环境史的内涵极为丰富，人与环境相互作用的方方面面都为其所囊括。上文已指出，人对环境的塑造作用只构成环境史研究的一部分，人的塑造作用包

1 袁清林：《中国环境保护史话》，中国环境科学出版社 1990 年版；朱松美：《周代的生态保护及其启示》，《济南大学学报》2002 年第 2 期；罗桂环：《中国古代的自然保护》，《北京林业大学学报》2003 年第 3 期；崔德卿：《秦汉时代山林树泽的保护与时令》，载《中国历史上的环境与社会》，三联出版社 2006 年版；陈朝云：《用养结合：先秦时期人类需求与生态资源的平衡统一》，《河南师范大学学报（哲学社会科学版）》2002 年第 6 期；吴晓军：《中国古代生态文化：为了复兴的反思》，《甘肃社会科学》2003 年第 2 期。类似的文章还有很多，不再一一列举。

2 孙冬虎：《论元代大都地区的环境保护》，《北京社会科学》2010 年第 2 期；徐岩：《论郑州商都时期先民对环境的保护及其初步治理》，《河南工程学院学报（社会科学版）》2010 年第 1 期；阿茹罕：《试论古代蒙古法中的生态环境保护》，《内蒙古民族大学学报（社会科学版）》2010 年第 1 期；毛丽娅：《道教有关环境保护的规定及其实践》，《鄱阳湖学刊》2010 年第 1 期。

括积极与消极两方面，保护又只是积极塑造作用中的一种类型。这么看来，环境保护也只是环境史研究对象的一部分。如果我们眼光只盯着环境保护这一小块，就犯了“一叶障目，不见泰山”的认识错误，环境史断难取得长足发展。

其二，环保思潮是20世纪中后期才兴起的，古代也曾有些具有环保色彩的政府与个人行为。但传统时代的环境问题并不如工业社会严重，相关的行为只在特定时期特定情况下出现，数量非常少，不具有自觉性和现代的环境意识，中国的环境保护意识的真正觉醒可能更要晚至20世纪晚期。只关注环境保护的话，我们会发现可研究的问题少得可怜，涉及的时间段也短得可怜。此外，若用环保思维去探讨中国古代环境史，可能会得出一些似是而非的结论来。

2．冲破环保迷思

（1）摒弃激进的环保意识形态，奉行生命中心主义。环境史学者大都有着强烈的环境忧患意识，时时牵挂着人类的前途与命运，更多悲天悯人的情怀。可以说，强烈的环境诉求与批判意识正是环境史的灵魂所在。但是，我们还是应该尽量避免激进的环保主义立场。过分鼓吹环保意识形态，会有趋于偏激而背离客观真实之虞，这是为学者之大忌。过强的环保意识，往往导致环境中心主义的立场。站在这一立场看问题，会发现人类诞生以来一直在对环境施加恶的影响，最终推导出的可能是颇有宗教意味的原罪论。

其实，环境无时无刻不在自我演变。而生命出现以来也积极地对环境施加干预，人类诞生后只是使得干预作用进一步强化。不对环境产生任何干预，所有的生命都无法生存，人类也不例外，所以环境中心主义的立场是不足取的。我们要批判对环境的过度开发，但这不意味着就要盲目推崇完全无人力干预的荒原。

那么我们该采取怎样一种立场呢？王利华最早引入的生命中心主义的立场或许是最好的选择。他曾在多篇文章和多个场合中表明这一立场，他认为环境史“应当转向对人类与自然协同演进关系的系统思考，‘环境史’应当成为一种既具有强烈现实关怀、又具有深刻历史哲学思考和生命价值追求的特殊事业。”站在生命中心主义的立场上观察问题，既纠正了人类中心主义的狂妄与自大，又避免了环境中心主义的偏激与悲观，从而可以写出真正客观公允的历史来。

（2）规避衰败论定势思维。学界过多关注环保历史，与衰败论的盛行有关。

环境史学者在开展研究前往往已抱有一先验性的认识，即环境在不断的衰退，而衰退的罪魁祸首是人类。于是，多数的研究都是在为这一先验性的结论作注脚。这样的研究模式当然也有其合理之处，却也导致了偏离客观真实和僵化思维的弊病。要走出认识误区，就应纠正这一定势思维。具体来说，应注意以下几点：

其一，要避免机械决定论或过度联系论，不要把任何自然灾变都与人类对环境的干预扯上关系。已有的学术成果中探究环境变迁原因时，无不把人类的生产、生活作为决定性力量。将环境的变迁与人类活动联系起来是有道理的，但过于夸大人类的影响力——特别是传统时代——则是有问题的。我们知道，有史以来环境的自我变化是惊人的。太阳活动状况、地质变动、洋流与气团异动等自然现象，都不以人的意志为转移，在科技高度发达的今天依然如此，在传统时代人类更是无能为力。所以，把传统时代环境变迁的原因过多归结到人类身上未必合理。盲目地为任何环境变化贴上人为标签，表面上看是环境中心主义，骨子里却依旧是人类中心主义，这是不可取的。

其二，避免唯自然论，不应盲目崇拜不加任何干预的“纯自然”。实际上也并不存在真正的纯自然，我们知道生命诞生以来一直在对环境进行积极的干预。生物在大气组成、物能流动、地质结构、土壤成分、地表形态等方面的变化中发挥了至关重要的作用。人类诞生以后，进一步加强了对自然的干预。如果去掉所有的干预，整个自然环境将变得死气沉沉。我们要对人类的干预作用加以调控，以便实现人类与环境的和谐相处，而非彻底抹去一切干预，那样不惟人类无法生存，所有的生命也将不复存在。

其三，避免作简单量化对比，不应无视前后史料留存数量的差异，直接进行量化对比。人们总是对自己生存时代的信息了解最多，而对历史上的信息了解相对要少，于是总容易产生当代灾难要比先前时代多的感觉，从而形成衰败论的观点，相当多的历史地理学家和灾害史专家也没能跳出这种窠臼。从邓云特先生开始，学者们就喜欢统计历史上的灾害记录来做量化分析，由此来探讨灾害的发生和变化规律，结论都是自古至今自然灾害越来越多，危害越来越大。他们很少注意的是，某时代文献遗存数量与距今时间的长短呈负相关关系。越是晚近文献越丰富，关于灾害的记载也越多，反之反是。这意味统计分析时样本的选取就是不合理的，其分析的结果往往也经不起推敲。跳出简单的量化分析模式，我们会发现环境状况并非呈线性恶化趋势。

注意到以上几点，就可以规避衰败论的叙述模式，从而走出过分执着于环保与否的困境。当环境史不再被限定在环保主义的立场与环保主义者关注的领域的时候，无限辽阔的天地才会完全呈现在我们眼前。

三、要把历史写成环境史吗？

1．环境史与传统史学之关系

国内不少学者对环境史并不完全认同，他们一则以疑，一则以惧。疑的是环境史能否在史学中站稳脚跟，惧的是环境史是否会给传统史学带来致命的冲击。由于前面分析过的两种认识误区普遍存在，学者们的心目中就容易产生这样的困惑：既然有历史地理在研究环境变迁了，而古代又没有真正意义上的环保，那么环境史的安身立命之本又是什么呢？而这样的名不正言不顺的思潮是否会彻底颠覆传统史学呢？真的要把历史写成环境史吗？通过前文的分析，我们知道环境史站住脚是没问题的。那么环境史与传统史学的关系该如何梳理呢？

（1）继承还是决裂？把环境史视作洪水猛兽是没有道理的，环境史之于传统史学，并不是完全的决裂与背弃，两者之间继承的色彩颇为浓厚。环境史归根结底是立足于传统史学之基础上的，且天然地与传统史学密不可分。历史地理、农业史、考古学构成了环境史重要的本土渊源，而经济史、社会史、文化史、人口史、灾荒史等史学分支也为环境史的发展作出了贡献。没有传统史学提供的丰富营养，也就不可能有环境史的茁壮成长。

传统史学所关注的一切事项也都在环境史的关注范围内，环境史只是力争在传统史学的基础上更进一步，谋求新的更合理的叙述形式与阐述模式，其真正旨趣在于“取百科之道术，求故实之新知”[1]。通过对新旧史学的更好整合，新课题和新领域将不断涌现，笔者相信不久的将来会有不同类型的研究可以分别冠名为社会生态史、生态社会史、政治生态史、生态政治史、经济生态史、生态经济史、

1 王利华对“中国生态环境史学网”的学术目标所作的概括，见该网，网址：http：//www.sino-eh.com。

文化生态史、生态文化史、军事生态史、生态军事史、生活生态史、生态生活史、性别生态史、生态性别史等[1]。

（2）改造还是颠覆？与其说环境史是要颠覆传统史学，不如说是要引入新思维新视角更换新鲜血液来改造传统史学。我们的叙述模式与阐释方式都会有所变化，但我们的根基依然在传统史学。环境史为史学引入了新视角、新理论和新方法，是对传统史学的视角、理论和方法的补充，而非彻底的推翻。

从研究对象来看，我们是要纠正重人事、轻自然的史学传统，为以往的历史研究添加更多的自然元素。环境史将人类历史舞台拓宽并添加更多的非人“道具”与“演员”，以求更全面更客观地叙述并解释历史；同时让人类回归到“芸芸众生”之中，以更谦卑的态度重新审视自己走过的道路。概括起来说，其研究理路为“自然进入历史，历史回归自然”。在环境史架构下，自然环境不再是史学可有可无的背景与点缀，而是重要的有机组成部分，环境史要“将环境因素纳入历史解释主体范畴，认为环境-人以外的其他生物、大的自然发展进程与人一样，是创造历史的重要因素之一”。这样，重视自然因素的作用的同时，也加深了对社会的认识，从而勾画出更为立体更接近真实的历史图景。

从学术理念来看，环境史把生态学的理论与方法引入史学研究，搭建起了生态—社会二元一体的研究模式，从而改进了传统史学的社会一元单线条模式。如何在研究中践行生态学理论并探究生态与社会之间的互动机制，学者们做了较多的思考。王利华较早把“人类生态系统”概念引入了环境史，从而为更好地运用生态学概念和生态分析方法来分析历史问题指明了方向。他认为环境史“将人类及其周围环境视为一个复杂的生命系统即‘人类生态系统’，考察这个生命系统的历史结构、历史功能及其时代演变，主要着眼于人类的基本生存需要，特别是生命系统的延续与保护，探讨不同系统要素尤其是人类因素与自然因素之间的历史关系，揭示系统演化的历史动力机制”。王建革近年来接连推出了两部专著和一系列文章，在环境史的理论建设和具体研究方面颇多建树。他最近推出的《传

1 这里所做的构想深受王利华的影响，社会生态史和生态社会史由其最早提出，参见氏著：《社会生态史——一个新的研究框架》，《社会史研究通讯》2000 年第 3 期；《中国生态史学的思想框架和研究理路》，《南开大学学报》2006 年第 2 期。另外，对新领域的命名用“环境”代替“生态”会更符合主流意见，但窃以为称“生态”更合适些。

统社会末期华北的生态与社会》[1]在探究晚近时代社会对特定环境的适应状况时分析比较精当，运用生态理念和生态分析更好地整合了环境与社会两个层面，书写手法令人耳目一新，值得学习。

2．环境史奉行“环境决定论”吗？

让学界对环境史产生疑虑的另一个重要原因是环境史似乎在鼓吹“环境决定论”。这种疑虑并非毫无道理，国外学者克罗斯比、贾雷德·戴蒙德等的著作中环境决定论的色彩非常明显[2]。而国内学者在阐释环境史理念时，也或多或少会有环境决定论的倾向。那么环境史究竟如何看待曾大行其道又因遭受猛烈攻击而式微的环境决定论呢？应该把环境的作用摆在什么样的位置？

首先，要认识到环境决定论有其合理的一面，环境的决定性影响不容忽视。自达尔文提出进化论以来，无数的生物学资料证明生物的演进过程中，环境发挥了至关重要的作用。同样地，考古学、人类学以及历史学的丰富资料可以证明，人类社会的发展历程也被深深地打上了环境的烙印，某种程度上说，“人们生活在什么地方，深刻地决定了他们是什么人”。传统史学过多关注文化与社会作用而轻忽环境作用的倾向必须彻底扭转。

其次，在重视环境影响以弥补传统史学缺陷时，应避免矫枉过正，不能无限放大环境的决定作用，重视环境作用的同时不应对文化作用选择性失明。人类社会的演化历程中有两个机制在发挥作用，一是自我驯化机制，一是被动驯化机制。传统史学更多关注人通过社会与文化而进行的自我驯化，冷落了人在环境影响下的被动驯化。我们是要把后者的地位摆到与前者同等重要的位置上，对文化决定与环境决定一视同仁。正如休斯所言，“虽然对一个学者来说不偏不倚总是比旗帜鲜明要难，但很多环境史学家发现他们自己还是持折中的立场”。

初创阶段的环境史标新立异在所难免，但我们绝不能狂妄到把传统史学彻底踩到脚下，也不应过分拔高环境在历史演进中的作用。自信而又不失谦虚地面对

---

1 王建革：《传统社会末期华北的生态与社会》，三联书店 2009 年版。

2 克罗斯比著，许友民、许学征译：《生态扩张主义》，辽宁教育出版社 2001 年版。贾雷德·戴蒙德著，谢延光译：《枪炮、病菌与钢铁：人类社会的命运》，上海译文出版社 2006 年版。贾雷德·戴蒙德著，江滢、叶臻译：《崩溃：人类社会如何选择成败兴亡》，上海译文出版社 2006 年版。

传统史学和文化决定论，化解非环境史学者的成见与敌意，环境史才能健康发展。

综上，本文剖析了当前环境史研究中存在的三个认识误区并提出了相关的应对措施。笔者相信只要端正了认识，以开阔的眼界去审视，以缜密的思维去探究，以客观的立场去阐释，环境史定能进一步发展壮大。

参考文献

[1] 朱士光. 遵循"人地关系"理念，深入开展生态环境史研究——"中国环境史"笔谈之一 [J]. 历史研究，2010，（1）.

[2] 邹逸麟. 有关环境史研究的几个问题——"中国环境史"笔谈之三 [J]. 历史研究，2010（1）.

[3] 蓝勇. 对中国区域环境史研究的四点认识——"中国环境史"笔谈之四 [J]. 历史研究，2010（1）.

[4] 王利华. 浅议中国环境史学建构——"中国环境史"笔谈之二 [J]. 历史研究，2010（1）.

[5] 苏轼：《前赤壁赋》，《东坡全集》卷 33，《景印文渊阁四库全书》第 1107 册，台湾商务印书馆民国七十五年版。

[6] 唐纳德·休斯著，梅雪芹译. 什么是环境史 [M]. 北京：北京大学出版社，2008.

[7] 李根蟠. 环境史视野与经济史研究——以农史为中心的思考 [J]. 南开学报，2006（2）.

[8] 何群. 生态人类学与地理学、环境史亲和性论辩 [J]. 西北民族研究，2009（4）.

[9] 王利华. 生态环境史的学术界域与学科定位 [J]. 学术研究，2006（9）.

燃料消耗与华北地区丝织业的兴衰[1]

赵九洲

摘　要：自上古以迄宋代，华北地区的丝织业一直很发达，处于全国领先水平。金元以降，丝织业竟急剧衰落，在产业结构中不复占据重要地位。关于华北丝织业衰落原因何在，历来众说纷纭。本文认为丝织业整个生产流程都需要消耗大量的燃料，是典型的高能耗产业。宋以后华北地区燃料危机日趋严重，在燃料极端匮乏的情形下，排斥高能耗产业就成为历史的必然，于是华北丝织业就渐趋衰微了。

关键词：燃料；丝织业；高能耗；兴衰

The influence of Fuel consumption on the rise and fall with the silk industry in North China

Zhao Jiuzhou

Abstract: Before the Song Dynasty，silk industry in North China area has been developed，and it was in the national leading level. After the Song Dynasty，silk industry declined so sharply that it was no longer occupied an important position in the industrial structure. There were many different opinions on the reason did the silk industry in North China decline? This paper considers that the whole production process of the silk industry need to consume so large amount of fuel that it is a typical high energy consumption industry. After the Song Dynasty，the fuel crisis in North China was becoming increasingly serious.

---

1 本文为国家社科基金重点项目《华北环境变迁史研究》的中期成果之一，项目编号：09AZD050。本文还得到石家庄学院博士科研启动基金项目的资助。

In the extreme shortage of fuel situation，it was a historical necessity that people reject the high energy consumption industry. So silk industry in North China was gradually decline.
Key words: Fuel; Silk industry; High energy consumption; Rise and fall

一、古代华北丝织业的兴衰

据学者考究，早在 1926 年发掘的山西夏县西阴村遗址中就发现了人工割裂的茧壳，而 1975 年对山西芮城西王村遗址发掘时又出土了陶蚕蛹。此外，南方浙江、江苏等地也发现了不少新石器时代蚕图案与丝绸制品。这些都证明，先民早在 5 000 年前就开始从事蚕桑丝织业生产了。到商代，华北地区的蚕桑业生产规模当已非常可观。出土的随葬物品常有蚕形玉，青铜器上也多有蚕纹装饰，可见其时蚕在生活中地位已非常重要。而对殷墟的历次发掘中，也多次发现青铜礼器与兵器外附有绢帛编织物的痕迹，如 20 世纪 30 年代在安阳侯家庄西北冈商代大墓中出土的铜爵、铜戈等物品上有明显的细布痕迹，而 50 年代在安阳武官村商代大墓中出土的铜戈上亦有较细的绢帛痕迹。而河北藁城台西村的商遗址中也出土了五种规格的丝织物残片，经分析分别属于平纹纨、平纹纱、纱罗和縠。相关考古发现还有很多，不再一一列举，可见其时华北地区的丝织业已有较大程度的发展[1]。

西周时期，由于政治中心由华北迁到了关中，华北地区的蚕桑业发展状况在史籍中记载甚少，但与商代相比当有进一步的发展。《诗经·卫风·氓》称："氓之蚩蚩，抱布贸丝。匪来贸丝，来即我谋。"可见其时卫国的丝织业已较为发达，以至于丝织品的民间买卖已较为普遍。又《诗经·邶风·绿衣》称："绿兮丝兮，

1 相关考古发掘报告参见李济：《西阴村史前遗址》，《清华学校研究院丛书》，1927 年版；中国科学院考古研究所山西队：《山西芮城东庄村和西王村遗址的发掘》，《考古学报》1973 年第 1 期；浙江省文物管理委员会等：《钱山漾第一、二次发掘报告》，《考古学报》1962 年第 2 期；浙江省文物管理委员会、浙江省博物馆：《河姆渡遗址第一期发掘报告》，《考古学报》1978 年第 1 期；江苏省文物工作队：《江苏吴江梅堰新石器时代遗址》，《考古学报》1978 年第 6 期；梁思永、高去寻编：《侯家庄 1001 号大墓》上册，台湾中央研究院历史语言研究所 1962 年版；郭宝钧：《1950 年春殷墟发掘报告》，《考古学报》1951 年第 5 期；高玉汉等：《台西村商代遗址出土的纺织品》，《文物》1979 年第 6 期。此处及下文论述主要参考了赵承泽主编：《中国科学技术史·纺织卷》，科学出版社 2002 年版。

女所治兮。”《诗经·鄘风·桑中》称：“期我乎桑中，要我乎上宫，送我乎淇之上矣。”《诗经·鄘风·定之方中》又称：“降观于桑，卜云其吉，终焉允臧。”可见邶、鄘二国桑树密集，丝织业也较发达。周武王克商后，分朝歌以北之地为邶，南为鄘，东为卫。卫国在今河南省濮阳市境内，邶国在今河南汤阴东南，鄘国在今河南汲县北，三国大致是商代旧都之地，至西周时期蚕桑业仍极发达。

进入春秋战国，蚕桑与农耕同为富国强兵的重要产业，备受诸国重视，齐、赵、燕、魏、中山诸国在华北地区纵横捭阖，则这里的蚕桑业自然会有更大的发展。

秦汉时期，华北地区的蚕桑业又有了进一步的发展。《西京杂记》中记载了钜鹿人陈宝光妻织散花绫的高超技艺，详细记载如下：

霍光妻遗淳于衍蒲桃锦二十四匹、散花绫二十五匹。绫出钜鹿陈宝光家，宝光妻传其法，霍显召入其第，使作之。机用一百二十镊，六十日成一匹，匹直万钱。[1]

钜鹿位于今河北省平乡县西南，若非其时那里的蚕桑丝织业较为发达，恐难产生出如此高超的丝织技术来。据李宾泓考证，其时全国丝织业的重心在黄河流域，华北地区的丝织业很发达是毫无疑问的[2]。

魏晋南北朝时期，虽然迭经战乱，但华北地区的丝织业仍有较大发展。曹操都邺而颁布租调令，内容为：“其收田租亩四升，户出绢二匹、绵二斤而已，他不得擅兴发。”[3]西晋户调制则规定：“丁男之户，岁输绢三匹、绵三斤，女及次丁男为户者半输。”[4]《盐铁论·本议篇》有“东阿之缣”之语，左思《魏都赋》有“罗绮朝歌”与“缣总清河”之句，则可见东阿、朝歌、清河等地亦盛产高质量的丝绸，而赵郡、中山、常山等郡国的缣也极有名气[5]。

十六国时期邺城的锦与绨非常有名，多种多样，《邺中记》记载道：

大登高、小登高、大明光、小明光、大博山、小博山、大茱萸、小茱萸、大

1（晋）葛洪：《西京杂记》卷一，四库全书本。

2 李宾泓：《我国早期丝织业的分布及其重心的形成》，《中国历史地理论丛》1991年第2辑。

3（晋）陈寿 著、（南朝宋）裴松之 注：《三国志》卷一《魏书·武帝纪》注引《魏书》，第26页。

4（唐）房玄龄：《晋书》卷二六《食货志》，第790页。

5（唐）徐坚：《初学记》卷二七《宝器部·绢第九》引《晋令》，清光绪孔氏三十三万卷堂本。

交龙、小交龙，蒲桃文锦、斑文锦、凤凰朱雀锦、韬文锦、桃核文锦，或青绨，或白绨，或黄绨，或绿绨，或紫绨，或蜀绨，工巧百数，不可尽名也。[1]

梁皇太子谢敕赉魏国所献锦等启曰："山羊之毳，东燕之席尚传；登高之文，北邺之锦犹见。"[2]可见邺城所产之登高锦极为名贵。

北朝时期的赋税制度均有绢帛的征调，如北魏太和十年（486）规定："其民调，一夫一妇帛一匹，粟二石。民年十年五以上未娶者，四人出一夫一妇之调。奴任耕，婢任绩者，八口当未娶者四，耕牛二十头，当奴婢八。其麻布之乡，一夫一妇，布一匹，下至牛，以此为降。"[3]关于桑土与非桑土的划分情况如下：

其司、冀、雍、华、定、相、秦、洛、豫、怀、兖、陕、徐、青、齐、济、南豫、东兖、东徐十九州，贡绵绢及丝。[4]

其中位于今华北地区中南部的冀州、定州、相州、怀州、济州大部、司州东北角都是贡绵绢及丝的桑土。

此外，北魏均田制规定，在产桑之处颁授给农民专门用来种植桑树的农田：

诸初受田者，男夫一人给田二十亩，课莳余，种桑五十树，枣五株，榆三根。……限三年种毕，不毕，夺其不毕之地。于桑榆地分杂莳余果及多种桑榆者不禁。[5]

此后，定都华北南部之邺城的北齐基本沿袭了北魏的租税制度与均田制，如在河清三年（564）规定："率人一床，调绢一匹，绵八两。" 又"每丁给永业二十亩，为桑田。其中种桑五十根，榆三根，枣五根。不在还受之限。"[6]可见南北朝时期华北地区的蚕桑丝织业必然仍较发达，不然制定这样的赋役制度是难以想象的。

隋及唐前期均沿袭了均田制，丝织品在国家赋税中占有重要地位。唐代河北地区的丝织业仍很发达，据《通典》、《唐六典》、《元和郡县志》等书的记载可知，在唐代开天之际，河北道二十五州中，除地处边境地区的平、妫、檀、营、蓟五州外，其余二十州都出产丝织品。而当时太府司将各地上贡之绢分为八等，其中

1（唐）徐坚：《初学记》卷二七《宝器部·锦第六》。

2（唐）欧阳询：《艺文类聚》卷八十五《布帛部·锦》，四库全书本。

3（北齐）魏收：《魏书》卷一一〇《食货志》，第 2855 页。

4（北齐）魏收：《魏书》卷一一〇《食货志》，第 2852-2853 页。

5（北齐）魏收：《魏书》卷一一〇《食货志》，第 2853-2854 页。

6（唐）魏徵、长孙无忌：《隋书》卷二四《食货志》，第 677 页。

位列前四等的州几乎全部属于河南、河北两道。天宝元年（742）全国常贡丝织品的有 63 郡，总计贡各种丝织品 3 764 匹领（扬州所贡锦袍、被以领计）。河北道有 15 郡，共贡丝织品 1 831 匹，占全国所贡丝织品总数的将近一半，仅博陵郡（即定州）常贡达 1 575 匹，超过了全国总数的四成。

北宋时期，丝织业的空间分布与唐大致相似，只是河北东路比西路更为兴盛。史料载有各地缴纳赋税中丝织品品种和数额，将河北东、西两路合计，则有绫 7 315 匹，在诸路中位列第一；丝绵 1 572 812 两，名列第二，绢 230 919 匹，名列第五；绸 40 753 匹，名列第五[1]，而这还不包括临时性上纳及上缴内藏库的绢帛。可见，北宋时期华北地区的丝织业又有发展，与南方地区相比并不逊色[2]。

金元以后，华北地区的丝织业急剧衰落，丝织业在整个经济结构中所占的比重微乎其微，与北宋以前之情形迥不相侔，人们甚至完全忘记了这里在历史上曾是重要的丝织中心，而认为丝织业历来就不发达。

金元以来，华北地区的蚕桑丝织业迅速没落，由北宋以前的处于全国领先地位的强势产业，变为微不足道的边角产业。个中原因何在呢？前辈学者有较多论列，大致的观点可以概括为以下几个方面：

其一，战乱与少数民族入主中原。北宋灭亡以后到元朝建立，北方迭经战乱，经济残破，人口大量死亡移徙，丝织技术难以很好地的传承。而战争结束后，女真人与蒙古人对蚕桑丝织业又不甚关心，大量砍伐桑树，掠夺工匠，情况遂愈发不可收拾。

其二，棉花的输入与推广。就在蚕桑业大受摧残还尚未恢复之时，棉花种植方法传入，棉花较之蚕桑业有劳动强度低、生产稳定等特点，迅速挤占了蚕桑业原来的空间，使得蚕桑业难以重现昔日的辉煌。

其三，气候变化的影响。据气候史家研究，金元以后我国进入了寒冷期，而北方尤甚，这使得桑树的生长与蚕的发育都受到了极大的影响，从而导致了蚕桑

1（清）徐松：《宋会要辑稿》，中华书局 1957 年版。

2 关于唐宋华北地区丝织业发展情况，主要参考了王义康：《唐北宋时期河北地区的蚕桑丝织业》，《首都师范大学学报》（社会科学版）2004 年第 3 期；邹逸麟：《有关我国历史上蚕桑业的几个历史地理问题》，载《选堂文史论苑——饶宗颐先生任复旦大学顾问教授纪念文集》，上海古籍出版社 1994 年版；史念海：《黄河流域蚕桑事业盛衰的变迁》，载《河山集》，生活·读书·新知三联书店 1963 年版。

业的衰落。

其四，宋以后，陆上丝绸之路受到阻滞，海上丝绸之路得到了开辟，这使得江南地区的丝织品远比华北的丝织品容易销售。与南方相比，华北地区蚕桑养殖业缺乏市场刺激，技术的提高、商品化与专业化等方面的动力严重不足，自然也走向了没落。

上述观点都有拥趸，也往往有反对者。如第一、二点为史念海、邹逸麟所坚持，而黄世瑞却持反对意见，认为战争破坏与棉花引种均非最重要的原因。而黄世瑞所提出的第三点，又遭到了邹逸麟的批驳，邹氏认为桑树气温适应度很宽，而家蚕饲养的温度不受外界影响，故而气候变化对蚕桑业的影响并不大[1]。

诸家之见解都自有其道理，无须强分是非。笔者认为，金元以降，华北地区深重的燃料危机是该地区丝织业急剧衰落的重要原因。为论证这一观点，首先有必要证明丝织业是高能耗产业。

二、丝织业的燃料消耗情况分析

蚕桑丝织业的最初诞生即与火与燃料有着密切的联系，据学者研究，丝绸技术中最关键的缫丝工艺起源于原始人煮茧的活动，而最初煮茧则是为了食用。煮茧过程中渐次发现了蚕丝的诸多优良纺织特性并进而用来制作衣物。有学者对这一过程进行了生动的描述，摘引如下：

人类对蚕茧的利用，经历了一个由“吃”到“穿”的过程。开始时，采集蚕茧可能与原始社会末期人群的觅食活动有关。处于史前文明的人们自然不可能先知先觉地了解蚕丝具有纺织性能从而有意识地去利用它，他们煮茧的目的就是将蚕蛹取出食用。蚕蛹是含高蛋白的昆虫，经煮熟后更容易消化。人们将蚕茧放在热水中煮时，由丝素形成的茧衣外面包裹的厚厚的丝胶溶解于水，丝素即呈松散

1 诸家对蚕桑业中心变动的论述可参看章楷：《我国蚕业发展概述》，载《农史研究集刊》第二册，科学出版社 1960 年版；史念海：《黄河流域蚕桑事业盛衰的变迁》，载《河山集》，生活·读书·新知三联书店 1963 年版；夏鼐：《我国古代蚕桑、丝绸的历史》，《考古》1972 年第 2 期；黄世瑞：《我国历史上蚕业中心南移问题的探讨》，连载于《农业考古》1985 年第 2 期、1986 年第 1 期、1987 年第 2 期；邹逸麟：《有关我国历史上蚕桑业的几个历史地理问题》，载《选堂文史论苑——饶宗颐先生任复旦大学顾问教授纪念文集》，上海古籍出版社 1994 年版。

状态，一根根完全或未完全解舒的纤维漂浮在水中，将其捞起晾干，即可得到适宜纺织的纤维了，这个过程很容易做到。[1]

蚕桑丝织业的起源已与燃料有莫大的关联，而其生产过程中几乎每一个步骤都要消耗大量燃料，试分述之。

1. 养蚕过程中的燃料消耗

蚕的一生中，对温度要求极高，故而燃料消耗也极多。《士农必用》称："蚕之性子，在连则宜极寒，成蚁则宜极暖，停眠起宜温，大眠后宜凉，临老宜渐暖，入簇则宜极暖。"[2]养蚕过程中要大量烧牛粪，常于冬季提前储备，农书中记载道：

《务本新书》：冬月多收牛粪堆聚（原注：春月旋拾，恐临时阙少），春暖踏成墼子，晒干苫起，烧时香气宜蚕。

《士农必用》：腊月曝干，至春辗搥碎，一半收起，一半用水拌匀，杵筑为墼。[3]

据《齐民要术》记载，在孵化蚕的过程中，需要在蚕室内四角都生起火来，以保证屋内冷热均匀，"火若在一处，则冷热不均"，蚕的孵化将受到很大影响。初生之蚕发育过程中，亦应在屋内生火，并掌控室内温度，使其正好适合蚕的生长，过高过低均有害，"热则焦燥，冷则长迟"，可见温度太高则蚕生长过于迅速而易病死，而温度太低则蚕生长迟缓。蚕室中所用之燃料为薪柴或木炭，其中有一种养蚕法即较多用到了炭：

以大科蓬蒿为薪，散蚕令遍，悬之於栋梁、椽柱，或垂绳钩弋、鹗爪（四五）、龙牙，上下数重，所在皆得。悬讫，薪下微生炭以暖之。得暖则作速，伤寒则作迟。数入候看，热则去火。[4]

此外，孵化之前的蚕卵往往需要用桑柴灰浸泡，据说可以使蚕孵出后更为健壮，古人指出：

浴蚕种，腊八日以桑柴灰淋汁，以蚕种浸一日，却以雪水浸挂收或挂桑木上，

1 赵承泽 主编：《中国科学技术史·纺织卷》，科学出版社 2002 年版，第 121-122 页。

2（元）大司农司：《农桑辑要》卷四论蚕性条，元后至元五年刻明修本。

3（元）大司农司：《农桑辑要》卷四收牛粪条。

4（东魏）贾思勰：《齐民要术》卷五《种桑、柘第四十五养蚕附》。

从雨雪冻一二宿收，庶几耐养。[1]

破茧出蛾时，还应在蚕室内再分隔出小房间来，在其中加热，“屋内东间另用席箔擗夹一间，于内生蛾，留小门出入，上挂蒲帘。盖屋小则容易收火气，停眠前后拆去”，这是因为“蛾或于小屋内生之，熟火易为烘暖”[2]。

为了更好地控制火候，古人还在蚕室中设置了各种加热器具，如缸，明代潘游龙即提到了给刚孵出的幼蚕加热的方法，称：“一曰火蚕，用温温微火置于缸内，将蚕烘上稍取火气，亦不可过热。”[3]而更考究的器具则有火龛、火盆、火仓、抬炉，而燃料则为牛粪与薪柴交错层叠堆放。具体而言，火龛、抬炉如何构设、使用，燃料如何堆放如何燃烧，古人有一套严密的方法[4]。

对于蚕室中的温度控制，古人也颇为重视，不同季节如何调节，每天的不同时刻如何调节，也都有一套理论。大致是蚕妇穿单衣感觉蚕室之温度，随人之感觉增减火候，摘引相关记载如下：

《务本新书》：春蚕时分，一昼夜之间比类言之，大概亦分四时，朝暮天气颇类春秋，正昼如夏，深夜如冬。既是寒暄不一，虽有熟火，各合斟量多寡，不宜一体。自蚁初生，相次两眠，蚕屋内正要温暖，蚕母须著单衣以身体较，若自身觉寒，其蚕必寒，便添熟火。若自身觉热，其蚕亦热，约量去火。一眠之后，但天气晴明，已午未之间时，暂卷起门上荐帘以通风日。免致大眠起后，饲罢三顿投食，翦开窗纸时，陡见风日，乍则必惊，后多生病。[5]

对于火仓、抬炉的形制与使用方法，温度调控办法等，王祯也有较多描述，并征引了大量材料，摘录如下：

火仓，蚕室火龛也。凡蚕生室内，四壁挫垒空龛，状如三星，务要玲珑，顿藏熟火以通烟气，四向匀停。蚕家或用旋烧柴薪，烟气薰笼蚕，蕴热毒多成黑蔫。今制为抬炉，先自外烧过薪粪（原注：牛粪），舁入室内。各龛约量顿火，随寒热添减，若寒热不均，后必眠起不齐（原注：已上出诸《蚕书》）

1（唐）郭橐驼 撰，（明）周履清 校：《种树书》卷上十二月条。

2（元）大司农司：《农桑辑要》卷四引《务本新书》。

3（明）潘游龙：《康济谱》卷一〇《种植》，明崇祯刻本。

4 古农书《务本新书》与《士农必用》中有详细描述，限于篇幅，此处不详细征引，可参看（元）大司农司：《农桑辑要》卷四火仓条。

5（元）大司农司：《农桑辑要》卷四凉暖总论条。

《农书》云："蚕，火类也，宜用火以养之。用火之法，须别作一炉，令可抬舁出入。火须在外烧热，以谷灰盖之，即不暴烈生焰。夫抬炉之制一如矮床，内嵌烧炉，两旁出柄，两人舁之以送热火。"[1]

而火仓的具体形制及其在蚕室中的位置，见图 1。

图 1　火仓

图 2　蒸茧[2]

蚕室中用火的重要性，清人杨屾亦极力强调，认为蚕生长的好坏与最后产丝之多寡优劣，与用火情形及火候控制息息相关。他称：

蚕成于一室之功，全赖此火出入，加减凉暖。用得其法，自然丝纩倍收。不论风雨清明、寒热昼夜，总要室中加减，一样温和。倘火候失调，则丝便减少，可不慎欤。[3]

要之，养蚕的整个流程中，由蚕的孵化到出蛾产卵，都要消耗大量的燃料，

1（元）王祯：《王祯农书》卷二〇《农器图谱十六・蚕缫门・火仓》，四库全书本。

2 图 1、图 2 均取自四库全书本《王祯农书》卷二〇。

3（清）杨屾：《豳风广义》卷二预置火具条，清乾隆刻本。

具体消耗情况因地域与养殖人而异，大致是越往北，燃料的用量也越大。

2．对茧的处理过程中的燃料消耗

在历史的早期，人们未掌握杀蛹储备茧的技术，往往需要在落茧后极短时间内就完成缫丝工作，不然蛾破茧而出，会破坏蚕丝。当时的劳动强度是很大的，《礼记·月令》即载："季春三月，蚕事既登，分茧称丝效功，无有敢惰。"随着蚕桑规模的扩大，这样的生产方式势必要变革。秦汉以后，逐渐出现了各种杀蛹的方法。晒茧与腌茧一则借助日晒，一则用盐腌，可置不论。重点来看看蒸茧与烘茧两种方法。

蒸茧最早见诸于记载是《农桑辑要》，该书成于元前至元十年（1273），其时尚未灭宋，则该书所引用之材料当多是讲述北方之生产技术，而蒸茧最早出现之时间可能还要上推至金代甚至北宋时期。该书关于蒸馏茧的记载详情如下：

蒸馏之法，用笼二扇，用软草扎一圈，加于釜口。以笼两扇坐于上。其笼不论大小，笼内匀铺茧，厚三、四指许。频于茧上以手背试之，如手不禁热，可取去底扇，却续添一扇在上。亦不要蒸得过了，过了则软了丝头；亦不要蒸得不及，不及则蛾必乱。如手背不禁热，恰得合宜，于蚕房槌箔上，从头合笼，内茧在上，用手微拨动。如箔上茧满，打起更摊一箔，候冷定，上用细柳梢微覆了。其茧只于当日都要蒸尽，如茧不尽，来日必定蛾出。[1]

王祯所提到的蒸茧法也是用笼蒸，蒸茧的过程与上引材料所述相似，他作诗一首描述蒸茧过程，称：

蚕家有茧如山积，日恐蛾穿缫不得。盐浥诚佳能几何？只有笼蒸人未识。釜汤少沸积茧笼，热不能禁手为则。旋抽底扇加上层，走晒中庭趁风日。人在軖车气少舒，绪缕均停堪络织。作计何人智者心，济物不妨聊假力。回看笼也岂筌蹄，依旧人间炊饼食。[2]

王祯认为蒸茧为最好的处理茧蛹方法，他指出：

尝读北方《农桑直说》，云生茧即缫为上，如人手不及，可杀茧慢慢缫者。杀茧法有三，一曰日晒，二曰盐浥，三曰笼蒸，笼蒸最好，人多不解。日晒损茧，

1（元）大司农司：《农桑辑要》卷四蒸馏茧法条。

2（元）王祯：《王祯农书》卷二〇《农器图谱十六·蚕缫门·茧笼》。

盐浥瓮藏者稳。[1]

清人杨屾亦最重视蒸茧法，称："茧以生缫为上，若缫之不及，古人有盐腌、泥瓮、日晒之法，余试之，未善。余家用蒸馏之法最好。"他所讲述的蒸茧法与前述方法大致相同，有所发展的是指出了茧较少时不用笼的蒸馏办法，称："如茧少者，不必用笼。余尝只用大竹筛一个，铺茧于内，亦厚四指许。茧上置鲜椿叶一个，以布单覆筛，安锅上蒸。至椿叶变色为度，取下摊晾如上法。"[2]关于蒸茧的相关器械与操作，见图 2。

烘茧法，据学者考证，最早出现于清代，通过直接用火烘烤来杀死蚕蛹，这一方法无须弄湿蚕丝，不受天气影响，故而迅速普及，南北方不同区域的具体用具与操作方法有所不同，摘引相关论述如下：

用火力烘茧或焙茧出现在清代，其法"无定所，其灶以瓦砌居多，取移徙活便也"。可将茧放入一竹笼中，置于炭火上烘；亦可将放茧的蚕箔直接架在炭火上烘；亦可砌一炕床，放茧于内，炕外生火烘烤。烘茧"既无湿热之患，且无焦枯之虞。则蒸茧当防阴雨，不过十之九得，烘茧不论阴晴，直可万无一失。但窝内必用无烟之火"。所以自清中叶以来，烘茧杀蛹取代了腌茧、蒸茧等方法，被全国各地广泛采用，直至大规模的机械烘茧为止。[3]

3．缫丝过程中的燃料消耗

蚕丝由蚕吐出后结成茧状，对蚕茧进行处理以从中抽取出蚕丝的过程称为缫丝，这是丝织业中至关重要的一个环节，而缫丝过程中最重要的流程则是煮茧。通过煮茧，才能获得可用于纺织的蚕丝。因为原始的蚕丝主要由不溶于水的丝素和易溶于水的丝胶组成，丝胶附着在丝素外面，起保护和连接作用，约占蚕丝量的 1/4。通过煮茧，蚕茧舒解，丝胶被适当膨润和溶解，茧丝相互间的胶着力减弱，有利于缫丝。据学者研究，早在新石器时代，可能就已经出现了用热水处理蚕茧

1（元）王祯：《王祯农书》卷二〇《农器图谱十六·蚕缫门·茧瓮》。

2（清）杨屾：《豳风广义》卷二蒸茧法条，清乾隆刻本。

3 赵承泽 主编：《中国科学技术史·纺织卷》，第 131 页。其中所引材料分别出自姚绍书《南海蚕业报告》和孔光熙《蚕桑实济》，均载于章楷 余秀茹：《中国古代养蚕技术史料选编》，农业出版社 1985 年版。

以缫丝的技术，而春秋以后沸水煮茧技术得到了普及[1]。

煮茧的方式大致分为两种，一为热釜，一为冷盆，虽分冷热，但均需不断烧柴加热，前者缫出的为火丝，后者缫出的称水丝。大致火丝质量较一般，但生产效率较高；而水丝质量较好，可缫治速度较慢。煮茧所用之炉灶亦较为考究，既要考虑便于排烟与提高热量利用效率，还要考虑煮茧效果。关于煮茧的详细过程及炉灶建构、薪柴使用与火候控制方法，《士农必用》中亦有详细记载，此处不赘。[2]

关于热釜与冷盆的缫丝过程，王祯也分别有诗进行了描述，关于前者，他称："蚕家热釜趁缫忙，火候长存蟹眼汤。多茧不须愁不半，时时频见脱丝軖。"[3]关于后者，他称："瓦盆添水火微然，茧绪抽来细缴全。不似贵家华屋底，空教纤手弄清泉。"[4]

此外，缫车之下也需要放置炭火盆以烘干蚕丝，这样可以保证蚕丝色泽纯白。宋应星指出了用火烘烤之法，称：

丝美之法有六字：一曰"出口干"，即结茧时用炭火烘。一曰"出水干"，则治丝登车时，用炭火四五两盆盛，去车关五寸许。运转如风转时，转转火意照干，是曰出水干也。[5]

清人也指出："又缫车下须用炭火一盆，带缫带烘，丝燥而白。不烘而听其自干，则其色黄。"[6]

可见，缫丝过程中煮茧之外的很多流程也大都需要消耗燃料，但具体消耗情况因人而异，无法进行量化分析。古人亦曾努力尝试减少薪柴的消耗，徐光启即提出一种连冷盆技术，不仅可以提高缫丝效率，也可节省燃料，他称：

愚意，要作连冷盆。釜俱改用砂锅或铜锅；比铁斧，丝必光亮。以一锅专煮

---

1 上述论述主要参考了赵承泽 主编：《中国科学技术史・纺织卷》，第155-156页。关于丝胶的化学结构、性能及应用，可参看陈华、朱良均等：《蚕丝丝胶蛋白的结构、性能及利用》，《功能高分子学报》2001年第3期。

2 参见（元）大司农司 编：《农桑辑要》卷四缫丝条。

3（元）王祯：《王祯农书》卷二〇《农器图谱十六・蚕缫门・热釜》。

4（元）王祯：《王祯农书》卷二〇《农器图谱十六・蚕缫门・冷盆》。

5（明）宋应星《天工开物》卷上《乃服第二・治丝》，明崇祯涂伯聚刻本。

6（清）刘清藜《蚕桑备要》第四篇《缫丝脚踏车法》，清光绪刻本。

汤，供丝头。釜二具，串盆二具，缫车二乘；五人共作。一锅二釜，共一灶门。火烟入于卧突，以热串盆。一人执爨，以供二釜二盆之水。为沟以泻之，为门以启闭之。二人直釜，专打丝头。二人直盆主缫。即五人一灶，可缫茧三十斤，胜于二人一车一灶缫丝十斤也。是五人当六人之功，一灶当三灶之薪矣。[1]

宋应星称："凡供治丝薪，取极燥无烟湿者，则宝色不损。"[2]清人卫杰也指出，缫丝过程中应尽量使用干柴或木炭以减少烟气，因为丝一旦遭烟熏，色泽会变得比较黯淡。烧火过程中应掌控火候，不可过大过小[3]。赵孟頫有诗形象地描述了女子缫丝过程及蚕桑丝织对家庭生计的重要性，摘引如下：

釜下烧桑柴，取茧投釜中。纤纤女儿手，抽丝疾如风。田家五六月，绿树阴相蒙。但闻缫车响，远接村西东。旬日可经绢，弗忧杼柚空。妇人能蚕桑，家道当不穷。更望时雨足，二麦亦稍丰。沽酒及时饮，醉倒姑与翁。[4]

则缫丝过程中使用桑柴的情形当颇多。宋应星指出，蚕畏恶臭与极香，不少燃料不能在蚕室中使用，其论述如下：

凡蚕畏香，复畏臭。若焚骨灰、淘毛圊者，顺风吹来，多致触死。隔壁煎鲍鱼、宿脂，亦或触死。灶烧煤炭，炉爇沉、檀，亦触死。懒妇便器摇动气侵，亦有损伤。[5]

清人对不同种类柴薪的评定为中桑柴只排第二，称："以栗柴为最好，桑柴次之，杂柴又次之，切不可用香樟，香樟会损坏丝质。"[6]又指出松柴亦不可用，"又煮茧不宜烧松柴，因松有烟煤，丝染其气，色不明亮，尤不可不讲也。"[7]

4．练漂与染色过程中消耗的燃料

缫丝结束以后，虽然大部分丝胶已经被去除，但得到的是丝腔内含丝胶较多的生丝，还需要用碱剂练漂才能获得真正适合纺织染色的熟丝。古人所用之碱性

1（明）徐光启：《农政全书》卷三一《蚕桑》，明崇祯平露堂刻本。

2（明）宋应星《天工开物》卷上《乃服第二·治丝》。

3（清）卫杰《蚕桑萃编》卷四，中华书局1956年版。

4（明）曹学佺：《石仓历代诗选》卷二三五《元诗五·题耕织图二十四首·织·六月》，四库全书本。

5（明）宋应星《天工开物》卷上《乃服第二·养忌》。

6 转引自赵承泽 主编：《中国科学技术史·纺织卷》，第157页。

7（清）刘清藜《蚕桑备要》第四篇缫丝脚踏车法。

物质多为草木灰，据《考工记》载："湅丝，以涚水沤其丝，七日。"涚水实即为灰水。

古代练漂生丝时所消耗的草木灰量是很可观的，早在先秦时代即设置了相关官员，《周礼·地官·掌炭》载："掌灰物炭物之徵令，以时入之，以权量受之，以共邦之用。凡炭灰之事。"郑玄注称："灰炭皆山泽之农所出也，灰给浣练。"可见草木灰需要向民众大规模征发。

值得注意的是，炊爨之余的草木灰并不能满足需要，练漂所用的灰大都是专门生产出来的。《礼记·月令》称仲夏之月"令民毋艾蓝以染，毋烧灰"。《淮南子·本经训》称："燎木以为炭，燔草而为灰。"贾思勰亦称："四月。茧既入簇，趋缲，剖绵；具机杼，敬经络。草茂，可烧灰。"[1]这样专门的烧草为灰，消耗掉的燃料数量极为可观，而燃烧过程中释放的热量大都白白散失掉了。

染色过程中也往往需要消耗一定的燃料，因为多数染色过程需要在温度较高的热水中来完成。如贾思勰就记载了一种染黄颜色的方法：

河东染御黄法：碓捣地黄根令熟，灰汁和之，搅令匀，搦取汁，别器盛。更捣滓，使极熟，又以灰汁和之，如薄粥，泻入不渝釜中，煮生绢。数回转使匀，举看有盛水袋子，便是绢熟。抒出，著盆中，寻绎舒张。少时，捩出，净振去滓。晒极乾。以别绢滤白淳汁，和热抒出，更就盆染之，急舒展令匀。汁冷，捩出，曝乾，则成矣。治釜不渝法，在"醴酪"条中。大率三升地黄，染得一匹御黄。地黄多则好。柞柴、桑薪、蒿灰等物，皆得用之。[2]

这一染色过程，需要加热煮水，需要用掉不少草木灰，所消耗的燃料数量颇为可观。

染蓝有生染、熟染两种方法，熟染需要用草木灰进行处理，还需加热水。用茜草染红，大都需要在50～60℃的温水中进行。紫草染色时，则要在染液中加入椿木灰煎煮。苏木染红色时，需将苏木入水煎煮，加明矾、倍子等化学物品。黄蘖、槐花皆需煎水温染。栀子则需要入水煮沸，温凉后用来染色。其余诸多染色物质大都需要用热水，不再一一尽举[3]。

1（东魏）贾思勰：《齐民要术》卷三《杂说第三十》，四部丛刊景明钞本。

2（东魏）贾思勰：《齐民要术》卷三《杂说第三十》。

3 参看赵承泽 主编：《中国科学技术史·纺织卷》，第272-283页。

要之，蚕桑丝织业几乎所有的流程都需要消耗较多燃料，就传统时代的能源格局与技术支撑能力来看，这显然是一个高耗能的生产行业。

三、燃料危机与近世蚕桑丝织业的没落

先秦以来，华北地区燃料紧张状况不断加剧，至宋而出现燃料危机，金元继续发展，至明而极。在燃料极为紧张的情况下，民众生活用柴的供应已然十分艰难，为了获取足够的薪柴，人们不得不走更远的路、耗费更多的时间与精力来获取薪柴。人们又采取了饮鸩止渴式的解决办法，那就是大量采伐经济意义十分重要的桑树来用作薪柴，这给丝织业的稳定发展造成了极大的打击。

史念海与邹逸麟都指出，宋金元时期，少数民族入侵，大肆砍伐桑树，为蚕桑业衰落重要原因。如辽人攻宋，“沿途民居、园囿、桑柘，必夷伐焚荡……御寨及诸营垒，唯用桑、柘、梨、栗。军退，纵火焚之”[1]。而金代猛安谋克户亦多砍伐桑树，“世宗大定五年十二月，上以京畿两猛安民户不自耕垦，及伐桑枣为薪鬻之，命大兴少尹完颜让巡察。”[2]其实，此种情形不能单独从异族摧残北方经济的角度去考量。辽人以桑柘等经济林木来御寒及构筑营垒，不是因为他们惟独喜好这些树木，实因燃料危机背景之下，平原地区的其他树种已几乎被民众采伐一空，具有经济价值的林木相对保存较多，较容易获取。金代猛安谋克户把桑枣当作薪柴来贩卖，正说明其时薪柴紧缺，此种行为有利可图。若非有广大受众，此种情形断难出现。

伐桑枣卖柴之事，自唐至宋就已很常见。会昌二年四月唐武宗曾专门下敕书：“劝课种桑，比有敕命，如能增数，每岁申闻。比知并无遵行，恣加翦伐，列于鄽市，卖作薪蒸。自今州县所由，切宜禁断。”[3]五代后晋少帝时陶穀曾提议禁止采伐薪柴，少帝欣然采纳[4]。后汉隐帝时殿中少监胡崧亦曾建议“请禁斫伐桑枣为薪，

1（元）脱脱：《辽史》卷三四《兵卫志上·兵制》，中华书局 1974 年版，第 398-399 页。

2（元）脱脱：《金史》卷四七《食货志二》，第 1044 页。

3（后晋）刘昫：《旧唐书》卷一八上《武宗纪上》，中华书局 1975 年版，第 590 页。又见（宋）李昉：《文苑英华》卷四二三，明刻本。

4（宋）王钦若：《册府元龟》卷七〇《帝王部·务农》，明初刻印本。

城门所由，专加捉搦"，而隐帝从之[1]。至宋代而更为普遍。太祖建隆三年就有"禁民伐桑枣为薪"之诏[2]，而相关惩处力度非常大，"民伐桑枣为薪者罪之：剥桑三工以上，为首者死，从者流三千里。不满三工者减死配役，从者徒三年"[3]，至仁宗朝仍有人提及宋初之措施，称"祖宗时重盗剥桑柘之禁，枯者以尺计，积四十二尺为一功，三功以上抵死"[4]。尽管量刑很重，但情况却继续恶化，军队公然"辄入村落伐桑枣为薪"[5]，北宋中后期更是有人"岁伐桑、枣鬻而为薪"[6]。故庄绰亦感叹道："河朔、山东养蚕之利，逾于稼穑。村人寒月盗伐桑枝以为柴薪，为害甚大。"[7]

所以，不唯少数民族摧残桑林，汉人亦摧残不遗余力，此种情形实是燃料危机使然。随着人口压力的加大，燃料紧张状况一直难以缓解，人们想尽一切办法来获取薪柴，平原地区的林木日趋稀少，砍伐掉的桑树很难得以恢复，这就彻底撼动了丝织业恢复和进一步发展的根基。

又由前文的分析可知，丝织业的整个生产流程中却需要消耗大量的燃料，蚕自孵出至化蛾的整个过程中都需要采取保暖措施，而缫丝至练漂、染色也要耗费柴炭。在人本身的烹饪、取暖用柴都得不到保障的情况下，逐步排挤掉高能耗产业或许就是最理性的抉择了。随着华北地区燃料危机的深入发展，可投入到烹饪与取暖之外其他用途的燃料越来越少，经受战乱摧残的丝织业的恢复已然很难，进一步发展就更加力不从心了。正是由于燃料危机的掣肘，南方蚕桑技术迅速发展的情形下，华北地区才未能引进先进技术以提振蚕桑业。

此外，笔者认为气候严寒对蚕桑业有极为重要的影响，但并非是由桑叶产量变化所引起，黄世瑞据此立论，虽极具创意，但未触及到真正的关节点，无怪乎遭到了邹逸麟的有力批驳。实际情况是，气候寒冷对桑叶产量与蚕的生长而言还不是大问题，可养蚕与缫织过程中的燃料消耗量增加对华北地区而言却是不可承

1（宋）薛居正：《旧五代史》卷一一〇《汉书·隐帝纪上》，中华书局1976年版，第1343页。

2（宋）李焘：《续资治通鉴长编》卷三建隆三年九月丙子，四库全书本。

3（元）脱脱：《宋史》卷一七三《食货志上一》，中华书局1977年版，第4157页。

4（宋）李焘：《续资治通鉴长编》卷一一〇天圣九年三月乙巳。

5（宋）李焘：《续资治通鉴长编》卷五八景德元年十二月辛卯。

6（宋）李焘：《续资治通鉴长编》卷一四三庆历三年九月丁卯范仲淹语。

7（宋）庄绰：《鸡肋编》卷上，四库全书本。

受的重担。关于近世华北地区的气候变化状况，诸家观点有一些分歧，但多数人还是赞同12世纪以降气候偏冷的观点的[1]。据竺可桢研究，南宋4月的温度要比现在低1～2℃，而17世纪中叶大运河的冰冻时期曾达107天，要比20世纪中叶长51天之久。虽然，两个时间点相距数百年，但宋明间冬季寒冷且漫长的态势还是可以大致看出来的，这意味着冬季取暖时间变长，而取暖用柴量也大大增加。相应地，养蚕过程中所需消耗的燃料数量自然也大大增加。人类取暖与桑蚕取暖的燃料需求同时增加，华北地区的燃料局面更为艰难，鱼与熊掌难以兼得，舍弃蚕桑业而优先考虑人自身的需求也就是最明智的选择了。

棉花的输入与推广，确实是蚕桑业没落的重要原因，前辈学者亦多有论说[2]。棉花种植与纺织较之于蚕桑有其独特优点，王祯有较全面之概括，他指出：

比之桑蚕，无采养之劳，有必收之效，埒之枲苎，免绩缉之工，得御寒之益，可谓不麻而布，不茧而絮。虽曰南产，言其适用，则北方多寒，或茧纩不足而裘褐之费，此最省便。[3]

其中也提到了棉花作为衣物填充材料应对寒冷气候的独特优势，实则棉花的节省燃料的意义也很重要。从棉花的种植到纺织，整个生产流程中几乎不用任何燃料，这显然与蚕桑业大量消耗燃料有着天壤之别。而种植棉花，不需留出大量的空地种植桑树，更不需限制桑树用作薪柴，这也有助于扩大人们的薪柴来源，一定程度上缓解燃料供应的紧张程度。

宋以后，随着燃料危机的加重，我国出现了燃料的更新换代，煤开始大量使用。可是，煤的使用却为何没有挽救蚕桑业的没落？窃以为，古代的煤炭提纯技术并不发达，使用的煤炭中所含杂质较多，特别是硫的含量较大，这直接制约了其在丝织业生产中的运用。

---

1 参见竺可桢：《中国近五千年来气候变迁的初步研究》，《中国科学》（A辑）1973年第2期；刘昭民：《中国历史上气候之变迁》，台湾商务印书馆民国八十一年（1992）版等。满志敏则对十三世纪寒冷有不同意见，他认为其时偏暖，比现在还要高1.4℃，参见满志敏、张修桂：《中国东部十三世纪温暖期自然带的推移》，《复旦学报》（社会科学版）1990年第5期；满志敏：《中国历史时期气候变化研究》，山东教育出版社2009年版。

2 严中平：《中国棉纺织史稿》，科学出版社1955年版；漆侠：《宋代植棉考》，载《求实集》，天津人民出版社1982年版；赵冈、陈钟毅：《中国棉纺织史》，中国农业出版社1997年版；史学通、周谦：《元代的植棉与纺织及其历史地位》，《文史哲》1983年第1期等。余不尽举。

3（元）王祯：《王祯农书》卷二一《木棉序》。

据学者研究，我国的煤炭中，含硫量差别较大，从 0.1%到 8%乃至更高，其中大于 2%的高硫煤约占 30%。不同地区煤中硫分也有很大差别，这与成煤时的沉积环境有密切关系，大致是海陆交替相沉积的煤含硫量较高，而陆相沉积的较低。在煤中硫的存在形式有四种，一为硫酸盐硫，二为硫铁矿硫，三为有机硫，四为元素硫，后三种均为可燃硫，燃烧时产生二氧化硫。我国高硫煤中硫的组分除少数小型矿区以有机硫为主外，其他绝大多数矿区均以硫铁矿硫为主[1]。可以想见大多数情况下燃烧过程中产生的含硫气体特别是二氧化硫量是相当可观的。

但是，硫也是植物体中重要的组成元素，我们还需证明薪柴中硫含量远低于煤炭。据植物生理学方面的研究，不同植物体中含硫量差别是较大的，同一植物不同个体间以及同一个体的不同部位间也有较显著的不同。但整体而言，硫元素重量占植物干重的比例约为 0.1%，这是多种植物的平均值。而干物质是通过烘烤，使酶钝化并烘干新鲜植物的水分而获取的，干重占鲜重的 5%～90%[2]。日常所用的薪柴虽也会通过曝晒、风干等方法而去除大部分水分，但一般不会经过烘烤而变成真正意义上的干物质再焚烧的，所以其含水量仍很可观，故而实际草木薪柴中硫的含量还应比 0.1%这一测量值小得多。故而燃烧过程中，薪柴所产生的二氧化硫的数量在多数情况下远不如煤炭多。

煤炭中含有大量的硫，而古代又没有脱硫技术，这就严重制约了煤在丝织业中的应用。前引诸多农书中都强调，蚕对于气味较为敏感，气味浓烈的薪柴都会使得蚕大量死亡，更不用说硫燃烧后释放出来的有毒气体的刺鼻气味了。此外，缫丝过程中若有大量二氧化硫，丝的质地与品相也会受到较大的影响。故而，煤的大量使用，没能挽救华北丝织业走向没落的命运。

综上所述，燃料危机的深化发展，是金元以降华北地区丝织业由繁荣到萧条的重要原因之一。在近世华北地区纺织格局的变化中，在由以丝织业为主转向棉纺业为主的发展历程中，燃料的供应状况显然是不能忽视的推动因素。

---

1 参见李瑞：《中国煤中硫的分布》，《洁净煤技术》1998 年第 1 期。朱之培、高晋生：《煤化学》，上海科学技术出版社 1984 年版，第 61-66 页；郭崇涛：《煤化学》，化学工业出版社 1992 年版，第 41-43 页。

2 李合生：《现代植物生理学》，高等教育出版社 2006 年版，第 72、76 页。

古代华北役畜饲养结构变化新考[1]

赵九洲　宋　倩

摘　要：在历史的早期，华北地区大型役畜饲养规模较大。自宋以后，役畜饲养发生了重大变化，整体的饲养规模急剧缩减，同时饲养结构发生了明显的变化。马与牛两种主要的大型役畜的数量不断减少，而小型役畜驴的数量则大幅度增加。役畜的精饲料与熟水制备过程中要消耗大量的燃料，而其粗饲料则本身即可用作燃料。与大型役畜相比，驴的饲料需求量较少，相应地直接与间接所造成的燃料压力都比较小。在华北燃料危机深重的背景下，增大驴的饲养规模就成为历史的必然。役畜饲养结构的变化，对华北的社会与生态都产生了深远的影响。

关键词：役畜；结构；饲料；燃料

A New Research about the Change of Draft Animal Feeding Structure in North China

Zhao Jiuzhou　Song Qian

Abstract: Before the Song Dynasty，there were a huge number draft animal in North China area. After the Song Dynasty， the feed of draft animal declined so sharply that the quantity was dramatically cut and Great changes had taken place in the structure. The number of the

---

1 国家社科基金青年项目《古代华北的能源危机与社会生态变迁研究》中期成果之一，项目编号：14CZS035。石家庄学院博士科研启动基金项目。石家庄学院重点学科专门史专项经费支持。
本文所论之华北大致是黄河以北，太行山以东，燕山以南，具体来说包括现代京津冀地区的全部以及河南省和山东两省的黄河以北部分。

horses and cattle was decreasing，while the number of donkeys was greatly increased. The breeding process of draft animal consumes a lot of fuel，and crude feed can also be used as fuel. The donkeys need less feed than the big draught animal，so the fuel pressure which caused by feeding donkey were much smaller too. The fuel crisis was severe in ancient North China，so it was the logical choice that people increased the feeding scale of donkeys. The feeding structure of draught animal was changed greatly，which had a profound impact on the society and the ecosystem of North China.

Key words: Draft animal; Structure; Feed; Fuel

有学者指出，人类生态系统主要可区分为生命支持系统与生命护卫系统两个部分[1]，物质循环与能量流动则为两大系统的主要内容。在传统时代的能源结构中，畜力占有十分重要的地位。利用畜力，与利用水力、热力一样，是人类掌握的重要自然力，是利用智慧突破自身力量的局限来改造世界的主要表征之一。所以，畜力在人类的生活需求与安全保障方面都扮演了极为关键的角色。农事耕作、军队行进、物资运送与信息传递等事项，都离不开畜力。农牧经济的盛衰，军队战斗力的强弱，国家行政管辖效率的高低，畜力的充裕与否都是重要的决定因素。

前辈学者对历史上役畜饲养问题研究已经比较深入，其中谢成侠先生用力最勤，梳理清楚了古代役畜饲养的诸多问题[2]。而其他农史学家研究成果也极为丰富，不过多从整体的畜牧业的角度予以考量[3]。但就华北舍饲役畜问题进行探讨的专门

---

1 王利华：《环境史将给我们带来些什么》，载南开大学中国社会史研究中心 编：《新世纪南开社会史文集》，天津：天津人民出版社，2010。

2 谢氏相关专著有《中国马政史》，南京：陆军兽医学校印刷所，1943；《苏联的养马业》，上海：商务印书馆，1951；《中国的养马业》，上海：永祥书店，1952；《养马学》，南京畜牧兽医图书出版社，1958；《中国养马史》，北京：科学出版社，1959；《中国养牛羊史》，北京：农业出版社，1985。

谢氏相关论文有《中国产马业的回顾与前瞻》，《畜牧兽医月刊》，1944 年第 4 期；《中国马种分类研究的初步报告》，《中央畜牧兽医汇报》1946 年；《中国牛种的起源和进化》，载《科技史文集》第四辑，上海：上海科技出版社，1980；《中国畜牧业简史》，《中国畜牧杂志》1986 年第 6 期。

3 较有代表性的有中国农业遗产研究室：《中国农学史》上册，北京：科学出版社，1959；下册，北京：科学出版社，1984。梁家勉：《中国农业科学技术史稿》，北京：农业出版社，1989。曾雄生：《中国农学史》，福州：福建人民出版社，2008。王利华：《中古时期北方地区畜牧业的变动》，《历史研究》2001 年第 4 期。余不尽举。

论著还不多见，目前所见还是黄宗智与王建革的研究较为突出[1]。

笔者拟在前人研究基础上，从燃料的角度切入，进一步考量华北舍饲役畜结构变化的背后动因。笔者认为，饲养役畜所用的精饲料需要加热处理，消耗的燃料量颇为可观。同时，作为饲料重要组成部分的青草与秸秆，也可用作燃料。随着燃料供应状况的日趋紧张，古代华北地区役畜饲养也受到了深刻的影响。

一、古代华北役畜饲养规模的变化

1．马的饲养规模变化[2]

西周至春秋时期，车战盛行，马车地位很高，养马也备受重视。据《诗经·鄘风·定之方中》，卫文公在卫国亡而复兴之后尚有“騋牝三千”，騋为七尺以上的马，即复国之后的卫尚有成年母马三千匹，其时华北地区的养马规模显然极为巨大。《左传·昭公四年》已有“冀之北土，马之所生”之语，可见华北北部更是被视为重要的产马之地。

魏晋南北朝时期，干戈扰攘，人口锐减，农耕萧条，蒿莱丛生的荒原增多，适于养马的空间重又增大。而掌控华北地区的又多为北方游牧民族，对养马极为重视，华北的养马业重又兴盛了起来。此时期华北在人们心目中为重要的马产地，晋人束晰曾指出：“案古今之语，以为马之所生，实在冀北，大贾牂羊，取之清渤，放豕之歌，起于钜鹿，是其效也。”[3]

北魏时期马匹数量急剧增多，魏孝文帝迁都后，在黄河南北建置了一个规模巨大的马场，西起今河南长垣县，东至今河南沁阳市，此即为河阳牧场，“恒置戎马十万匹，以拟京师军警之备。”[4]这一牧场存续时间较长，至北齐时仍很兴盛。

隋及唐前期国家再度统一，政治军事中心重移至长安、洛阳一线，虽然养马

---

1 黄宗智：《华北的小农经济与社会变迁》，北京：中华书局，1986。王建革：《传统社会末期华北的生态与社会》，北京：生活·读书·新知三联书店，2009。王建革：《役畜与近代华北乡村社会》，《社会科学研究》2006年第2期。

2 关于华北马与牛饲养规模变化的详细情况，笔者将另文探讨，此处只做粗线条的勾勒。

3（唐）房玄龄：《晋书》卷五一《束皙传》，北京：中华书局，1974，第1431页。

4（北齐）魏收：《魏书》卷一一〇《食货志》，北京：中华书局，1974，第2857页。

业极为发达，但主要集中于陇右地区，加之华北农耕经济发展迅速，草场不足，大部分地区的养马业重又衰落，就谢成侠的考证结果来看，唐代的诸牧监竟无一位于华北地区。

北宋统一后，失去了陇右与代北地区的优良马场，不得不在华北内地大力发展养马事业。至景德二年（1005），除都城开封外，各地共设置 14 个监牧，全部位于洛阳以东的北方地区，其中位于华北的占去一大半[1]。金元以降，华北养马业急剧衰落。

至明代而推行官督民牧政策[2]，华北养马业又有一定恢复。据谢成侠考证，明代军马数量颇多，详情见表 1。

表 1　明代军马数量[3]

地区	边镇名	马匹数量	边镇名	马匹数量
华北	蓟州	6 399	密云	13 120
	永平	15 080	昌平	100 000
	保定	4 791	宣府	51 654
	北京	162 642		
非华北	辽东	19 039	大同	51 654
	山西	24 764	延绥	45 940
	宁夏	22 182	固原	32 256
	甘肃	29 969	陕西	23 875
	四川	1 489	贵州	2 382
	广西	825		
			总计	652 715
合计	华北地区合计马匹数量 353 686，占总数的 54.2%			

华北军马之外，再计入官督民牧、寄养、军卫牧养及诸多驿站马匹，则华北地区的官马数量可能多达近 50 万匹。

但数量如此众多的马匹实由定都北京且农耕区与游牧区分立对抗的特殊政治军事态势所促成，这给民生与生态环境都造成了沉重的负担。明代的养马政策给

1（元）脱脱：《宋史》卷一九八《兵志十二》，北京：中华书局，1977，第 4928 页。

2 详细情形参见（明）申时行等：《大明会典》卷一五〇《兵部二十三・马政一》、一五一《兵部二十四・马政二》，《续修四库全书》第 791 册，北京：上海古籍出版社，2011。

3 资料取自谢成侠：《中国养马史》，第 191-192 页。

民众造成了沉重的负担，且所养马匹质量不佳，到明中后期已然很难维持。明代所用之优质马匹，大多还需自少数民族地区买入。

宋明间华北的养马业皆是出于国防需求的国家行为，而民间所养私马则远比前代为少。李根蟠指出，“由于传统牧场的开垦和内地牧养条件的变化，大牲畜饲养业走向衰落……北方民间养马业经过金元各朝的搜刮，受到极大摧残。明代除官马民养外，虽有市马之制，但主要是向辽东和西北少数民族区购买，内地已无大量马匹可市”[1]。

至清代，“清朝统治者为了削弱汉族人民反抗力量，实行禁止内地人民养马和防止蒙古草原马匹流入中原民间的政策，民间养马就更寥寥无几了”[2]。

要之，整体而言，华北的养马业实际上是从宋代开始就衰落了，至明清而极。

2．牛的饲养规模变化

商周时期，华北地区牛的饲养量已非常大，甲骨文关于用牛祭祀的记载非常多，而殷墟的多次考古活动中出土的牛骨量也极为丰富[3]。

殷墟之外，河北邢台、邯郸、磁县、藁城、曲阳、涿州、永年、灵寿、石家庄、内邱等地都发现了商代遗址，其中也多有牛骨出土。[4]牛耕起源甚早，至春秋战国而有进一步发展。据李根蟠考证，河北、河南、山东等地虽出土有若干犁铧，但形制原始，认为对战国牛耕不宜作过高的评价，牛耕真正推广开来是西汉中期以后[5]。

自汉以降，犁耕遂愈发受到人们的重视。东汉应劭在《风俗通义》中即称：“牛乃耕农之本，百姓所仰，为用最大，国家之为强弱也。”[6]元代王祯在剖析农家蓄养动物时虽将马列于第一却只做简单介绍，却细致分析了牛的饲养方法，他指

1 李根蟠：《中国农业史》，台北：文津出版社，民国八十六年（1997），第 302 页。

2 李根蟠：《中国农业史》，第 302 页。

3 中国社会科学院考古研究所：《殷墟的发现与研究》，北京：科学出版社，1994，第 415-416 页。

4 中国社会科学院考古研究所：《新中国的考古发现和研究》，北京：文物出版社，1984，第 235-237 页。

5 李根蟠：《中国农业史》，第 84-85 页。

6（唐）欧阳询 著，汪绍楹校：《艺文类聚》卷八五《百谷部》引《风俗通》，上海：上海古籍出版社，1982，第 1446 页。

出："今农家以牛为本，虽以马为首，略序于此。"[1]可见在传统时代的华北乃至全国，牛的实际经济意义要重于马。历代政府也极力保护耕牛，多有禁止屠杀耕牛的政策。

但是，由于牛在战争中的威力与物资转运方面的效率均远不及马，故而国家对牛的重视程度也远低于马。先秦以降，历代皆有严格的马政，却都几无牛政可言。古代关于马的记载非常丰富，可要探究历代养牛情形却要困难得多，因为相关史料并不充裕。今所能看到的较完备的耕牛数量统计，是关于明代屯田耕牛的记载，洪武二十六年全国共有 255 664 头，其中华北地区有 43 284 头，占总数的 16.93%。[2]

上述只是屯田耕牛情形，民间养牛数量当数十倍于此。由于牛的饲养成本远比马小，而管理又相对简单，故而牛的数量应远大于马的数量，牛的数量当在百万头以上。

从屯田耕牛的变化情形来看，随着时间的推移，耕牛数量呈减少的趋势。就民间养牛情形而言，同样存在这样的变化趋势。

明代"陆孳畜牸蹄角以百计"之家其富庶程度即值得称道了[3]，可见其时能养十几头牛的家庭已经非常少见。徐光启所建议的饲养规模也不过是"小牛三十头，大牸牛三五头"[4]，这还只是设想，其实在明清时期这样的饲养规模也是无法维持的。王建革曾指出饲养 1 头牛，至少需要 15 亩耕地出产的秸秆来维持，[5]这对于小农盛行的华北地区的多数家庭而言，显然是无法实现的。

宋元以后，民间养牛已日趋粗放，王祯曾对元以前的养牛情形与元代做比较，总结了今不如古的变化态势，他指出：

古人有卧牛衣而待旦，则知牛之寒盖有衣矣；饭牛而牛肥，则知牛之馁盖啖以菽粟矣。衣以褐荐，饭以菽粟，古人岂重畜如此哉，以此为衣食之本故而。……

1（元）王祯著，王毓瑚校注：《王祯农书》卷五《蓄养篇第十四》，北京：农业出版社，1963，第 58 页。

2（明）申时行：《大明会典》卷二〇二《工部二十二》，《续修四库全书》第 792 册，第 415 页上至 416 页下。

3（明）王世贞：《弇州山人四部稿》卷八五《粪孺人小传》，台北：伟文图书出版社有限公司，民国六十五年（1976），第 4013 页。

4（明）徐光启著，石声汉校注：《农政全书校注》，上海：上海古籍出版社 1979 年版，第 1140 页。

5 王建革：《传统社会末期华北的生态与社会》，第 169 页。

今夫藁秸不足以充其饥，水浆不足以济其渴。冻之曝之，困之瘠之，役之劳之，又从而鞭箠之，则牛毙者过半矣……利其力而伤其生，乌识其为爱养之道哉！[1]

王祯单纯指责民众不知爱养之道，并未察觉根本原因所在。实际情形是民众对于精心饲养心有余而力不足，在严重的资源危机面前，民众非不为也，是不能也。

3．驴的饲养规模变化

近世以降，役畜饲养方面的显著变化是驴、骡所占比重的上升。

驴、骡非本土起源，自中亚地区输入，在我国的大规模饲养时间比马晚。据学者研究，家驴的最早驯化地是在非洲，时间大约在5 000年以前。到大约4 000年前，新疆一带已开始饲养驴，但内地还极少见，故西周、春秋文献中少见“驴”、“骡”的相关记载。战国、秦汉以降，相关文献记载才多了起来。但多被视为新奇珍贵之物对待，直到汉代其饲养仍不普遍，顾炎武曾梳理大量秦汉史料予以考究[2]。

汉晋间驴的饲养逐渐增多，士人对驴叫声情有独钟者颇多。谢承《后汉书》载：“戴良，字叔鸾。其母喜驴鸣，常学之以娱乐。”更有在丧礼上作驴鸣以示哀悼之情者。[3]

这种奇特现象正说明了其时驴的饲养日渐增多且驴深得人们的喜爱。汉晋时北方地区驴的饲养规模已很可观，《金楼子》载：“汉灵帝养驴数百头，常自骑之，驰驱遍京师。有时驾四驴入市。”[4]而石勒与祖逖在河南对峙时，“以驴千头运粮以馈桃豹，祖逖追击于汴水，尽获之”[5]。

至南北朝隋唐时期，华北地区驴的饲养已经非常普遍。《三国典略》载：“东魏静帝迁都邺，尚书郎以下尽令乘驴。”[6]可见其时华北地区南部驴的数量之多，

1（元）王祯著，王毓瑚校注：《王祯农书》卷五《蓄养篇第十四》，第59页。

2 参见（清）顾炎武著、黄汝成集释、栾保群等校点：《日知录集释》卷二九，上海：国学整理社，1936，第671-672页。

3 上述三条史料引自（宋）李昉：《太平御览》卷九〇一《兽部十三》，北京：中华书局，1960，第3997页。

4（宋）李昉：《太平御览》卷九〇一《兽部十三》，第3998页。

5（唐）房玄龄：《晋书》卷六二《祖逖传》，第1696页。

6 引自（宋）李昉：《太平御览》卷九〇一《兽部十三》，第3997页。

驴已渐不受上层人士重视，不然不可能有这样的举措。唐李贤注《后汉书》引《续汉志》称：“驴者乃服重致远，上下山谷，野人之所用耳，何有帝王君子而骖驾之乎！天意若曰，国且大乱，贤愚倒植，凡执政者皆如驴也。”[1]可见此时驴已为非常普通之物，平民多有饲养。

唐以降，驴的饲养数量进一步增大。杨再指出，“唐宋以后，驴更普遍饲养，数量逐渐超过马匹”[2]。其实驴的数量不仅超过马匹，而且进一步追赶牛的数量，至民国时期局部地区还超过了牛的数量。具体的统计数据古代比较缺乏，也可以民国和建国后的统计数字作为参照，王建革依据日本人的调查资料指出，1933 年河北省有驴 124.9 万头，已经超过了耕牛数量；山东省有驴 220.1 万头，也只比牛少 12 万头[3]。

新中国成立后的统计数字较多，1986 年京津冀三地驴的数量超过马一倍以上，也只比牛少 9.8 万头[4]。

尽管驴的饲养规模在扩大，但其增长幅度也远远赶不上人口增长的幅度。据黄宗智、王建革等人的研究，清代、民国时期华北民众数家合养一头驴以供役使的情形非常普遍，黄氏利用满铁对冀东农村的调查资料指出很多农户只能拥有一头驴的一部分，通常拥有一半或 1/3，甚至有的农户只拥有一头驴的 1/6。[5]此种情形在明代当已然出现。

要之，宋以降华北地区的役畜饲养变化从规模上来说呈现缩减趋势，马与牛的饲养规模为绝对缩减，而驴的饲养则表现为相对缩减；从结构上来说则呈现小型化的趋势，马与牛所占比重不断缩减，而驴的比重则不断攀升。

4．饲养结构变化的原因

驴的饲养数量能够不断增长，是与其特点分不开的。驴性情比较温驯，体型较小，在粗放的饲养管理条件下也能很好生长。耐粗饲，食量小，采食细，对饲

1（刘宋）范晔：《后汉书》卷八《孝灵帝纪》，第 346 页。

2 杨再：《中国养驴史话》，《豫西农专科研汇刊》，1983 年。本部分论述多有参考该文者。

3 王建革：《传统社会末期华北的生态与社会》，第 188 页。

4 中华人民共和国农牧渔部：《中国农牧渔业统计资料（1986）》，北京：农业出版社，1987，第 120-124 页。

5 黄宗智：《华北的小农经济与社会变迁》，第 155 页。

料利用率高，抗病力强，快跑爆发力不强，但慢行耐力极强，适于驮运，也能胜任各种农活。驴对贫瘠环境适应能力特别强，比牛省草，又比马省料，民间有“穷养驴，富养马”的说法，所以在小农经济盛行的华北地区养驴特别适合。[1]

驴、骡的饲料需求量相对于马、牛为少，唐人已有相关记载：

凡象日给藁六围，马、驼、牛各一围，羊十一共一围，（每围以三尺为限也。）蜀马与骡各八分其围，驴四分其围，乳驹、乳犊五共一围；青刍倍之。凡象日给稻、菽各三斗，盐一升；马，粟一斗、盐六勺，乳者倍之；驼及牛之乳者、运者各以斗菽，田牛半之；施盐三合，牛盐二合；羊，粟、菽各升有四合，盐六勺。（象、马、骡、牛、驼饲青草日，粟、豆各减半，盐则恒给；饲禾及青豆者，粟、豆全断。若无青可饲，粟、豆依旧给。其象至冬给羊皮及故毡作衣也。）[2]

则骡的粗饲料需求量是马与牛的 4/5，而驴则是马与牛的 2/5，至于精饲料的需求量差异却语焉不详。黄宗智曾对晚近华北各种牲口的饲料需求量进行分析，他指出，每头马、骡或牛一天消耗约 10 斤“粗饲料”，一头驴约需 5～6 斤粗饲料。在耕畜工作期，每头马、骡或牛一天消耗约需 2 斤“精饲料”，驴子所需为 1 斤。[3]

王建革据满铁资料所进行的估计则略有不同，他认为马的粗饲料需求量要比牛多 1/3，精饲料量则是牛的 5～6 倍；马、骡的粗饲料需求量为每天 15～20 斤，精饲料需求量为每天 1～5 斤，驴为每天 0.5～3 斤[4]。两者的观点虽有较大差异，但驴的饲料消耗量远比马、牛小则是没有疑问的。

那么人们节省饲料的愿望何以在宋以后变得格外强烈呢？笔者以为，燃料危机是极为重要的推动因素，役畜饲养过程中的巨大燃料消耗量以及饲料与燃料的纠葛显然都扮演了重要的角色。

1 该书编写组：《中国马驴品种志》，上海：上海科学技术出版社，1987，第 107 页；杨再：《中国养驴史话》，《豫西农专科研汇刊》，1983 年。

2（唐）李林甫：《唐六典》卷一七《太仆寺》，北京：中华书局，1992，第 484 页。

3 黄宗智：《华北的小农经济与社会变迁》，第 153 页。

4 王建革：《传统社会末期华北的生态与社会》，第 185、188 页。

二、役畜饲养过程中的燃料消耗

1．马匹饲养与燃料消耗

马为奇蹄目动物，其消化系统特点为胃构造简单，盲肠大并呈囊状，故而对低质量粗饲料的适应能力不高，饲养难度远大于牛羊等牲畜。

为了使马保持良好的状态，饲料中有较大比例的精饲料，包括豆类、谷物和糠麸，古人称之为“秣”，俗称为“料”，其中大部分需煮熟再饲喂，据明代《新刻马书》记载，需煮熟喂马之饲料有多种，见表2。

表2 喂马熟料种类[1]

熟料	饲喂方法
大麦	煮半熟，用井花水淘过
黄豆	煮熟用之，生者，作斜。味甘，性温，无毒，生心血，实膄理，厚肠胃，长肌肉，乃为诸料之美业
黑豆	其功与黄豆同
绿豆	熟用，去心火。生用，泄五脏热，解诸毒，大有功
豌豆	味甘，性温，无毒
红豆	味酸，性平凉，无毒
白豆	即今饭豆是也。味酸，性温，无毒
备注	豌豆、红豆、白豆未注明煮熟，但以理度之，当亦煮熟饲喂最理想

饲料之外，饮水中也有较大比例为熟水，特别是在秋冬季节，饮冷水会伤害马的肠胃，需将冷水加热再饮马。而治疗马的各种疾病时，更要大量用到熟水。关于熟水种类，见表3。

1 资料取自（明）杨时乔著，吴学聪校：《新刻马书》，北京：农业出版社，1984年，第23页。

表 3 马饮用之熟水种类[1]

熟水	功用
滚白水	即熟水。味甘，性温，无毒。温肠胃，暖子宫，牝马堕胎者甚嘉
米饮水	即熟米汤也。一沸澄清者，候温用之。味甘，性温，无毒。暖肠胃，化谷、草，和气血，长脂膘。寒疾饮者，甚良。久饮者，多生热疾
籼米茶	用米一升，炒黄色，入水一斗，同煎数沸，以米熟为度，候温饮之。味甘，性温，无毒。健脾胃，进草谷，止泄泻，利膀胱，寒疾饮者开胃
清心糊米水	大米或小米一升，炒枯色，取出，扬去灰尘，用无根水淘三次去其火毒。将锅亦用井花水刷净，仍入水一斗和米，以文火慢煎一沸，取出，去渣，扬去火气，候温饮之。味苦，性凉，无毒。清心，敛肺，泻三焦火，利小水。热暑症饮者，甚良

而制备熟料的过程中，需要消耗大量的燃料。据《大明会典》记载，明代仅御马监一年即需要耗柴 125 万斤，坝上大马房一年耗柴量曾多至每年 75 万斤，嘉靖年间减至 22 万斤，隆庆年间的定额为 91 102 斤。当时的规定为每煮马驼料 1 石，配柴 50 斤[2]。

我国华北常见的马的种类为蒙古马，体重范围在 267～370 千克间，平均体重约为 300 千克[3]。据现代畜牧学研究，马每天进食量约相当于其体重的 1%～3%，最好的饲养方法为精饲料、粗饲料各占一半。即以每匹马 300 千克计，以每天摄食占体重 1%计，则每天进食精饲料 1.5 千克，一年 547.5 千克，合 1095 斤。以前述 1 石亦即 120 斤料豆耗柴 50 斤计算，料豆与薪柴比例为 2.4∶1，则每匹马一年仅所需料豆就要耗柴 456.25 斤。据笔者考证，传统时代每人每年约消耗薪柴 0.4 吨即 800 斤[4]，则养一匹马所消耗薪柴可满足 1 人约半年的生活用薪柴需求。上述

1 资料取自（明）杨时乔著，吴学聪校：《新刻马书》，第 26-27 页。

2（明）申时行等：《大明会典》卷二〇五《工部二十五·柴炭》，《续修四库全书》第 792 册，第 436 页上、436 页下。

3 《中国家畜家禽品种志》编委会该书编写组：《中国马驴品种志》，上海科学技术出版社 1987 年版，第 30 页。

4 许惠民与龚胜生均认为每人每年约消耗燃料 500 公斤（见许惠民：《北宋时期开封的燃料问题——宋代能源问题研究之二》，《云南社会科学》1988 年第 6 期。龚胜生：《唐长安城薪炭供销的初步研究》，《中国历史地理论丛》1991 年第 3 辑；《元明清时期北京城燃料供销系统研究》，《中国历史地理论丛》1995 年第 1 辑）。笔者曾在河北武安做口述史调研时得知，传统时代五口之家平时一个月约烧柴 200 斤，冬季会多一些，全年大约需要 3 000 斤柴，折合每人每年 600 斤，即 0.3 吨。取两个数据的平均值，可得 0.4 吨这一数值。

还只是较低的估测值。

据《唐六典》记载，每匹马冬春季节日给粟 1 斗，夏秋季节减半为 0.5 斗，取其平均值则为每日 0.75 斗[1]。今人研究，唐代 1 斗粟重约 4.2 千克[2]，则平均每天每匹马需供应 3.15 千克，每年需消耗 1 149.75 千克。按前述薪柴消耗比来折算，则需消耗薪柴 479.062 5 千克，约折合 0.479 吨，可满足 1 人一年零两个多月的生活用燃料需求。这是唐代的饲养标准，后世当不如此，故而当是较高的估测值。

据《大明会典》记载，每匹军马每日支用料 3 升[3]。据今人研究，粟的容重约为 1 000 立方厘米重 700 克，将这一值视作所有马料的近似容重，明代 1 升约合公制 1 035 立方厘米[4]，则明代每匹马每日喂料 2.173 5 千克，每年需要 793.327 5 千克，仍按 2.4∶1 折算，则每年需消耗薪柴 330.553 1 千克，约可满足一个人 9.5 个月的燃料需求。

当然，以上都只是简化的估测，并非实际情形。据现代科学分析，役用马每年应食用精饲料 950 千克才能保障最佳状态[5]，以这一值来估测，则煮制精饲料约需耗柴 395.833 千克，约相当于一个人一年的燃料消耗量。唐代的精饲料供应水平还要超过这一值，其时马匹质量胜过后世，自在情理之中。

至于熟水，平时多用于治疗马病，对燃料总的影响有限。但在冬日，正常马匹也会大量饮用熟水。而冬日却正是华北地区燃料供应最为紧张的时期，因为取暖要消耗掉大量薪柴[6]。所以，虽然一年的大部分时候役畜用水并不消耗太多燃料，但寒冷时候的饮用温水还是会在一定程度上加重华北地区燃料的紧张局面。

由以上分析可知，煮制各种饲料与熟水所消耗之燃料数量极为可观。在燃料危机的大背景下，养马给人们带来的燃料压力显然是非常大的。

---

1 参见（唐）李林甫：《唐六典》卷一一《殿中省・尚乘局》，第 331 页；又卷一七《太仆寺》，第 484 页。

2 丘光明、邱隆、杨平：《中国科学技术史・度量衡卷》，北京：科学出版社，2001，第 334 页。

3（明）申时行等：《大明会典》卷三九《户部二十六・行粮马草》，《续修四库全书》第 789 册，第 696 页下。

4 丘光明、邱隆、杨平：《中国科学技术史・度量衡卷》，第 334、411 页。

5 中国技术经济研究会主编：《技术经济手册・农业卷》，沈阳：辽宁人民出版社，1986 年，第 81 页。

6 华北地区的燃料供应紧张呈现明显的季节性，与南方地区显著不同的就是冬季因取暖需求而导致燃料消耗量猛增，相关情形笔者另文探讨，此处不赘。

2．牛的饲养与燃料消耗

上文讨论马的饲养问题时曾论及精饲料煮熟过程要消耗一定燃料，牛的合理饲养方法中粟与豆应占据较大比重，而豆类喂食前同样需要煮熟。此外，在天气寒冷时需要用煮熟的热糜粥来喂牛。这些都需要消耗大量的燃料。王祯即曾指出：

至冬月天气积阴风雪严凛，即宜处之暖燠之地，煮糜粥以啖之。又当预收豆楮之叶舂碎而贮积之，以米泔和剉草、糠麸以饲之。[1]

据《唐六典》记载，哺乳期的母牛或拉车运输用牛每日食豆一斗，耕田用牛给豆半斗，吃青草的时候，上述豆的数量减半，在喂禾草和青豆的时候则无需喂豆，小牛则五头相当于一头大牛的消耗量[2]。据前文分析可知，唐代一斗粟豆约重4.2千克，则大牛每天所消耗的豆料为2.1～4.2千克。

明万历四十四年（1616），王之诰上疏谈论关于辽东开垦荒田八事，内有三事与牛有关，他指出“牛百具，该豆七百五十石，草万束”。[3]据王氏所言，若一具两牛，则平均每只牛每天消耗豆料3.75升。明代1升约合公制1 035立方厘米[4]，则每头牛每日喂料3 881.25立方厘米，豆类的容重仍以前文的每1 000立方厘米700克计算，则每头牛每天需要消耗豆料的重量为2.717千克，以2.4∶1的比率来折算煮豆料所消耗的燃料，则每天需消耗薪柴1.132千克，一年消耗豆料991.705千克，薪柴413.18千克，可满足一个人全年的燃料需求。当然，农闲时供给牛的精饲料会显著减少，薪柴消耗量也会低于农耕时，故而每头牛每年消耗的薪柴数量应在113.2～413.18千克之间。

但上述之“具”实际就是“犋”，意指能拉动一辆车、一张犁、一张耙等的一头或几头牲口，多指两头，但也有可能一具三牛。如《农桑辑要》引《韩氏直说》中即称“牛一具三只”[5]，若如此，则应将豆料与燃料消耗值修改为上述值的2/3，

1（元）王祯 著，王毓瑚 校注：《王祯农书》卷五《蓄养篇第十四》，第59页。

2 参见（唐）李林甫《唐六典》卷一七《太仆寺》，第484页。

3（明）王之诰：《条陈开垦荒田疏》，载《明世宗实录》卷五百四十四嘉靖四十四年三月己酉条，中央研究院历史语言研究所校印本，第8783-8784页。另见（明）陈子龙等《皇明经世文编》卷二百八十七，明崇祯平露堂刻本。又见（明）方孔炤：《全边略记》卷十，明崇祯刻本。

4 丘光明、邱隆、杨平：《中国科学技术史·度量衡卷》，第334、411页。

5（元）大司农司编，缪启愉校释：《元刻农桑辑要校释》卷七《孳畜》，北京：农业出版社，1988，第480页。

即每头牛每天消耗豆料 2.5 升，1.811 千克，薪柴 0.755 千克，每年消耗的薪柴量则在 75.467～275.453 千克之间，大致可满足 1 人 2～8 个月的燃料需求。

据王建革考证，民国时期一头牛可负担 25～35 亩耕地[1]。考虑到王之诰称一具牛一年要耕田 150 亩，或许以一具三牛计平均每牛耕 50 亩较合理。且《韩氏直说》亦称三牛“每日前后晌，约饲草三束，豆料八升”[2]，与上述数据约略相似。

此外还有一具四牛之说，王祯指出，元代“中原皆平旷，旱田陆地，一犁必用两牛、三牛或四牛”[3]，清人王士祯称“今江淮以北，谓牛四头为一具”[4]，可见也颇为常见。不过若以四牛来折算，则所得数值过小，故而还是以三牛计算较为合理。

整个华北地区的数以百万计的耕牛所消耗的燃料数量，当可满足百万以上人口 1 年的燃料需求，数量之大极为惊人。因为耕牛缺少精确的统计数字，就不再过多计算了。

当然，上述计算不一定完全符合实情。精饲料不必全部煮熟，比如大豆在气温不太低的情况下只经生水浸泡后也可供马、牛食用。与马相比，牛更耐粗饲。而且，正如前文所述，随着燃料危机的深入，牛的饲养过程日显粗放，精料投放比例不断下滑，燃料消耗量也明显下降。但这些做法都是以牺牲役畜的体质为代价的。

从精饲料加工过程中的燃料消耗来看，在燃料危机深重的情形下，更多饲养精饲料需求量较小的驴，可以节省大量的燃料，这显然就成了华北民众的理性选择。

三、役畜饲养中的饲料与燃料之争

1．马草与燃料之争

随着燃料危机的演进，平原地区的人们越来越多地把野草与作物秸秆用做燃

1 王建革：《传统社会末期华北的生态与社会》，第 167 页。

2（元）大司农司编，缪启愉校释：《元刻农桑辑要校释》卷七《孳畜》，第 480 页。

3（元）王祯著，王毓瑚校注：《王祯农书》卷五《蓄养篇第十四》，第 23 页。

4（清）王士祯：《池北偶谈》卷二一《谈异二》“十具牛”条，北京：中华书局，1982，第 502 页。

料。而野草与秸秆也常用作马的饲料，燃料与饲料之间遂出现了激烈的竞争。

（1）马草种类

常用作饲料的野草与作物秸秆种类较多，古人称之为刍，一般俗称为草或马草。关于常见的马草，明代《新刻马书》中也有较详细的记载，详情列表如下：

表 4　明代常用作饲料的草与作物秸秆[1]

类别	名称
青草	木樨草、苲草、巴根草、四花草、熟地草、狗尾草、胡麦苗、绿豆苗、大麦苗、小麦苗、稗子苗、生籼稻草、秫黍草
枯草	籼稻草、直头籼稻草、晚稻草、糯稻草、大谷草、糯谷草、谷草、黄豆秸、黑豆秸、绿豆秸

表 4 所录还只是常见的马草，远不是全部，实则随各地生境不同，马的饲料也有极大的差别，相当多的野草可以用作马的饲料。用作饲料的草与秸秆不仅种类极其繁多，而且数量也十分巨大。

（2）马草消耗量分析

唐代喂马，春冬两季日给藁 1 围，秋夏两季日给青刍 1 围，史载“每围以三尺为限也”[2]，则围是一个不太确定的单位，草料长短不一，干藁与青刍的比重因含水量不同而有一定差异，1 围不同草料的重量当也有区别。但考虑到马每日的摄食量，1 围重量当在 10～20 斤之间，与明代的束约略相同。宋代草料单位仍为围，仅京城开封的官马每年即需要消耗草 666 000 围，麸料 62 400 石[3]，折算成重量，则开封每年所需马草重量当在千万斤以上。

又据史书记载，至道末年（997 年），北宋中央政府的岁收之中，有“刍茭三千余万围，藁二百六十八万余围”，天禧末年（1021），岁收与至道末相比，“刍茭减一千一百万五十余围，藁减一百万余围”。至熙宁十年（1077），赋税征收有较大改革，藁草之类均入杂色，其中夏税杂色二十五项中有茆，秋税杂色二十九项中有藁、茅、茭、草等。是年各项杂色只笼统计算合计数字，夏税杂色“百二十

1 资料取自（明）杨时乔 著，吴学聪 校：《新刻马书》，第 24-25 页。

2 参见（唐）李林甫：《唐六典》卷一一《殿中省・尚乘局》，又卷一七《太仆寺》。

3（元）脱脱：《宋史》卷一九八《兵志十二》，第 4929 页。

五万五千九百九十二斤两石脚筒秤张场条担围束量口”，秋税杂色“一百九十四万四千三百一斤两石口根束领茎条竿只担量”，而草类具体数量不详[1]。就至道二年数量来看，当年全国马草数大约 3 270 万围，以每围 15 斤计，总重量为 4.9 亿斤，折合今制约 5.8 亿斤，数量是非常巨大的，考虑到当时的一大半监牧设在华北，故征发自华北的马草当不在少数，但具体数量已无法查考。

明代记载较为详细，我们可以深入剖析华北的马草征发情况。据记载，明代出征之马每日需草 1 束[2]，每束草重 15 斤[3]。则一匹马一年需要草料 5 475 斤，1 斤合今制 596.82 克，则上述草料相当于公制 3.27 吨。忽略木柴与草柴的差异，仍以每人每年消耗 0.4 吨草柴计，则每匹马消耗的草料可以满足 8 人一年的燃料需求，数量颇为惊人。据前文之估测，明代华北地区官马数量可能将近 50 万匹，据此估算则一年消耗掉的草料即相当于 400 万人一年的燃料需求量，亦即相当于明后期华北四分之一的人口燃料消耗量。

但上述数据没有考虑春夏季节补充青草的数量。据现代科学研究，役用马要保持最佳状态，每年需要干草 1 300 千克，秸秆 1 500 千克，青草 4 500 千克[4]。将青草按 2∶1 的比例折算为干草，则全年需干粗饲料量为 5.05 吨，约相当于一人 12.6 年的燃料需求。以明代 50 万匹马折算，则一年消耗掉的草料相当于 631.25 万人一年的燃料需求量。显然，养马加重了华北的燃料紧张局面。

（3）马草征收对燃料格局的影响

明代政府直接从北直、南直、河南、山西、山东、浙江、陕西等诸省征收大量的马草备用，弘治年间与万历年间的征收数额都有较明确的记载。大致情形见表 5。

1（元）马端临：《文献通考》卷四《田赋四・历代田赋之制》，北京：中华书局 1986 年版，第 57 页。另参梁方仲：《中国历代户口、田地、田赋统计》乙编《唐宋元明清田地、田赋概况》，上海：上海人民出版社 1980 年版，第 288-289 页。

2（明）申时行等：《大明会典》卷三九《户部二十六・行粮马草》，《续修四库全书》第 789 册，第 696 页下、697 页下。

3（明）申时行等：《大明会典》卷二五《户部十二・草料》，第 435 页下。

4 中国技术经济研究会主编：《技术经济手册・农业卷》，沈阳：辽宁人民出版社 1986 年版，第 81 页。

表 5　明代各地上交马草情形[1]

区域		分省	弘治十五年数量	万历六年数量
全国	合计（包/束）	—	25 948 280.78	25 813 646.32
	折算（斤）	—	389 224 211.7	387 204 694.8
华北（斤）		北直	131 677 402.5	130 900 198.815
		河南（17.06%）	5 856 006.996 4	5 838 457.763 6
		山东（18.09%）	10 364 251.226 5	10 364 130.39
		合计（明制）	147 897 660.7	147 102 787
		合计（今制）	176 536 563.7	175 587 770.7
		占全国比重	38%	38%
备注		《大明会典》载弘治十五年直隶马草数时末尾多称几分零，笔者一概理解为零点几束。河南、山东依据今日黄河以北部分占全省面积的比例来折算，河南六市占全省的 17.061 078%，山东三市占全省的 18.089 987%。后文对华北若干数据的折算即采用了这两个百分比。北方诸省马草单位为束，南直与浙江单位为包，皆以 15 斤计		

由表 5 可知，每年政府从华北征发的草料就多达今制 1.7 亿斤以上，占全国总征发量的将近四成。每人每年消耗薪柴 800 斤，则弘治十五年华北上供的马草可以满足 220 670 人一年的燃料需求，万历六年的马草也可满足 219 485 人一年的燃料需求。在人口仍在快速增长且燃料资源日趋匮乏的背景下，大量征发马草对燃料局面的影响还是极为深刻的。

（4）草场圈占对燃料格局的影响

华北地区的养马事业对宋明两代都极为重要，政府除在这里征收马草之外，还直接划拨大量土地用作草场，这对农事耕作与薪柴采拾都有极大影响。

关于宋代华北地区的草场情况，包拯曾在一份奏疏中对广平监的情形有详细分析，他指出广平监占地 15 000 顷。淇水监平均每匹马占地数只有广平监的 1/3，若两监牧马数量相同，则淇水监占地当在 5 000 顷左右。包拯还指出 7 500 顷耕地租给民众后可出秆草 556 000 束，以 1 束 15 斤计则相当于宋制 8 340 000 斤，合今制 9 954 957.6 斤，4 977.478 8 吨，平均每顷 0.663 7 吨[2]。这还只是上交之秸秆，

1（明）申时行等：《大明会典》卷二五《户部十二・草料》，第 431 页上至 435 页上。

2（宋）包拯 撰，杨国宜整理：《包拯集编年校补》卷二《请将邢洛州牧马地给与人户依旧耕佃》，合肥：黄山书社，1989，第 111-113 页。

实际产出远远超过这一数字。牧马占地皆为良田，政府封禁以后，民众无法采拾野草，亦无法耕种并获取秸秆，这在“河北难得薪柴”的情形下对民众燃料供应状况的影响显然是至深至巨的。

关于宋代牧马草场占地情形的更详细记载，笔者尚未查到。不过明代的草场有详细记载，华北的官督民养草场情形共有 22 191.716 02 顷[1]。官督民养之外，还有营卫放牧草场，共有 6 336.705 2 顷[2]。

将官督民牧草场与诸营卫草场合计，则总面积为 28 528.421 22 顷。按今人的研究，宋代 1 亩约当于今制 0.9 市亩，明代 1 亩约当于今制 0.921 6 市亩，明代北方粮食产量大约合今制每市亩 300 斤，合每明亩 276.48 斤[3]。按照前述包拯的记载来估算，这些草场若转为耕地，则每年可向政府提供秸秆 19 387.680 4 吨，可满足 48 469 人的燃料需求。因为包拯所述是农民耕种土地后上交国家的秸秆数量，这只占实际出产秸秆量的很小一部分。按前述粮食亩产估算，明代这些草场若全部用作耕地，可产粮食约 788 753 790 市斤。关于作物的秸秆与籽粒比重，今人有较精确的研究，详细情形见表 6。

表 6　若干作物的秸秆与籽粒重量比[4]

种类	比重	种类	比重	种类	比重	种类	比重	种类	比重	种类	比重	种类	比重	种类	比重
稻谷	0.952	小麦	1.280	玉米	1.247	豆类	1.500	薯类	0.500	油料	2.212	棉花	3.136	甘蔗	0.100

1 分府情形参见（明）申时行等：《大明会典》卷一五〇《兵部二十三·马政一》、一五一《兵部二十四·马政二》，《续修四库全书》第 791 册。全国总计 27 849.848 63 顷，华北地区包括北直隶的全部，河南开封、卫辉二府，山东东昌府的全部和济南府的一半，据此折算，则华北地区共有草场地 22 191.716 02 顷，占总数的 79.7%。

2 参见（明）申时行等：《大明会典》卷一五一《兵部三十四·马政二》，《续修四库全书》第 791 册，第 557 页下至 562 页上。

3 吴慧：《中国历代粮食亩产研究》，农业出版社 1985 年版，第 173、236 页。另外可参看余也非：《中国历代粮食平均亩产量考略》，《重庆师范大学学报》（哲学社会科学版）1980 年第 3 期。

4 数据出处：科技部星火计划《农作物秸秆合理利用途径研究报告》，转引自丁文斌、王雅鹏、徐勇：《生物质能源材料——主要农作物秸秆产量潜力分析》，《中国人口·资源与环境》2007 年第 5 期。

考虑到明代华北玉米、甘薯种植面积还很有限，谷类、小麦、豆类是主要的作物，可取较中间的 1.2 一值来估算秸秆产量。则上述明代华北草场种植粮食时可提供秸秆 946 504 548 市斤，折合 473 252.274 吨，相当于 1 183 130 人一年的燃料需求。可见，圈占大量草场对华北地区燃料供应的影响是至深至巨的。

综上所述，在特殊的政治军事形势下，政府不得不在华北地区大量养马，大量野草与作物秸秆用作饲料，这使得华北地区的燃料供应愈发紧张。而燃料危机的深化，又使得华北的饲料资源紧张，燃料与饲料的激烈争夺，使得官方养马业最终走向了衰落。还有必要指出的是，官马并不从事农业生产，在官马盛行与草木资源紧张的背景下，民间养马数量微不足道，这就使得实际生产活动中可资利用的畜力大受影响。

2．牛的草料与燃料之争

与马相同，牛的粗饲料也以野草和秸秆为主，这同样对华北的燃料局面产生了深远的影响。

据《唐六典》记载，唐代官牛每日需供应干草或干秸秆一围，若供应青草或未晒干之秸秆则需要两围。即以干饲料计，则每头牛一天消耗的粗饲料与马大致相似。与精饲料呈下降的趋势相同，元明时期牛的粗饲料供应量也发生了一定的变化，《韩氏直说》载元代一具三头耕牛“每日前后晌约饲草三束”，则每头牛每天喂草一束。前引王之诰的奏疏中提到 100 具牛 100 天需草料 10 000 束，则每具牛每天需草料 1 束，1 具 2 头则每头 1/2 束，1 具 3 头则每头 1/3 束，似略显偏低。即以每牛每天 1 束计，则每天需消耗草料 15 斤[1]，这与马的消耗量相近，据前文的计算可知，一年约需草料 3.27 吨，相当于 8 个人 1 年的燃料消耗量。

不过上述估测值可能偏高，王建革依据满铁调查资料指出，民国时期通县小街村 1 头牛每年需要粗饲料 2 920 斤[2]。即以这一数值而言，也相当于 3.7 个人 1 年的燃料消耗量了。

随着时代的推移，人口压力加重，环境状况改变，燃料供应也日趋紧张，燃料与饲料间的争夺日趋激烈，而牛的养殖也受到较大影响。

1（明）申时行等：《大明会典》卷二五《户部十二 • 草料》，《续修四库全书》第 789 册，第 435 页下。

2 王建革：《传统社会末期华北的生态与社会》，第 169 页。

故而，在燃料危机深重的背景下，增大饲料需求量较小的驴的饲养数量，显然可以在确保必要的畜力供应的同时，大大减少饲料需求对燃料所造成的压力。

还应指出的是，役畜饲养也可以提供一定的燃料，牲畜的粪便就可以直接用作燃料，如《齐民要术》中即多处记载了羊粪、牛粪、马粪被用作燃料，而其他古籍中的相关记载也颇多[1]。但粪便用作燃料远不如用作肥料普遍。即便舍饲役畜的粪便全部用作燃料，其所能释放的热能的大小也远逊于直接利用转化为粪便前的作物秸秆与野草。另外，我们还发现役畜粪便用作肥料可以生产出农作物秸杆，这相当于扩大了燃料来源。但有必要指出的是，秸秆的主要物质与能量成分还是来自空气、水与太阳能。所以，役畜自身也对燃料供应有一定的贡献，但整体而言，其所消耗掉的燃料远远超过其所贡献的燃料。

四、役畜饲养结构变化的社会与生态效应

1．对农业生产的影响

役畜饲养规模与饲养结构的变化，对华北的经济社会产生了深远的影响。大型役畜数量的减少，使得农事生产中人力投入的强度与数量都急剧增加。关于农事中畜力投入与纯人力投入的劳动效率差异，黄宗智与王建革也都曾做过研究。

黄氏研究河北南部与鲁西北小农经济时指出，秋耕不借助畜力每人一天只能耕 1/4 亩，耕深约 4 英寸；一人两牛一天可耕 4.5 到 5 亩，耕深约 5 英寸。用牛在耕作质量上超过人力，在效率上更达到纯人力的 20 倍左右。如果用骡马，耕作效率更高，一天可耕 10 亩，可达纯人力的 40 倍。用驴耕作，效率与质量逊于牛，但也远胜纯人力。[2]

王氏则对农作诸多环节中的人工劳动效率与畜力劳动效率进行了对比，现将他的相关数据列于表 7。

---

1 更多资料参看王星光、柴国生：《中国古代生物质能源的类型和利用略论》，《自然科学史研究》2010 年第 4 期。

2 黄宗智：《华北的小农经济与社会变迁》，中华书局 1986 年版，第 151-152 页。

表 7　人力、畜力农事劳作与食物加工效率对比表[1]

劳作项目	动力	效率	备注
春耕	马或骡	5～6 亩/天	为纯人力的 10 倍以上
	牛	4～5 亩/天	为纯人力的 8 倍以上
	人力	0.5 亩/天	耕深不足
耙地	大牲畜	10 亩/天	为纯人力的 5 倍以上
	人力	1～2 亩/天	容易实施人力，比较盛行
播种	畜力	10～20 亩/天	为纯人力的 2 倍
	人力	5～10 亩/天	相当多的作物只适合用人力
镇压	人力	—	基本不采用畜力
中耕除草	畜力	20～30 亩/天	为纯人力的 10 倍左右
	人力	2～5 亩/天	人力使用较普遍
灌溉	畜力	3 亩/天	拉水车，为纯人力的 3 倍以上
	人力	<1 亩/天	较常用
脱粒	畜力	10～15 亩/天	较多使用
	人力	—	效率较低
制粉	畜力	—	较多使用
	人力	—	效率较低

王建革认为脱粒一般用畜力，而制粉则人力几乎无法替代畜力。其实宋代以后，谷物的加工方面纯人力投入的现象也极为常见，如王祯指出元代用以去除谷壳的砻磨即“或人或畜转之”[2]。直到 20 世纪 80 年代，华北地区的民众仍间或有人工推碾子磨面的现象[3]，此种行为显然是宋元以降就开始常见了。

此外，大型役畜马、牛逐渐为小型役畜驴所取代，也在一定程度上影响了农事活动。黄宗智依据满铁调查资料指出，劳作时一匹成年的马或骡等于两头驴，一头成年牛等于 1.5 头驴[4]。这意味着从事相同的农事活动，用驴的劳动效率更低。不仅如此，劳动的质量亦有所下降。齐如山指出，用两匹骡马拉犁，可以翻土四五寸深；可用两头驴拉犁，翻土深度就只有三寸，再深驴就拉不动了[5]。

1 相关数字参见王建革：《传统社会末期华北的生态与社会》，第 192-193 页。

2（元）王祯 著，王毓瑚 校注：《王祯农书》卷一六《农器图谱九・杵臼门》。

3 笔者幼年即曾亲眼目睹过家乡人工推磨的情景。村子位于太行山东麓，村中役畜数量不多，每逢年关，家家户户争着磨面，骡驴与碾子都要排号使用。实在排不上的人，只好人工推碾，非常辛苦。

4 黄宗智：《华北的小农经济与社会变迁》，第 149 页。

5 齐如山：《华北的农村》，辽宁教育出版社 2007 年版，第 16 页。

而宋元以降粮食加工过程中，也主要用驴，王祯所列诸加工工具中有名驴砻者，而所绘制的关于驴砻、石碾、辊碾、磨等器物的诸多图画中，役使牲畜形貌都为体小而耳长，显然皆为驴，相对于马骡而言，驴的工作效率显然也要小得多，这一特点在明刻本与四库全书本中均很明显，徐光启《农政全书》中所绘役畜形貌亦与此大致相同。

燃料危机的影响下，华北地区的畜力资源渐趋贫乏，从而导致了更全面的能源危机。

2．燃料、饲料角逐及对林德曼效率的新认识

20 世纪 40 年代，美国生态学家林德曼通过对淡水湖泊生态系统的能量流动的研究指出，生物量从绿色植物向食草动物、食肉动物等按食物链的顺序在不同营养级上转移时，有稳定的数量级比例关系，通常后一级生物量只等于或者小于前一级生物量的 1/10。学界把生态系统中不同营养级的生物之间存在的这种必然的定量关系称为林德曼效率，也叫林德曼效应或“十分之一定律”。但后来的研究证明，林德曼效率的值不一定是 1/10，还有可能更高一些。特定情况下其值可达到 30%，但一般都处于 20%～25%的范围。这样就意味着，营养级每升高一级，都会有 75%～80%的能量被耗散掉。[1]

生态学的这一观念也受到农学家与历史学者的重视，以之作为分析历史上农耕与畜牧变动的内在机理。王利华即指出人类亦受同一规律的支配，“养活同样的人口，从事畜牧生产需要比从事农耕广袤得多的土地”。[2]王氏进一步估算了每平方公里土地在分别从事农耕与畜牧的情况下所能养活的人口，指出分别为 62.5 人和 6 人，前者为后者的 10 倍[3]。所以，从生态效率的角度来看，在传统时代农耕不断扩张、畜牧不断收缩是有其合理性的。但是，这并不意味着小规模的家畜舍饲也要遭受排挤。

在燃料危机不太严重的情况下，燃料主要是木柴。近世以降，在燃料危机的压力下，秸秆与野草在燃料格局中所占比例越来越高。以田间野草与作物秸秆为

1 参见孙泳儒等：《普通生态学》，高等教育出版社 1993 年版，第 207 页。

2 王利华：《中古华北饮食文化的变迁》，中国社会科学出版社 2000 年版，第 118-119 页。

3 王利华：《中古华北饮食文化的变迁》，第 119-121 页。

主要饲料的家庭饲养业的发展空间因而被严重压缩。

多数动物不能直接以木质为食物，故而以木柴作为主要燃料时，役畜舍饲不会因使用木柴而受到太大的影响。多数农作物的秸秆虽不能作为人类的食物，却可以为家畜所食用。在秸秆大量用作燃料的情形下，役畜饲料供应必然会受到影响。

秸秆用作燃料，只是通过燃烧直接利用热能来加热。而用饲养役畜则可将秸秆所蕴含的化学能转化为机械能，这在古代的能量利用结构中具有十分重要的意义。秸秆大量用作燃料，饲料日趋紧张，使得近世役畜饲养的相对不足，华北的动力资源更为匮乏，能源危机遂愈发严重。

在传统时代，畜牧业的萎缩不只与种植业扩展有关，也与燃料消耗有关。适度的畜牧业发展与种植业间并不存在不可调和的矛盾，人类无法食用的秸秆、杂草等可以作为牲畜的“主粮”，进而生产出人类可以食用的肉和奶。但耕地的扩展压缩了野生林木的生存空间，燃料来源受到影响，于是作物秸秆和杂草在燃料构成中的比重大幅提高，燃料与饲料的争夺是家畜饲养萎缩的重要原因。晚近时代中国的农业结构是种植业扩展和燃料需求增长交互作用下形成的。过分地排挤家畜饲养，能量利用效率将会大大降低。

总之，燃料问题深刻地影响了华北地区的役畜饲养结构并塑造了华北的社会风貌。但是，我们不奉行唯燃料论，燃料不是役畜饲养结构变化的终极决定力量。社会变化是在多种多样的因素共同作用下发生的，认为存在唯一的终极决定因素并强用之来阐释历史，所得出的结论是站不住脚的。我们也不奉行泛燃料论，并非役畜饲养的方方面面都能与燃料联系起来。所有的问题都从燃料的角度切入进行剖析，相关的观点将经不起细致的推敲。但我们也不能过分贬低燃料在役畜饲养中的重要地位。在燃料危机不断深化的大背景下，畜力不足的现象日趋严重，进而演变成了全面的能源危机。近世的华北地区没有实现人力的大量节省，也没有发生农业生产效率的大幅度提高与经济结构的根本变革，燃料与有力焉。

秦汉时期关中平原农耕土壤的利用与改良[1]

杜　娟

摘　要：“塿土”是关中平原现代地表广泛覆盖的农业土壤，也是历史时期土壤资源持续利用与改良的产物。我国古代先民在长期的农业生产实践中积累了大量识土、用土、改土、养土的经验，并被广泛记录于古代农书及有关农业生产的文献中。本文通过对先秦至两汉时期古农书及相关文献中土壤信息的提取和整理，结合现代土壤学的研究成果，分析了秦汉时期关中平原农耕土壤环境及其土壤资源的利用与改良。研究表明，秦汉时期关中平原地表土壤尽管为全国优良的土壤类型，但土壤质地不良，水分、养分供给不足，盐碱化等因素也导致了土壤的适耕性减弱。秦汉时期精耕细作的治土和治田过程使关中平原农耕土壤环境得到极大改善，在土壤质地、结构、水分、养分等方面均有所表现，促使了关中平原自然土壤向农业土壤的迅速转变。

关键词：秦汉时期；关中平原；土壤环境；《氾胜之书》；利用改良

The Utilization and Improvement of the Farming soil in Guanzhong Plain during Qin and Han Periods

Du Juan

Abstract: Loutu soil is modern agricultural soil on the earth’s surface in Guanzhong Plain, and it is the product of agriculture activity. Many experiences and methods such as knowing soil, utilizing soil, improving soil and fertilizing soil were found, and were recorded in

---

1 原文发表于《自然科学史研究》2012 年第 31 卷 1 期。

ancient agricultural books and other literatures. Through searching the literatures, this paper analyse the soil environment and the methods of utilizing and improving soil during Qin and Han periods. The research shows that though soil in Guanzhong Plain is better than in other regions of China in Qin and Han dynasties, some factors such as the undesirable soil texture, the shortage of soil moisture and nutrient and soil salinization had caused the weakening of the workability of soil. In Qin and Han periods, the intensive cultivation effectively improved the soil environment including soil texture, soil structure, soil moisture and soil nutrient, which facilitated the transformation of soil from natural to anthropogenic.

Key words: Qin and Han Periods; Guanzhong Plain; Soil environment; The book of Fanshengzhi; Utilization and improvement

土壤作为农业发展的物质基础，如何合理利用始终贯穿于我国悠久的农业历史中。在几千年的农业生产实践中，我国劳动人民在识土、用土、改土、养土等方面积累了丰富的经验，并被古代农学家总结记载于许多古籍中。有关古代劳动人民土壤耕作的历史演进一直是农史学界关注的问题，并已开展了许多深入的研究[1]。但研究多从理论和方法层面梳理了不同历史时期土壤耕作技术的革新，而对耕作技术的应用与土壤环境变迁的具体关系则研究较少，也缺少古代土壤耕作的区域性研究。关中平原是我国农业发展最早的地区之一，很多先进的农业生产技术于此产生并迅速传播。该区域目前也是我国重要的农业产区，其优良的土壤资源是农业高产的有力保障，现代地表广泛覆盖被群众称为“塿土”的农业土壤，学名为“土垫旱耕人为土”。这种土壤类型正是在自然尘降和人类不断耕作施肥双重作用的影响下，在自然褐土层表面叠加了厚度约≥50 厘米的人为堆垫熟化层，该层具有优良的生产特性，为作物生长提供了良好的土壤环境[2]。但在原始农业向

1 张海芝、杨首乐、马威等：《中国古代土壤耕作理论和技术的历史演进》，《土壤通报》，2006 年第 37 卷 5 期，第 994-998 页；王在德，王爱民：《中国旱地农业耕作技术传统研究》，《古今农业》，1993 年第 2 期，第 1-9 页；郭文韬：《中国古代的农作制与耕作法》，北京：农业出版社，1982 年。

2 朱显谟：《塿土》，北京：农业出版社，1964 年，第 124 页。

传统精耕细作农业转变的秦汉时期，关中平原地表尚无深厚的堆垫熟化层，那时农业耕作的土壤环境如何，人类又是如何利用及改良土壤仍有值得深入研究之处，也为进一步研究不同区域人为土产生的历史过程提供依据。

一、秦汉时期关中平原农耕土壤特征

古时关中平原属雍州，《尚书·禹贡》记载，雍州“厥土惟黄壤，厥田为上上”。雍州东邻冀州与黄河为界，南邻梁州以秦岭为界，其广大地区位于黄土高原，“厥土惟黄壤”是对覆盖于黄土高原黄土的直观描述。“厥田为上上”也说明了黄土是一种优良的土壤资源，对应全国最高的田赋等级。但在黄土高原内部，各地区受气候、地形的影响，土壤类型又存在明显的地区差异。秦汉时期，作为全国政治、经济、文化中心的关中平原，因“膏壤沃野千里”[1]被称为天府之地。那么，秦汉时期关中平原“膏壤”的土壤环境、农业生产特性具体如何呢？

关中平原地貌形态以河流阶地、黄土台塬和山前洪积扇为主。渭河两岸的河流阶地及黄土台塬由于地形平坦，发育较为完整，成为古代关中农业发展的主要区域。由于一级阶地形成时间较晚，其上部仅有全新世两层土壤发育，二级阶地及黄土台塬上则发育有两层以上的古土壤[2]。一般认为，黄土高原南部地区全新世普遍发育了两层土壤，即全新世黄土（L_0）和全新世古土壤（S_0），上部全新世黄土开始发育年代为距今 3000 年左右，正值全新世大暖期结束，下部全新世古土壤发育于距今 8500—3000 年。[3]而秦汉时期农业垦殖也开始于距今 2000 多年，正是全新世古土壤向黄土发育过渡的时期。因此，秦汉时期关中平原平坦阶地及台塬上的农业垦殖大多是以全新世古土壤层为耕作层位。古土壤层黏粒含量高，质地坚硬，具棱柱状结构且大孔隙少，这种土壤质地和结构并不利用土地垦殖和作物生长。

1（汉）司马迁：《史记》，北京：中华书局，1959 年，第 3261 页。

2 赵景波：《淀积理论与黄土高原环境演变》，北京：科学出版社，2002 年，第 5-7 页。

3 施雅风、孔昭宸、王苏民等：《中国全新世大暖期鼎盛阶段的气候与环境》，《中国科学》B 辑，1993 年第 23 卷 8 期，第 865-872 页；赵景波：《关中地区全新世大暖期的土壤与气候变迁》，《地理科学》2003 年第 23 卷 5 期，第 554-559 页。

针对古土壤层质地坚硬、透水性差等特点，古代先民往往通过抢耕，尽可能保证更多的天然降水储存于土壤当中。《吕氏春秋·辨土篇》就曾提到：“凡耕之道，必始于垆，为其寡泽而后（厚）枯，必厚（后）其靹，为其唯厚（后）而及。”[1]《说文》释：“垆，赤刚土也，”实指黏性强的土壤类型，《广雅·释诂》释：“靹，弱也，”代表轻质疏松的土壤。该句是说耕地的道理，开始必定要先耕刚强的垆土，因为它水分少而深厚干枯，必定要后耕轻质疏松的靹土，因为它即使后耕也来得及。《吕氏春秋》为吕不韦集其门客所编著，成书于秦王政八年（公元前239年），当时秦国主要活动范围也位于关中平原，据此可以推断文献中所载“垆土”与“靹土”应为关中地区秦时期的主要农耕土壤类型。至汉代，氾胜之“教田三辅”，在其所著《氾胜之书》中详细记录了汉代整地、耕地的技术与方法，其中也强调“春地气通，可耕坚硬强地黑垆土”。上述文献中“坚硬”、“寡泽”而“厚枯”都符合古土壤层的特点，孔隙度小，黏性强，土壤紧致，不利于水分的流通和存储，往往成为黄土地层中的隔水层。而从靹土的土壤性质来看，质轻而疏松，应属于新近沉积物或发育较弱的黄土层的性质。

在关中平原内部，各地气候没有显著差异，地形则是造成土壤类型差异的主要因素。从全新世古土壤层广泛分布于黄土塬各级塬面及河流阶地上来看，秦汉时期，坚硬的垆土层主要分布于这些区域，而在塬区缓坡或泾渭河谷低阶地上，受地形及河流泥沙泛滥等影响，地表外源物质堆积作用显著增强，造成土壤熟化作用和黏化作用大为减缓，使剖面内全新世古土壤层缺失或发育很弱，粉砂含量高，故而形成质地松散的“靹土”土壤类型。然而，质地过于黏重或疏松均不利于土壤气、热、水、肥的疏通和平衡，大大降低了土壤的适耕性。

除土壤质地影响农业垦殖外，土壤水分与养分也难以满足秦汉时期农业耕作的需要。关中平原虽位于黄土高原最南端，可供利用的农业气候资源均优于黄土

---

1 该句括号中为后人校注时所改文字。孙诒让曾经认为：“此文多伪体，不能尽通。是否是后人校释有所而成，不得而知。”他将此句改为：凡耕之道，必始于垆，为其寡泽而后枯，必厚（后）其靹，为其唯厚（后）而及。夏纬瑛先生校注时认为该句应为：凡耕之道，必始于垆，为其寡泽而后（厚）枯，必厚（后）其靹，为其唯（雖）厚（后）而及。垆土层由于土质致密坚硬，往往不利于水分的下渗和储存，导致土壤内部水分缺失。而古时耕地注重深度要达到湿润的“阴土”层，《吕氏春秋·任地篇》中就曾提到“五耕五耨，必审以尽，其深殖之度，阴土必得，大草不生，又无螟蜮”，就是强调耕地的深度要达到土壤底墒。故垆土层会因为水分少而具有深厚干枯的特征。

高原其他地区，但土壤水分不足仍是限制关中平原农业发展的首要因素。尤其农业灌溉技术尚处于起步阶段的秦汉时期，解决土壤缺水问题就成为农民们最为关切的问题，故古代关中文献中不乏土壤增水保墒措施的记录。此外，“薄田”、“腊田”、“脯田”等也都是土壤肥力不足、结构不良的表现。为此，古代先民不断总结生产经验，通过一系列整地、用地技术改良土壤环境，从土壤质地、结构、水分、养分等多方面提高土壤的适耕性。

二、秦汉时期关中平原农耕土壤的利用与改良

1．土壤质地与结构的改良

关中平原西部气候湿润状况优于东部，且东部地势较低，地下水位较高，渭北平原很多地方古称沮洳之地，限制了农业的发展。因此，关中平原内部的土地开发存在着由西部向东部、高地向低地转移的趋势。当许多地势低平的地带由于盐碱地的存在而难以利用时，关中地区的土地垦殖仍然以黄土塬、黄土丘陵为主。黄土塬及丘陵地带的地形起伏、微地貌差异也会导致上层沉积物来源的多寡及水分聚集程度的差异，进而造成土壤质地的强弱差异。这种质地强弱的差异主要由土壤中粉砂和黏粒含量的比例决定，汉代先民在其耕作体系的建立中，也体会到这种土壤的差异，并用“强土”与“弱土”区分不同的土壤质地。针对土质坚硬的“垆土” 层，采取“强土而弱之”的耕作方法。《氾胜之书》载：“春地气通，可耕坚硬强地黑垆土，辄平摩其块以生草，草生复耕之，天有小雨复耕和之，勿令有块以待时。所谓强土而弱之也。”[1]《说文》释：“摩，研也”，这里为摩平摩碎之意。通过这种“耕—摩—复耕—复摩”的耕作体系将坚硬的土块彻底打碎，形成细小的颗粒，使其质地变得松软。而对质地松散的鞆土，又被称为“轻土”或“弱土”，于“杏始华荣，辄耕轻土弱土。望杏花落，复耕。耕辄蔺之。草生，有雨泽，耕重蔺之。土甚轻者，以牛羊践之。如此则土强。此谓弱土而强之也”[2]。“蔺”通“躏”，有“践踏、碾压”之意，通过“耕—蔺—复耕—重蔺”

---

1 石声汉：《氾胜之书今释》，北京：科学出版社，1956 年，第 4 页。

2 石声汉：《氾胜之书今释》，第 5 页。

的耕作体系，且以“牛羊践之”的方法使土壤变得致密紧实。显然，这种过“强”或过“弱”的土壤都不宜作物生长，人们需要采取“强土而弱之”和“弱土而强之”的方法，改良耕作土壤的质地和结构，这是形成质地均匀的耕作层的基础环节。

土壤质地除了通过直接的治土过程得以改善外，古代的治田技术也显著影响土壤质地的变化。我国古代从原始农业的粗放经营到传统时期的精耕细作，其中一个重要的转变则是由原来的遍地撒种到对耕作地块进行统筹规划。这种农田规划自周代已开始，“《周礼》所谓‘遂人’、‘匠人’之治，夫间有遂，十夫有沟，百夫有洫，千夫有浍，万夫有川；遂注入沟，沟注入洫，洫注入浍，浍注入川。故田亩之水有所归焉，此去水之法也。若夫古之井田，沟洫脉络，布于田野，旱则灌溉，涝则泄去，故说者曰：沟洫之于田野，可决而决，则无水溢之害，可塞而塞，则无旱干之患”。[1]一种好的农业耕作体系或布田方法，对改进土壤透水性，提高土壤含水量，降低地表径流是有直接意义的。《吕氏春秋・任地》也提出“上田弃亩，下田弃甽”[2]的垄作方法，即在易旱的高田要放弃垄台，将作物种植在沟中；而在下湿的低田要放弃沟，将作物种植在垄台上。这正是通过改变微地形的治田方式达到对土壤水分的调节，起到高田蓄水、低田避水的作用。至汉武帝末期赵过任搜粟都尉时，又推行了代田法，更进一步改进土地利用方式，实行“一亩三甽，岁代处”[3]，将作物播于甽中，待出苗后，逐渐将垄台上的土覆于苗根，且每年垄甽互换，这不仅使作物起到抗旱、抗风、抗倒伏的作用，而且有利于土壤肥力的恢复，提高土壤的生产力。

为使得各种土壤类型都能获得丰产，汉代对商代曾出现过的区田法也进行了积极地推广与改进，区田被认为是低于地面的田畦，以此聚集水肥。具体做法为：“以亩为率，令一亩之地，长十八丈，广四丈八尺；当横分十八丈作十五町；町间分十四道，以通人行，道广一尺五寸；町皆广一丈五寸，长四丈八尺。尺直横凿町作沟，沟一尺，深亦一尺。积壤于沟间，相去亦一尺。尝悉以一尺地积壤，不

1（元）王祯、缪启愉、缪桂龙译注：《东鲁王氏农书》，上海：上海古籍出版社，2008年，第68页。

2（战国）吕不韦、高诱注：《吕氏春秋》，上海：上海书店，1986年，第334页。

3（汉）班固：《汉书》，北京：中华书局，1962年，第1138页。

相受，令弘作二尺地以积壤。”[1]并且，根据不同作物吸收热量、水分的不同，间隔种植的距离及种植株数也不尽相同。依此方法，可根据地形地势规划数量、大小不等的地块。这使得开垦丘陵及边坡地带时不仅能够提高农业产值，而且低畦种植也能有效减少水土流失。因此，氾胜之也强调，区田“非必须良田也，诸山陵近邑高危倾阪及丘城上，皆可为区田”，而且区田，“不先治地，便荒地为之”[2]。这也说明，汉代对于“非良田”的耕种或荒地的开发采取了直接建区田的治田方法。且从“汤有旱灾，伊尹作区田，教民粪种，负水浇稼”[3]可看出，当时区田显然是为应对旱灾而作，其目的就在于将地表做成凹于地面的坑，减少地表径流，土壤储蓄雨水的能力就会增强，加之耕翻过的土壤，质地疏松，更增加了土壤的垂直入渗率。

通过土壤质地的改良达到良好的土壤结构是获得高产的重要条件。一种好的土壤结构往往存在大量的团粒结构，促使土壤养分、土壤水分、土壤空气三者的协调统一，达到土壤中水肥气热的平衡，满足作物对水肥等的需要。土壤耕作正是通过外力作用于土壤，改善土壤结构，调整耕作层及地面状况，用以调节土壤水分、空气、温度和养分的平衡，为作物播种、生长提供适宜的土壤环境。我国早在先秦时期，判断土壤的优劣及生产性能已被人们掌握。《周礼》中“万物自生焉则曰土，以人所耕而树艺焉则曰壤”指出了“土”与“壤”的概念。《说文解字》关于“壤”的解释：“壤，柔土也，无块曰壤。”《周礼·地官》郑玄注：“壤，和缓之貌。”显然，人们已经了解土壤的生产特性，并认识到只有人类活动施加于土壤才能形成从“土”到“壤”的结构转变。对于改善土壤结构的方法，汉代氾胜之就提出：“凡耕之本，在于趣时，和土，务粪泽，早锄早获。[4]”“趣时”强调选择最佳的时间下种、耕翻、不误农时。“和土”是使土壤松和，调节土壤的通气及热量状况。“务粪泽”强调水分和养分的重要性。这些土壤耕作的重要原则始终贯穿于农业劳作的各个环节。

汉代十分重视“耕得其时”，充分利用气候和土壤条件，达到适耕的目的。土

---

1 石声汉：《氾胜之书今释》，第 40 页。

2 石声汉：《氾胜之书今释》，第 38 页。

3 石声汉：《氾胜之书今释》，第 38 页。

4 石声汉：《氾胜之书今释》，第 3 页。

壤保持良好的通气状况是土壤水分、养分得以运输、协调的关键。因此下种前，适时而耕就是要保证土壤内部热、气、水、养分间的协调。古时常常提到“地气”，即是指土壤的通气状况。土壤空气是土壤的重要组成部分，它和土壤水分共同存在于土壤孔隙当中。土壤空气主要来源于近地面大气层，其主要成分为 O_2 和 CO_2，但经过土壤微生物呼吸过程和有机质分解过程消耗 O_2 而释放 CO_2，因此土壤中 CO_2 的浓度明显高于大气层。随着温度升高，微生物活动增强，土壤中 CO_2 浓度会更高，导致土体膨松。据观测资料显示，土壤剖面 30 厘米深度范围内 CO_2 和 O_2 的体积分数在冬季分别为 1.2%和 19.4%，而夏季则分别为 2.0%和 19.8%[1]。可以看出，当夏季气温升高，土壤中 CO_2 和 O_2 的体积均有所升高。地气对生物活动具有明显的影响，当土壤通气不良时，微生物活动就会减弱，制约植物根系的生长，阻碍植物根系对水分及养分的吸收。我国汉代耕作过程中曾多次强调：“春冻解，地气始通，土一和解。”“夏至后，天气始暑，阴气始盛，土复解。夏至后九十日，昼夜分，天地气和。以此时耕田，一而当五，名曰膏泽，皆得时功。”[2]土壤经过“春”，“夏至”，“夏至后九十日”的三次复解过程，达到良好的温度及通气状况。不仅如此，汉代还以“春候地气始通，椓橛木长尺二寸，立春后，土块散，土没橛，陈根可拔。此时二十日以后，和气去，即土刚。以时耕，一而当四，和气去耕，四不当一”[3]来判断适耕的时节。

2．土壤水分及养分的调节

土壤水分与土壤空气一同存在于土壤孔隙当中，水分含量多少及存在形式对土壤形成发育、肥力高低、自净能力都有重要影响。土壤水分不仅能够直接供给作物生长，同时随着土壤水分的不断运动，土壤有机质和无机质才能在土壤剖面中不断迁移转化，被植物吸收利用。关中平原属旱作农业区，水分在农业发展中则显得尤为重要，如何提高与保持土壤水分含量也是古代农业生产实践中经验总结最为丰富的。在难以实施灌溉的黄土台塬上，充分利用天然降水是土壤获取水分的唯一方式，因此，耕地的时间往往以伴随雨雪来时及时耕作为宜，“天有小雨

1 李天杰、赵烨、张科利等：《土壤地理学》，北京：高等教育出版社，2004 年，第 67 页。

2 石声汉：《氾胜之书今释》，第 3 页。

3 石声汉：《氾胜之书今释》，第 4 页。

复耕和之"，"有雨泽，耕重蔺之"，"冬雨雪止，辄以蔺之，掩地雪，勿使从风飞去；后雪复蔺之。"这些措施旨在降水少的季节，及时耕地将降水迅速导流收集于土壤内部，不致于形成地表径流而无法利用。当天旱无雨泽时，露水也被提倡充分利用，"当种麦，若天旱无雨泽，则薄责麦种以酢浆并蚕矢，夜半渍，向晨速投之，令与白露俱下"[1]。土壤水分收集后，减少蒸发也是提高土壤含水量的重要步骤。"蔺"，"摩"的耕作环节就有效地防止了土壤深层水分的蒸发，"耕重蔺之"，"麦田七月勿耕，谨摩平以待种时"，当有雨时节，适时耕作，使雨水迅速入渗，掩入地下，同时将大土块摩碎摩平，覆于上部，有效起到"保泽"作用。

可见，关中平原汉代十分重视天然降水的利用，如果利用不好，土壤易枯燥板结，起到"伤田"的效果。秋天无雨时节耕田，"绝土气，土坚垎"，此田称为"腊田"；至盛冬时节耕田，则"泄阴气，土枯燥"，此田称为"脯田"。这两种田均是在少雨季节耕作，结果"二岁不起稼，则二岁休之"[2]。这些耕田原则均是通过充分提高天然降水的利用率来满足农业生产所需的土壤水分，这是汉代所采取的最基本的土壤保水措施。在接近水源地的条件下，灌溉则是更为直接有效的提高土壤含水量的方式。但受水源及地形所限，关中平原大面积的农田并无灌溉之利，仅"区种之田"，才能"天旱常溉之，一百常收百斛"。受技术所限，当时的灌溉用水多采用流水灌溉，如"种芋，宜择肥缓土，近水处……旱则浇之"；种麻时，"天旱，以流水浇之，树五升；无流水，曝井水，杀其寒气以浇之"[3]，这里的流水指引河水或湖水灌溉，应当均在低平的河谷平原区，高地无流水时，则依靠井水灌溉。但文献记载反映仅在种芋、种麻或"区种之田"时述及农业灌溉，流水或井水灌溉可能仅在颇受重视的作物种植时才被采用。

随着大型水利设施的兴修，引水灌溉成为迅速提高土壤含水量及改良土壤的有效方式。郑国渠于始皇元年（前 246 年）开凿，自中山西邸瓠口为渠，并北山，东注洛，三百余里。郑国渠干渠分布在渭北平原二级阶地最高线上，干渠自西向东，利用了关中地形的自然坡降，自流引水灌溉，从而获得尽可能大的灌溉面积。这不仅解决了关中平原旱地土壤缺水的问题，同时"用注填阏之水，溉泻卤之地

1 石声汉：《氾胜之书今释》，第 18 页。

2 石声汉：《氾胜之书今释》，第 8 页。

3 石声汉：《氾胜之书今释》，第 29-30 页。

四万余顷，收皆亩一钟”[1]。郑国渠渠道以南地势低洼，原为泾渭清浊洛诸水汇集区域，古时曾是面积广大的湖泊沼泽之地[2]。在这些地区，由于土壤排水不畅，形成“泻卤之地”，不利于农作物生长。郑国渠建成后，通过浑水灌溉淤高地面，降低地下水位，冲洗土壤中多余的盐碱成分，这种高泥沙含量的河水起到了对盐碱土壤的淤积压盐作用。太始二年（前 95 年），白公在郑国渠以南修建了白渠，渠成后，关中泾阳、三原、高陵一带则受益于“泾水一石，其泥数斗，且溉且粪，长我禾黍”[3]。郑国渠和白渠引水均来自泾水，泾水发源于六盘山东麓，流域内除少量石质山地外，大部分流经厚层黄土区，流域内被侵蚀的表土层含有大量的腐殖质。由此看来，关中东部地区的引河灌溉除增加土壤含水量外，对土壤的增肥及改良作用则更为显著，这为后来关中东部成为京师的主要粮食供给区奠定了良好的基础。

作物生长所需要的营养元素主要来自于土壤，随着作物的收获，土壤肥力会显著降低，及时补充土壤养分是农业持续稳定发展的保障。对土壤进行施肥，商代我国已开始萌芽。至周代还专门有“草人”一职，“草人掌土化之法以物地，相其宜而为之种”。[4]郑玄注曰：“土化之法，化之使美，若汜胜之术也。以物地，占其形色，为之种。”[5]“土化之法”为使土壤肥美，因此，“草人”是专管土壤施肥及肥料的官职。古代最原始的施肥方式就是将枯草直接掩入地下或焚烧荒草后草木灰作为肥料。因此，古时“草人”一职的名称也应与此有关。至汉代，施肥、积肥技术与方法日渐成熟，但当时的肥源以人畜粪便及蚕矢为主。“蚕矢”及“溷中熟粪”是《汜胜之书》中所载的两种主要肥源。《释名·释宫室》解释：“厕或曰溷，言溷浊也。”《汉书·燕刺王刘旦传》记：“厕中群豕出”，注谓“厕，养豕圂也”。同时，“厕”也是人们便溺之地。汉代民居中，很多厕所往往是和猪圈相连，猪圈厕就是汉代极具特色的建筑形式[6]。此种建筑形式的一个主要目的就在于保证人粪、猪粪的集中收集和使用。

1（汉）司马迁：《史记》，北京：中华书局，1959 年，第 1408 页。

2 李令福：《关中水利开发与环境》，北京：人民出版社，2004 年，第 19-20 页。

3（汉）班固：《汉书》，北京：中华书局，1962 年，第 1685 页。

4 崔记维校点：《周礼》，沈阳：辽宁教育出版社，2000 年，第 35 页。

5（北魏）贾思勰：《齐民要术》，北京：人民出版社，1976 年，第 44 页。

6 彭建：《浅谈汉代猪圈厕》，《武汉文博》，2010 年，第 2 期，第 43-49 页。

尽管汉代已注重肥源的收集，但也难满足所有农田的肥粪需要。因此，作“区田”时更注重“区田以粪气为美，非必良田也”。《氾胜之书》中区田法时将区田又分为上、中、下农夫区，在上农夫区，“区中粟二十粒，美粪一升，合土和之”，而在中农夫区和下农夫区的种植中均未提及施肥的环节。并且在禾、黍、麦、稻、稗等大田作物的种植过程中也未提及施肥环节，而在区种大豆时提到：“其坎成，取美粪一升，合坎中土搅和，以内坎中……一亩用种二升，用粪十二石八斗”[1]；种枲，“布粪田”；种麻，“树高一尺，以蚕矢粪之，树三升；无蚕矢，以溷中熟粪粪之亦善，树一升”[2]；种瓜，“一科用一石粪，粪与土相合和，令相半”[3]；种瓠，“蚕矢一斗，与土粪合”[4]；种芋，“取区上湿土与粪和之，内区中萁上，令厚尺二寸”[5]。可见，汉代并非所有农作物种植都有肥源保障，更多的土壤仍需休耕或轮作等环节完成肥力的调节与恢复，满足作物生长的需要。对于施肥的方法，多次提到将粪或蚕矢与土相伴，共同施入农田。可见，施用土粪在关中平原自秦汉时期已经相当普遍。直至现代，关中平原农村依然沿袭着“以土和粪”的农业生产方式，这对塿土的自然土层与人为对垫层叠加结构的形成起着至关重要的作用。

三、结语

关中平原历史时期一直是我国典型的农耕区，悠久的农业耕种历史为人们提供衣食之源的同时，也使得地表土壤环境发生了明显的变化。关中平原现代地表覆盖的塿土是一种优良的农耕土壤资源，正是长期的耕作活动改善了原有的农耕土壤环境。研究表明，关中平原大面积农业开垦之前的土壤可耕性远不如现代地表，古时土质过硬的“垆土”和土质过轻的“鞆土”及“沮洳之地”曾广泛覆盖于关中平原，均不利于农业生产。秦汉时期，劳动人民正是通过一系列治土、治

1 石声汉：《氾胜之书今释》，第 48 页。

2 石声汉：《氾胜之书今释》，第 25-27 页。

3 石声汉：《氾胜之书今释》，第 49 页。

4 石声汉：《氾胜之书今释》，第 27 页。

5 石声汉：《氾胜之书今释》，第 52 页。

田过程改善这一土壤环境，始终贯穿于生产过程的“趣时”、“和土”、“务粪泽”的耕田原则是改良土壤、提高土地生产力的有效方式，也是古代土壤耕作层形成初期的重要影响因素。同时，“以土和粪”的施肥方式自秦汉时期已广为应用，这是导致塿土剖面人为堆垫层持续堆积增厚的重要影响因素。随着耕作制度的变化，耕作方式的进一步优化必然促进了地表土壤环境的人为化趋势，这也是研究历史时期土壤环境变化应进一步努力的方向。

天无绝人之路：陇西高原砂田作业的微观调查
——兼及《魏书·张骏传》“治石田”事迹[1]

侯甬坚

摘　要：国内有关甘肃陇西高原砂田起源的探讨，一直停留在明清时期有关材料的分析和推测上（其中以农史学者所持起源于明代中叶观点最有价值），本文使用《魏书·张骏传》所记“治石田”史料，结合对甘肃省皋兰县忠和镇野马沟村砂田作业调查形成的经验分析认为，公元4世纪前凉张骏在境内推广的“治石田”事迹，不仅为目前所知甘肃省最早而可靠的砂田历史资料，而且在农业科学技术史和环境史研究领域具有“变川道瘠土为良田”的典型意义，对于长期流传下来的民间砂田作业，可以从其分布地域的海拔高度、年际温度、降雨量和蒸发量所造成的干旱程度上，揭示出特定时空条件下人力适应自然条件的把握量度。

关键词：陇西高原；铺砂造田；前凉石田；皋兰县野马沟村调查；砂田作业

There always be a Way：Detailed Investigation of the Agricultural Practice on the Pebble-mulched Fields of the Longxi Plateau—The “construction of the stone field” tale from *Zhang Jun's Biography of “History of Wei”*

Hou Yongjian

Abstract: There have been many discussions about when did the pebble-mulched fields emerge for the first time on the Longxi Plateau（western part of Gansu Province）. These

---

1 原载戴建兵主编：《环境史研究》第二辑，天津：天津古籍出版社，2013年，第20-43页。

discussions were mainly on the basis of records from Ming and Qing dynasties. The scholars of Agricultural History provided valuable view points about this issue. The author of this article paid attention to the "construction of the stone field" record from History of Wei（Zhang Jun's Biography），and suggest that this is the first reliable record of the pebble-mulched fields(about 4th century AD in the former Liang Kingdom). The degree of drought on the Longxi Plateau is mainly related to the altitude，interannual temperature，rainfall and evaporation amounts. The pebble-mulched fields can partly solve the problem of drought. So this record is important for the Agricultural Technology History and Environmental History research area. Farther more，the author had been to Gansu Province to do some field investigations，in the Wild Horse Village of Zhong-he Town in Gaolan County.

Key words: Longxi Plateau; Spreading pebble for construct farm field; “stone field” of the former Liang Kingdom; Investigations in the Wild Horse Village of Gaolan County; Agricultural practice on the pebble-mulched fields

按照我国多种系统古农书所列纲目（如“田制”）、所记入的内容，涉及到不少田地类型，较为著名的有圃田、围田、架田、柜田、梯田、涂田、沙田[1]，却不涉及砂田。农业科学各专业有关砂田的研究，大多是以现状条件下的调查和实验研究为主，目的是了解西北甘宁青各地砂田特点，为挖掘砂田的生产潜力奠定基础，直接为农业生产服务。我们关心的则是砂田的形成历史和条件，尤其是当地民众在砂田的形成过程中，是如何熟悉和适应当地的自然特点，逐步发明了这样一种巧妙地适应当地的水热条件，在庄稼生长不理想的土地上一再进行摸索，创造的独特的田地类型；进而获得农业收成，部分解决了食物来源的问题，得以在水资源有限的土地上建立自己的聚落，长期生存并延续下来。从事这样目的的研究所需要的文献资料还不够理想，我们试图结合实地调查来增进有关认识。

1（明）徐光启：《农政全书》卷 5《田制篇》，石声汉校注，西北农学院古农学研究室整理，上海：上海古籍出版社，1979 年，等。

图 1　砂田特写。砂田高出田土面 10 厘米左右，甘肃民间有“砂板”之称

（甘肃省皋兰县忠和镇野马沟村村头，2011 年 10 月 17 日作者拍照）

一、有关砂田起源和形成过程的讨论

为更清楚地反映和表达学术界在这方面已有的认识，我们从人们最熟悉的有关砂田的传说资料开始论述。

1．有关砂田来历的传说

砂田的来历一向都说不准，因此也就有了关于砂田来历的传说。1891 年，时当清朝光绪辛卯年（光绪十七年），29 岁的浙江秀水（今嘉兴市）人陶保廉（1862—1938 年）跟随父亲陶模进京述职后，又走上了陪同父亲去新疆赴任的道路。陶保廉有心之处，就在于边行边记，这一年 10 月 13 日（阴历）的傍晚，他们到得甘肃平番县（今永登县），在“一里西关，住店”。保廉在《辛卯侍行记》书稿里写道：

……（平番）县东南一百四十里，地名秦王川，一名黑川，在新旧边墙之间，接皋兰境。向为硷地，不宜禾稼。嘉庆时，有老农言：硷地下有石头，翻而布之于上，就石隙种麦，丰茂倍他处。盖石子居上，土不受日光，即不成硷，且可留水气也。闻山东莱阳亦有此等地。若戈壁中彻底皆石子，或有沙无土，则

植物难生矣。……[1]

此“硷地”之“硷”，繁体字为鹼、鹼、鹻，有旧同“碱”的解释[2]，实际上就是今日所说的“碱土”。而盐、碱二字，《说文》十二上均有，写作鹽、鹼，皆在“卤目”之列，说明国人对卤类物质认识较早。“嘉庆时有老农言”这个故事，讲清楚了砂田的基本特点，即在“不宜禾稼”的硷地上铺上石头后，在“石隙种麦”，可以得到较好的收成。归纳其原因，是“石子居上，土不受日光，即不成硷”第一条，“且可留水气也”第二条在起作用，意即今日所说砂田具有压碱、保墒之功效，这都是平番县的老农所知晓的。秦王川的砂田的确名不虚传，在以后多有介绍和调查文字问世[3]，当然，也有一些文献并没有述及这个传说。

除此之外，还有一个与田鼠有关的传说，林蒲田在著作里对此有所叙述：

……据当地人传说，在清朝中叶，某年甘肃大旱，赤地千里，田鼠窃麦储粮于洞穴中，在往来行走时，带动砂石，覆盖麦籽上，至次年见麦苗盎然结实累累，经仿效实验和不断改良，发展成为现在的砂田。……[4]

此传说文献来源很有可能与民国时期魏宝珪的论著有关[5]。视其叙述口径，其中明显保存着后人编织的痕迹（所谓田鼠“带动砂石覆盖麦籽上”的说法），显得多不可信。不过，这样的传说方式及其内容，却恰恰是民间的形式和风格，这是最应该让今人关注的地方。那么，这类传说所交代的故事发生时间和地点是否可

---

1 陶保廉：《辛卯侍行记》卷 4（自兰州西北至甘州西北一千有三十六里），刘满点校，兰州：甘肃人民出版社，2002 年，第 251 页。这部文献原刊为光绪丁酉（1897 年）养树山房木刻本。

2 王自强编：《简化字　繁体字　选用字　异体字对照表》（修订本），上海：上海辞书出版社，1999 年，第 25 页，“硷”字；《新华字典》（双色本，第 11 版），北京：商务印书馆，2011 年，第 227 页右栏，“硷”字；等。

3 如杨来胜、席正英、李玲、张显合作的《砂田的发展及其应用研究（综述）》，刊于《甘肃农业》2005 年第 7 期，第 72 页，等。据悉，兰州市北面的永登县秦王川，作为一块地势平坦的高原盆地，已在新一轮的城市化过程中，被确定为兰州新区建设之核心，新区党工委和管委会已经成立，为新区提供水源的“引大（大通河）入秦（秦王川）工程”已开始兴建。

4 林蒲田：《中国古代土壤分类和土地利用》，北京：科学出版社，1996 年，第 112 页。

5 魏宝珪：《甘肃之碱地铺砂》，《中农月刊》1943 年第 4 卷第 2 期。此文叙述文字为秦翰才著《左文襄公在西北》一书所引（长沙：岳麓书社，1984 年，第 242-243 页。原版为重庆的商务印书馆 1945 年版），其中明确说到“砂田之发明，距今不过百余年”，“至清同治时”，左宗棠采用和推广了砂田，以安抚流民。

靠呢？我们认为，故事发生时间和地点相比，一般来说地点似乎要比时间靠谱些，但二者却都有可能在传说过程中有过变动，因为故事是在不同时代流传的，时间和地点很容易会根据口耳相传的人们的需要而发生改动，只有故事内容是最核心、最有实际价值的成分。甚至会有这样的情形，清代人流传的故事完全可能是前代人的发明，由于故事发生的背景在清代再现了，清代人于是把这个故事改编成了清代的事情。

2．农史学者所持砂田起源于明代中叶观点的分析

1982年，西北农业大学农史学者李风岐、张波联名发表《陇中砂田之探讨》一文[1]，提出和论证了这一带砂田起源于明代中叶的观点。他们的集中看法是：

> ……陇中有一种叫“老砂板”的砂田，是因劳力不足，在旧砂田上连续复铺新砂的简便造田方法。皋兰县华皮川有块厚近一米的老砂板，据一位八十多岁的老农回忆，从他记事起，这块地就有“老砂板”之称了。而皋兰县至今还保留着许多一米五以上的老砂板旧迹。从叠砂的厚度和一代砂田衰老的周期来推算，我们认为把砂田看作一二百年内的技术，是站不住脚的，将砂田起始限于三百年的清朝初期，也是估计不足的。再从砂田的生产工具和耕作技术完善的程度看，也颇能说明这一结论。砂田的主要农具是籽耧、耖耧、砂耧。很明显，这是由我国古代耧车改造而成的并极其适应砂田的耕作方式。在古代的历史条件下，砂田从开始发展到使用耧车，并完成这样精妙的改进过程，绝非短期之功。再从《洮沙县志》记载的一整套完备的耕作技术和包括作物布局、轮作休闲在内的砂田耕作制度来看，其成熟程度也说明把砂田看作清朝以来才出现的技术，是偏晚的。

依据皋兰县华皮川“老砂板”厚度、砂田作业中耖楼等配套农具的技术水准等项，判断砂田出现的时间当早于清朝，是很有学术见地的，因此，这篇论文自

---

1 李风岐、张波：《陇中砂田之探讨》，《中国农史》1982年第1期，第33-39页。

发表以来也形成了较大的影响[1]。论述中所及的皋兰县华皮川，应该是今白银市白银区北川镇下属的华皮川村，该村有约 1 米深的“老砂板”，这样的砂田的确是研究砂田的重要地点，只是上面的论述对砂田的表达缺乏“层”的概念，也看不出作者是否自行前往展开过调查活动，不似地理学者的研究，不仅有细致的调查过程，还有很直观而科学的“各种类型的砂田剖面图”展示出来[2]。

3.《魏书·张骏传》“治石田”事迹分析

在现存历史文献中，《魏书》关于前凉政权时期（317—376 年）张骏“治石田”的记载，是公元 4 世纪出现在前凉境内的土地经营活动，与现今的砂田不无关系，很遗憾的是论述甘肃等地砂田的现代人论著[3]，一直没有引用过这部正史文献中的“治石田”史料[4]，我们在下面的引用中只能展开自行分析。

《魏书》卷九九《张骏传》有如下记载：

……（张）骏议治石田，参军索孚谏曰：“凡为治者，动不逆天机，作不破地德。惜后稷之播百谷，不垦磐石；禹决江河，不逆流势。今欲徙石为田，运土殖谷，计所损用，亩盈百石，所收不过三石而已，窃所未安”。（张）骏怒，出（索）孚为伊吾都尉。……以谷帛付民，岁收倍利，利不充者，簿卖田宅[5]。

---

1 辛秀先《论甘肃砂田的形成及其起源》一文（刊于《甘肃农业科技》1993 年第 5 期，第 5-7 页）很不同意砂田起源于明代中叶的观点，颇倾向于甘肃砂田起源于清朝，距今约二三百年的历史，只是文中并未提出新的证据来。

2 李学曾：《兰州西宁间砂田调查报告》，《西北农业科学》1958 年第 2 期，第 98-101 页。文中第 100 页所绘“各种类型的砂田剖面图”。

3 逄振普、王树英：《兰州的砂田》，《生物学通报》1960 年 7 月号，第 301、303 页；李风岐、张波：《陇中砂田之探讨》，《中国农史》1982 年第 1 期，第 33-39 页；高炳生：《甘肃的砂田》，《中国水土保持》1984 年第 1 期，第 8-10 页；辛秀先：《论甘肃砂田的形成及其起源》，《甘肃农业科技》1993 年第 5 期，第 5-7 页；林蒲田：《中国古代土壤分类和土地利用》，北京：科学出版社，1996 年，第 111-113 页。

4 李并成《河西地区历史上粮食亩产量研究》一文（刊于《西北师大学报（社会科学版）》1992 年第 2 期，第 16-21 页）曾引用《魏书·张骏传》史料，判断张骏“治石田”的记录，“可能是开辟绿洲边缘一些砾石地或河漫滩为良田，反映了这一时期耕地面积的扩大”，并说“‘石田’一名于吐鲁番所出北凉赀薄文书中亦见，当系西北干旱地区特有的一种土地类型”，本文赞同后面一句的判断。

5（北齐）魏收：《魏书》卷九九《张骏传》，北京：中华书局，1974 年，第 2194-2195 页。

张骏（字公庭）的生卒年代为307—346年，享年39岁。其父为张寔（字安逊），安定郡（治地在今甘肃省泾川县境内）乌氏人，乃前凉政权的建立者。324年，张骏在其叔父张茂之后成为前凉政权的继承人，他抓紧时机，有所作为，在都城姑臧（今甘肃武威）筑起了南城，又陆续营建谦光殿于其中，宜阳青殿于其东，朱阳赤殿于其南，正德白殿于其西，玄武黑殿于其北，调度行事颇有些讲究，史称“服章器物皆依色随四时居之，其旁有直省寺署，一依方色”，这些都被史官视为大兴土木的“奢僭”行为。在这样一个主政时间不长的年轻人身上，《魏书·张骏传》很难得地记载到了他的“治石田”事迹。

《魏书》本传言张骏“自称使持节、大将军、护羌校尉、凉州牧、西平公”，曾遣使朝贡于东晋朝廷。《魏书》本传又载：“炀帝时，陇西人辛晏以枹罕降之，骏遂有河南之地，至于狄道，与石勒分境”。也就是说，张骏主政时，辖地到了金城郡南面的枹罕（今甘肃临夏）、狄道（今甘肃临洮）之地，前凉疆土有所扩展。至于“治石田”事迹的记载，缘自当时正值前凉政权大力经营时期，张骏主持在朝堂“议治石田”，不料马上遭人反对。反对者系参军索孚，其人在前凉事迹不多，如果说他的反对意见还有其合理的部分，主要在于珍惜民力，不同意做那么明显的费钱费粮之事。按他所说，“今欲徙石为田，运土殖谷，计所损用，亩盈百石，所收不过三石而已，窃所未安”，采用的是成本核算之法，旁人初听此言，的确言之有理，产出仅占投入的百分之三，一般人就不会赞同去“治石田”。还是张骏有作为，很果敢，采取了“怒而出孚为伊吾都尉”的做法，坚持了“治石田”的意见。

我们现在需要知道的是，究竟何谓“石田”？这些“石田”是否为后世的砂田？目前我们判断前凉的“石田”即为后世的砂田，主要理由为：

第一，“石田”之名单独列出，而且可“治（经营之意）”，说明它作为一种独立的田地类型，在当地是成熟的，一定经过较长时间的积累和发展，其主要特点是在“石”上做文章，因而当地人经营这种田地，就叫作“治石田”。我们可以设想，当时在前凉政权的管辖范围内，一说“治石田”，大家大概都会知道这是怎么一回事情，在这一点上，参军索孚所持的反对意见最能说明问题，即他不仅知道“治石田”，而且还很细致，知道它的投入远远大于产出的土地经营特点。

第二，“石田”的具体营建方式，《魏书》中借参军索孚之口说得很清楚，即

"徙石为田，运土殖谷"八个字。所谓"徙石为田"的意思，前提条件是先要找到石子，然后再把它搬运到地里，包括的具体内容为找石子、运石子、铺石子等细节，做完了才能成为"石田"。"运土殖谷"四字的关键，是这个"土"该怎样理解？我们体会"徙石为田，运土殖谷"八个字，属于古人记述中对应得非常好的两句话，"徙"和"运"都是动词，"石"和"土"是动词所及的对象，合在一起就是"石土"了。与"石"同用的"土"，只能是沙土了，它们没有石头明显，在自然埋藏中却与石头同在，在古人记述中强调了它，根据我们对砂田的实际了解，它又只可能是指与土有别的沙子。

第三，有"假凉王"之称的张骏，对参军索孚的反对意见很是气愤，在怒气未消的情况下，就把索孚给贬走了，这说明"治石田"活动在当地很有基础，亩产三石的石田还是为民众所需要的[1]，因为一般的旱地很有可能还达不到三石。索孚所言最站不住脚的地方是不按实际条件说话，不能解决前凉政权缺乏粮食的实际问题，才使得张骏才怒气冲天，才底气十足地坚持做"治石田"这件事。目前学界对张骏的评价做的不多，就张骏在前凉境内主持和推广"石田"这一件事而言，是有利于社会生产发展的，因而也是很有意义的主政行为，值得给予肯定和赞扬。张骏很明白索孚是按一年时间算的账，实际情况是石田修建好后，受益是每年的事情，后来张骏曾"以谷帛付民"，说明前凉政权手上有了"谷帛"，方可以做许多事情，而这些谷物的来源，我们理解会有一部分是来自砂田生产的。

第四，从事"治石田"活动的人们，应该是前凉的普通民众，史书里没有直接记述在"石田"里从事生产劳动的人们及其具体情形，我们却可以根据"治石田"的特点，称呼这些从事"石田"活动的人群，为"前凉人"、"姑臧人"或"凉州人"，一方面是他们继承了前人在当地开辟的"治石田"的经验，另一方面他们也是我们在文献中看到的较早从事砂田生产的人群。

那么，上述前凉张骏在境内主持和推广的"治石田"过程和内容，除了判断为今日陇西高原这样的砂田类型外，还有别的可能性吗？我们现在倾向于没有其他可能性，所以我们推断前凉的"治石田"就是今日之砂田。

事实上我们也深知，关于前凉张骏主政时的推广"治石田"活动，涉及到这

1 据上引李并成《河西地区历史上粮食亩产量研究》一文，亩产三石为十六国时期西北绿洲地区石田、常田一般土地的收获量，对于当地民众来说是可以接受的。

种“石田”的具体技术来源、分布和扩散地域、经营细节、生产力水平、延续时间等内容，目前还很不清楚，如果有人认为其中会有一些技术方式，与今天的砂田作业不同，我们也完全同意，只是限于材料，难以给予具体说明。

4．近现代史上砂田的延续发展

近代史上，陕甘总督左宗棠在剿灭回民起事后的西北经略过程中，很有眼光地注意到甘肃砂田的重要性，当时他“安抚流亡，贷出协饷库银，令民旱地铺砂，改良土地。由是各地流行，成为甘肃特有之砂田。盛行于皋兰、景泰、永靖、永登、洮砂、靖远等县。利用荒滩僻壤，铺砂耕种，化不毛之地成为良田”[1]。此处所及皋兰六县，均属于陇西高原范围内。

据 1934 年的调查，甘肃砂田老化程度相当严重，由于不能随即进行换砂改造，不少砂田已经荒废了，当时有人写文章展开疾呼。[2] 1935 年成立的中国农民银行兰州分行，很快组织人员调查砂田，获知砂田主要分布在皋兰、景泰、永登、永靖、榆中、靖远等县，共 80 余万亩[3]，其中皋兰多达 24.6 余万亩，约占 1/3。一直到 1942 年冬季，农行开始为农民改良砂田放贷，延续至 1943 年、1944 年、1945 年，改良土地 46.78 万多亩，惠及皋兰、景泰、永登、永靖、榆中、靖远、洮沙、临洮、兰州市和湟惠渠特种乡[4]，砂田分布除在陇西高原有一个明显扩大的过程外，还向南面、西面都有一定的扩展。

新中国成立以后，砂田的种植方式在甘肃省继续延续和扩大。据《甘肃省农业地理》介绍，按耕作方式划分，甘肃省的耕地构成分为旱地、水浇地、水田和砂田四个类型。旱地和砂田合计占总耕地的 76.03%。甘肃的耕地大致分布在海拔 560～3 000 米，绝对多数分布在 1 000～2 600 米。地势高，气候冷凉，耕地质量

1 秦翰才：《左文襄公在西北》，长沙：岳麓书社，1984 年，第 242-243 页。引文中的“洮砂”县，应为“洮沙”县，见《中华民国行政区划简表》（第 11 版）“甘肃省洮沙县”，商务印书馆，1947 年，第 146 页。

2 魏宝珪在《甘肃之碱地铺砂》（《中农月刊》1943 年第 4 卷第 2 期）一文中说：“民国相革，砂地衰老，且又天灾人祸，政繁赋重，贫农逃迁死亡，人口大为渐少。至今皋、景交界，百里无人烟。当地农民憬憧当年左公之丰功，常有殷丘故墟之叹”。转引自秦翰才：《左文襄公在西北》，长沙：岳麓书社，1984 年，第 243 页。

3 1 亩=1/15 公顷。全书同。

4 黄正林：《论抗战时期甘肃的农业改良与推广》，陕西师范大学西北历史环境与经济社会发展研究院编《明清以来西北地区经济、环境与社会变迁学术研讨会论文集》（西安，2012 年 8 月），第 188-202 页。

的差异性很大[1]，种植效果不理想的旱田，往往就被改造为砂田。改革开放以来又是一个变化时期，以位于屈吴山南侧的靖远县高湾乡情况来说，从 1983 年列入国家“两西”建设以来，新增砂田 26 558 亩，砂田面积累计达到 42 151 亩，占全乡耕地面积的 39.75%，人均 2.15 亩，最基本的生产条件由此得到初步改观[2]。

二、砂田作业细节调查

整理 20 世纪 50 年代以来有关甘肃砂田的文章，得知部分大学、科研院所和政府部门工作人员曾对甘肃砂田做过实际调查，下面据之汇成“陇西高原若干砂田调查地点信息”（表 1）。

表 1　陇西高原部分砂田调查地点信息

调查时间	调查地点	调查人	资料出处
1957 年夏季	兰州十里店、庙滩子	李学曾	《西北农业科学》1958 年第 2 期
1959 年假期	兰州雁滩公社	逄振普等人	《生物学通报》1960 年 7 月号
1964 年	皋兰县石洞公社庄子坪四队	高炳生	《中国水土保持》1984 年第 1 期
1970 年	永登县雁滩、十里店、青白石、西岔等公社	钮薄等人	《西北农学院学报》1980 年第 3 期
2011 年 10 月 17 日	皋兰县忠和镇野马沟村及刘生贵村民家	侯甬坚等 6 人	有关笔记
2012 年 7 月 21 日	皋兰县忠和镇野马沟村及刘生贵村民家	侯甬坚等 4 人	有关笔记

资料说明：以对陇西高原砂田做过调查、论著中必要条件交代清楚者为要，1980 年以来的调查事例有待补充。

在表 1 中的最后两行，填入了作者考察组近期两次实地开展调查的信息，以表示调查工作的继承性和相关性。为我们所调查的野马沟村，在地形上是一个很长的山间川道，宽约二三百米，西面的出口对着 109 国道。长时期以来，野马沟

1 郑宝喜主编：《甘肃省农业地理》，北京：新华出版社，中国省市区经济地理丛书之一，1987 年，第 69-71 页。

2 杜延珍：《高湾乡“砂田”效益显著》，《中国水土保持》1989 年第 11 期，第 39 页。

村就是一个只有几十户村民的小村子，现在则达到 160 余户，刘姓为多。小村子大致在北纬 36 度 14 分、东经 103 度 48 分的交叉位置上，平川海拔高度为 1 820 米左右，川道里黄土分布甚厚。

接受和协助我们调查的刘生贵村民，于 1952 年农历 12 月初五出生在本村，现为瓜农。他具有小学文化程度，在农业合作化时期担任过三四年生产队会计，他的家里房产布置的井井有条，院子里用长方形旧砖铺成一条条“∧∧∧”形状，体现了户主的节俭和细心。刘生贵本人在农业生产上勤劳巧思，是一个庄稼把式，有关本村砂田的介绍及解答，使调查组人员感到满意。

刘生贵村民对我们的调查协助，可分为谈话介绍、农具演示、砂田现场讲解、砂源查看四种形式，下面予以简介：

1．谈话介绍

老刘（我们对刘生贵村民的亲切称呼）介绍野马沟村地面上并没有自然河流，1969 年，各个生产队合作努力，曾从 20 千米远的黄河引水入村，当时的水利设施久已失效，唯留有废弃沟渠、旧水闸等遗迹。1981 年村里砂田开始种植西瓜，至今三十余年，自己已成为瓜农。砂田是前人遗留下来的，自己跟随老人学习耕作技艺。在雨水越来越少的现今（老刘称之为“十年九旱”），砂田的作用越来越重要，它是村民们实现增收的主要田间作业方式，砂田上的西瓜（“丰康”、“黑巨龙”等品种）、甜瓜（“银蜜”、“久甜”等品种）、胡麻种植及其销售是村民们的生活来源（村里外出打工人员的收入属于另计）。房前屋后小块砂田上种植的蔬菜（西红柿、茄子、豇豆、辣椒等）则是村民每天生活的必需品。

图 2　1969 年引水入村沟渠上的水闸（已废弃）

图 3　砂田菜地旁的水井

在自然历指导下的砂田生产，春耕秋收，做好田间管理，属于砂田作业的年间种植过程。此外，按照砂田的使用特点，还有另一个30年一个周期的新砂—老砂使用和替换过程。经初步归纳得知，一块砂田能够顺利展开作业，计有下述步骤和内容：

（1）掘砂：似野马沟村没有河流，无法获得天然河流上游岸边那样的鹅卵石，只得向村子周边的山体内部寻找砂石，找到后就挖掘（下详“砂源查看”部分），挖出来后就搬运到田地里，这样的砂石铺到地里，被称为“新砂”。

（2）铺砂：预备铺砂的田地或为旱田，或为荒地，对其耕耘施肥一如普通田地，每年春季耕耘25～30厘米深，肥土也施在里面，然后用铁滚子压平，之上铺上约为10厘米厚度的砂层。待播种时节（比如种植西瓜），使用小铲挖坑点籽，再敷上砂石，等待发芽生长，秋季则收获作物。来年春季耕耘土层，又需将砂石层先行起运到田边，待土层耕耘、施肥和压平后，再将砂石移回来铺上，展开本年的砂田作业过程，这可以称为“砂田的年间种植过程”。

（3）换砂（又称启砂）：野马沟村的砂田使用年限为30年，即30年一换。由于使用时间已长，下面的土层和砂石层相互绕动，致使砂石层大大减弱了原先的保墒抗旱、调节地温、防止土壤盐碱化的作用，村民们非常贴切地称为“砂田老化”，下来就必须实施换新砂。简言之，将田地表面的砂石与土壤的混合层完全铲去，另铺新砂，就称为换砂[1]。

（4）整砂：由于砂源缺少，砂石来之不易，也为了减轻劳动强度，有的农民将表面的砂石与土壤的混合层用筛子筛过，再将筛出的石子铺上，这称为整砂[2]，仍然可以具备砂田的保墒和保温等作用，只是没有换砂的效果好，使用起来持久。

作者询问如果没有砂田这类田地的话，村民们的生活将会怎样？老刘不假思索地说：那就无法生存。传闻甘肃砂田分布地区有一条民谚：“铺砂田，刮金板，摔不破的皮饭碗”。是说只要种庄稼的人勤劳，肯下苦功，也善于察看地力，不仅天无绝人之路，甚或会获得安居乐业的更好机会。我们实地考察中亦见野马沟村有不少旱地，在数量上甚至多于砂田，也属于有种植作物的基本农田，只是获得收成的保障系数低于砂田，因此，可以说砂田为改善作物生态条件的有效作业方

---

1 吕忠恕、陈邦瑜、田春如：《甘肃砂田改良的一种方法》，《土壤学报》1958年第6卷第1期，第65-69页。

2 吕忠恕、陈邦瑜、田春如：《甘肃砂田改良的一种方法》，《土壤学报》1958年第6卷第1期，第65-69页。

式，还不能说没有砂田的话，当地就会出现不能居住意义上的无法生存。秦翰才在《左文襄公在西北》中称说砂田可以“化不毛之地成为良田”[1]，是就种植条件差的碱地而言，对于改旱地为砂田的情形来说，本文认为砂田具有“变川道瘠土为良田”的作用。

2．农具演示

老刘家大门旁有一个车库，去地里劳动和收获作物的农用车、摩托车都可以放进去，此外还有许多砂田农具。

砂田作业最主要的农具为耖耧，这是供双人使用的复合式开沟、下种工具。拆散后耖楼部件有六七样，组合在一起，由两人合作使用，就成为一件很有效用的组合农具了。2011 年 10 月 17 日，我们在老刘家里很有兴趣地观看了各个耖耧部件，组合起来后，老刘和考察成员一起进行了演示。我们准备结合野马沟村村民在砂田上从事农耕活动的主要环节，在春耕季节再次前往观摩，以便了解和掌握各种砂田农具的使用方法及基本功能。

3．砂田现场讲解

在野马沟村西头的一块砂田上，老刘手持刨坑小铲，边讲边演示地把在家里交谈的内容又介绍了一遍，就地回答了考察组成员的一一提问。

砂田中地层的基本情况是大些的砾石在上，然后是粗沙，再下面多是细沙，底下压埋的当然是耕土层。野马沟村的砂石来自山体的腹部，为地质构造时期遗留下的碎屑岩石堆积物，混杂在大量的粗沙中间，砾石的大小和形状都很不规整。这一点从根本上决定着村里砂田的质量水平。据已有调查资料，甘肃砂田的石砂比例大致为 7∶3，早已做过的试验证明，地面铺上直径为 5 毫米以上的纯砾石层（其体积大小从豆粒到鸡卵形状不等），下面覆盖层的土壤温度并不亚于砂石混合层，保存土壤水分的作用也大于砂石混合层，对于作物的生长和产量并无不利的影响[2]，但做起来很困难的原因，就在于大多数地方的砂源很不理想。

---

1 秦翰才：《左文襄公在西北》，长沙：岳麓书社，1984 年，第 243 页。

2 吕忠恕、陈邦瑜、田春如：《甘肃砂田改良的一种方法》，《土壤学报》1958 年第 6 卷第 1 期，第 65-69 页。

图 4　砂田中砾石的大小

图 5　砂田所铺砂石的厚度（10 厘米左右）

老刘介绍说，以前雨水较多，西瓜的产量也随之增高。地边的水井不是机井，干旱时节砂田需要浇水灌溉，井里水少，解决不了多大问题，瓜田还是会受到干旱天气的影响，导致产量下降。在砂田上使用地膜覆盖技术后，由于有很好的保墒作用，老刘说瓜农们都乐于使用，西瓜增产又成为明显的事实，有时会达到增产一半的效果。所以说，砂田作业的收成越来越取决于瓜农的成本核算，一方面是农用物质的准备，另一方面是有关技术的学习和操作使用。

图 6　空闲时节的砂田（2011-10-17）

图 7　生长西瓜的砂田（2012-07-21）

当询问何以野马沟村砂田的西瓜种植密度较稀疏时，老刘用民谚回答说：稠田好看，稀田吃饭。——我们听了不由得会心一笑。

4．砂源查看

野马沟村是一个顺着两边的山势，在中间长长地展开的一个东西向地带。当我们说跟随老刘去查看砂源，老刘就骑上他的摩托车，沿着山坡下的道路跑开了，我们的车紧跟其后，跑了八九千米，向左绕过一座山，到了山后的一个位置，我们看到了好几条通向山体腹部的人工沟壕，就如同解放军战士在阵地上挖的坑道一样。

野马沟村的砂石是从山体的腹部采出的，这些地质构造时期遗留下来的碎屑岩石堆积物，包含在大量的粗沙之中，村民们又好似矿工一样，用镢头将它们挖掘下来，用铁铲装进筐里，再用车运至田地里。挖进山体的坑道已超过 50 米长，坑道左右会有一些侧挖后形成的耳洞，这样的坑道挖起来过于劳累，或者砂石不理想，村民们就会再在洞口旁十几米开外，开挖新的掘进坑道以取砂石。这种坑道出现后的另一个作用是可供行人避风，这里其实根本就没有外来的行人，有可能进来的只是当地的放羊人，以及为他所哄赶的羊群。

图 8　野马沟村村民傍山挖出的掏沙洞

图 9　村民们需要的是洞里的石子和粗沙

当地村民寻找砂源的办法，只能是从更早的村民那里继承下来的，这种铺砂造田的路子，可能是就地开展生产和生活的唯一的生存经验。村民们谁都知道本村土地上没有像样的砂源，用老刘的话来说，就是“这里的砂矿不太好”，但多少年以来，村民们又是同样地沿着祖辈走过的道路走下来了。来此之前笔者也没有想到，“靠山吃山”之语，在野马沟村竟然有着别样的真实内容。

三、人力适应自然条件的一定量度

甘肃省域的自然形状相当奇特，加之在全国版图上所处的位置，是兼跨东部季风、蒙新高原和青藏高原这三大自然区域的，而兰州则处于东部季风区之尾闾，很靠近区划线条（处于东侧）。兰州海拔高度为 1 517 米[1]，属于自然地理学上的陇西高原（小区），东面则为陕西、陇东高原（小区）[2]。本文所调查的皋兰县砂田地点，在行政管理和一般习惯上有“甘肃中部地区”之称[3]（甚或有称陇中高原的），但本文按照自然地理学的区域划分，采用陇西高原名称，并与东面的陇东高原相对应。

前引 1958 年李学曾发表的《兰州西宁间砂田调查报告》一文[4]，第 98 页所附“西北沙田分布图”（“沙”当为“砂”），东南西北四边分别是固原、临洮、西宁、景泰四个地名，兰州居于这幅砂田分布图的中心位置。兰州又选建在黄河河谷之上，史称“兰州山高土厚，风气刚劲，曩来冬至地冻裂，黄河冰厚四五丈。今天气稍和暖，河水渐薄，地亦不裂，植物花卉菜果之属，亦与前稍异矣。”[5]《皋兰县续志》赋税资料截至道光二十二年，编纂者抓住了这之前道光年间当地有一次气候“稍和暖”的回暖现象，应该是本地气候史上的一次显著变化，而在此前后，兰州的冬季是相当寒冷的。

兰州四周的大多数市县，海拔高度更在兰州之上。1987 年出版的《甘肃省农业地理》介绍到甘肃的陇西区，“旱作农业有全国特有的‘砂田’耕作法。主要分布在黄河干流两侧的皋兰、榆中、景泰、永登、永靖、临夏、临洮、会宁等地。砂田是一种抗旱的耕作方式，它的优点是在耕地上铺沙，砂砾有切断土壤毛细血管的作用，减少土壤水分上升和蒸发。同时，砂砾还可接收降落的雨水，渗入土中。在砂砾的覆盖下，土壤表面可减少风吹与日晒的影响，减少蒸发”[6]。对砂田结构及其各种作物种植的效果，类似这样的论述及调查和试验研究工作相当多，

---

1 刘明光主编：《中国自然地理图集》，第 189-190 页，西北地区图幅，北京：中国地图出版社，2010 年第 3 版。

2 任美锷、杨纫章、包浩生编著：《中国自然地理纲要》图 18，中国综合自然区划图，北京：商务印书馆，1979 年，128-129 页之间折图。

3 参见甘肃省三年停止破坏调查研究领导小组编写组、甘肃省“两西”建设指挥部编：《甘肃中部地区三年停止植被破坏资料汇编》（兰州：甘肃人民出版社 1984 年版）中的“编写前言”及其内容说明。

4 李学曾：《兰州西宁间砂田调查报告》，《西北农业科学》1958 年第 2 期，第 98-101 页。

5（清）黄璟、秦维岳原纂，陆芝田、张廷选续纂：《（道光）皋兰县续志》卷 4，土产，收入《中国西北文献丛书・西北稀见方志文献》第 34 卷，兰州：兰州古籍出版社，1995 年，第 225 页。

6 郑宝喜主编：《甘肃省农业地理》，北京：新华出版社，中国省市区经济地理丛书之一，1987 年，第 271 页。

本文所做的砂田形成过程的环境史研究，对于这些科研成果，也有相当程度的依赖。

陇西高原地区分布砂田的各县，刚巧分布在黄河干流两侧群山的川道上，山高谷深，无法利用深切河谷中的黄河水，沿黄从事农业生产的民众对此多有叨念，并在梦中寄予希望。为什么靠近黄河的陇西各县，分布着我国数量最多的砂田，较早在青海和甘肃开展调查工作的李学曾（西北大学地理系），对此从调查实践中获得最为真切的认识：

铺设砂田应具备一定的自然条件，在有渠水灌溉的地方，不需铺砂田，因为费工太多，远不及灌溉方便。在气候较冷的石质高山，土壤的湿度较大，也不宜铺设砂田。只有在地形平缓干燥缺水而附近又有大量砾石细沙存在的地区，最为适宜[1]。

这是地理学者最有价值的经验之谈，涉及砂田营建时需要考虑的最基本的自然条件，实际上是以气象物理条件为主，而相应地势的海拔高度又是其中不可不顾及的地形条件。我们已知兰州海拔为 1 510 米，全年降水量在 320 毫米左右，降雨集中于秋季，春夏甚少，较多年份是在 30 毫米以下，而水气的蒸发率则 10 倍于同一地区的降雨量。气温方面，全年平均气温是 9.6℃，最高温度可达 39℃，最低则到−23℃左右，平均日夜温差 13.9℃，这样的大陆性气候，呈现的是春夏季干燥、夏季炎热、冬季寒冷的气候特点[2]。类似黄河的大河流峡谷深险，无法取水用水，黄河的中小支流或因降雨少而影响了径流量，或因地势和距离所限，仍然无法取得灌溉之水，群山中的一道道平川只能另辟蹊径，解决农田的作物生长问题。

在长时期的经验积累和自然观察中，我国西北黄土高原干旱半干旱地区的民众发明了砂田种植方式，这是或迟或早的事情。这样的发明事项，在较多关心赋税完收而忽视农业生产技术发展的封建社会，很少能够纳入记录，故而《魏书•张骏传》中的“治石田”事迹，由于参军索孚的激烈反对，倒是格外难得地记录下

1 李学曾：《兰州西宁间砂田调查报告》，《西北农业科学》1958 年第 2 期，第 98-101 页。

2 逄振普、王树英：《兰州的砂田》，《生物学通报》1960 年 7 月，第 301 及 313 页。

来了。前凉以后，砂田又是长时间地被缺记，今人不是想不到公元 4 世纪的河西前凉会有张骏“治石田”的事迹，就是知道了也不太相信这真是今日砂田的早期记录。实际上，陇西高原和河西走廊历史上一直是城邑错落，人烟不绝，人民要吃粮和政府要征收赋税是同等重要的事情，最根本的是人民和政府寄身于其上的这片土地的自然特点已是早就形成[1]，前凉时期已经出现了的“石田”生产，是不会那么轻易地再从这片土地上失传掉，而历史长河中缺乏的只是文人的记载和政府的有力提倡。到了清末的 1891 年，陶保廉途经平番（今永登县），就记下了县东南秦王川的“碜地”，说到“石隙种麦，丰茂倍他处”的情况，方成为据实记录的可靠文字。

最近的研究指出，我国西北黄土高原地区的砂田种植方式，汉族之外，还有回族、撒拉族、保安族等少数民族的参与，砂田不仅可以实现干旱气候背景下农作物的高产，还具有明显的生态维护方面的成效，故而可以视之为一种“多民族共享的本土生态知识”[2]，从而为砂田研究增添了新的意义。

四、结论和展望

简述本文研究砂田的结果，得到如下不同层次的结论：

1．砂田名称和起源时间

本文从《魏书·张骏传》中获得“石田”名称，经过详细分析，确认这是甘肃省早而可靠的砂田历史资料，“石田”也就成为现今所知最早的砂田名称[3]。公元 4 世纪前凉境内已有“石田”名称和“治石田”事迹，说明砂田土地类型在甘

1 李并成教授长期研究河西走廊历史地理，他强调说：“河西历史上气候干湿状况虽屡有变迁，但并未从根本上改变其干旱缺雨的地理景观，并未动摇其干旱大陆性气候类型的基本属性。”“在本地区沙漠化历史过程中，除人为因素为主外，气候变迁的影响亦为不可忽视的重要因素之一。然而这一因素的影响又是有限的……”。参见李并成：《河西走廊历史时期气候干湿状况变迁考略》，《西北师范大学学报（自然科学版）》1996 年第 32 卷第 4 期，第 56-61 页。

2 田红：《本土生态知识的推广与共享——以我国干旱、半干旱地区砂田的扩大利用为例》，《青海民族研究》2011 年第 22 卷第 3 期，第 14-18 页。

3 农业大词典编辑委员会编《农业大词典》（北京：中国农业出版社，1998 年，第 1411 页）所列“砂田”词条，已明言砂田“又称石田”，但在具体释文中则缺乏其词语的来源说明。

肃省境内源远流长。砂田名称可能是清代渐渐有了雏形，在民国时期确定下来的，这与民国时期接受近代科学知识的读书人前往甘肃省做实地调查有关系。现在还有人使用“压砂田”这样的名称[1]，应当予以调整，促使学界都统一到《中国农业百科全书》的规范表述上来[2]。

2．砂田作业的两个过程

按照砂田作业和使用过程的特点，应分为自然历指导下的年间季节种植，和30 年一个周期的新砂—老砂使用和替换过程，这可以看作是砂田作业的两个过程，彼此之间是完全分开的。第一个过程属于一般农业区域都有的内容，第二个过程则是当地民众基于自然条件和农业生产之间关系的体会，在我国古代农业生产“时土物三宜说”方面，在“土”的要素配置和生产环节上所做的发明创造。对此，农业土壤专家称道说，“这种砂田实在是世界农业技术史上少有的一项创造，反映了中国农民为解决衣食问题千方百计找地种的智慧”[3]。至于以前有关砂田分类的各种归纳和认识，都应该置于这两个过程中加以理解和阐发，方能更生动准确地体现砂田作业的环境史意义。

3．砂田类型揭示的人力适应自然条件的量度

甘肃陇西高原铺砂造田的历史已很长久，砂田作业在民间和农民群众中很有基础，这是在现今的考察活动中可以感受到的事实。在最初的时候，当海拔高度、年际温度、降雨量和蒸发量所造成的干旱程度，制约着当地农业生产水平时，受到一些田地观察现象的启发，当地民众因地制宜地创造出砂田作业方式，实际上是造就和形成了一种新的农田生态条件，促使谷物种植发生了显著的变化，作物产量得以提高，这是改良作物品种、增加施肥途径外，促进作物产量提高的一条有效路径，即使到今天这还是一个继续致力的方向[4]。于此我们得到在黄土高原上

1 戈敢：《中国压砂田发展及其意义》，《农业科学研究》2009 年第 30 卷第 4 期，第 52-54 页。

2 《中国农业百科全书·农业历史卷》（北京：农业出版社，1995 年）有“砂田”、“砂田法”词条，见 283-284 页；《中国农业百科全书·蔬菜卷》（北京：农业出版社，1990 年）亦有“砂田”词条，见第 182-184 页。

3 林蒲田：《中国古代土壤分类和土地利用》，北京：科学出版社，1996 年，第 113 页。

4 丁佳、贺根生：《粉垄技术：良法造良田》，《中国科学报》2012 年 7 月 31 日第 1 版。

蒸发量远远大于200～300毫米降雨量的2 000米中高海拔地域，采用铺砂造地的方式来获得农业生产必要的作物产量这么一种认识，构成了在农业科学技术史和环境史研究领域内“变川道瘠土为良田”的典型意义，自然是弥足珍贵的。

检点本项研究的工作细节，今后需要继续加强做的工作有：

（1）扩大调查地点，择时前往兰州秦王川镇、白银市白银区北川镇华皮川村，调查具有砂田剖面意义的“老砂板”遗迹，以及宁夏、青海的砂田样式。即便是已有的野马沟村这样的调查地点，还应准备在砂田农事活动展开的春耕季节，前往观摩村民的农事活动，以便了解和掌握各种砂田农具的使用方法及基本功能。

（2）时至今日，甘肃省及其邻近的宁夏、青海部分地区的砂田分布情况，我们只知道一些县份和数字，较为详细的分布地图及其变化情况，从事砂田生产的民族和人口数量等内容，尚需通过详细的调查，编绘出一份甘宁青三省的砂田分布详图。

（致谢：对协助作者前往实地展开调查的考察组成员和甘肃省皋兰县忠和镇野马沟村刘生贵村民及其家人表示感谢。）

论 14 世纪英国的聚落环境与黑死病传播[1]

李化成

摘　要：黑死病在 14 世纪的英国流行期间，既有遍及全国的普遍性，又体现出不同人群和地域之间的差异性。这种流行特点与当时英国的聚落环境密切相关。其中，聚落空间环境为鼠、蚤、人的紧密共存创造了条件，聚落社会环境则使得瘟疫可以在人与人之间迅速传播；同时，这两者还相互联系，依据不同的社会、自然条件，对瘟疫的传播形成影响。但无论是聚落空间环境，还是聚落社会环境，都是在特定的自然和社会条件下，人类创造的一种生存和生活环境；故而瘟疫可以依托聚落环境而肆虐，亦可随着聚落环境的改变而受到控制。在这背后，则是人在与瘟疫博弈中获取主动的不懈努力。

关键词：英国；聚落环境；黑死病；瘟疫

Environment of the Settlements and the Spread of the Black Death in 14th Century England

Li Huacheng

Abstract: The Black Death that spreaded England in 14th century had a universal characteristic of ravaging everywhere and showing different features between urban and rural areas，groups and regions. The spread of the Black Death in England was closely related to the local environment of settlements. Among them，the space environment of

1 本文为国家社会科学基金项目“中世纪晚期英国的瘟疫与社会（1348—1530）”（批准号为 08CSS003）的中期成果。

settlements provided the convenience for the coexistence of rat，flea and human，while the social environment of settlements fueled the spread of plague.At the same time，both of the above factors worked together and finally influenced the epidemic according to difference social and natural conditions. However，both of the environment of settlements are a kind of survival and living environments which are built In specific natural and social conditions by the human being. As a result，epidemics could be controlled with the change of settlement environments as well as they could wreaked havoc with it. While，in the backside of this phenomenon，we can see human being's unrimitting efforts in order to obtain the initiative in the struggle against the pestilence.

Key words：England；Environment of the settlements；Black death；Pestilence

1348—1350 年，黑死病传播到英国并大规模爆发，对社会的发展产生了重要影响。一方面，这场瘟疫遍布全国，具有普遍性；另一方面，黑死病的肆虐也存在着不同人群和地域之间的差异性。那么，黑死病为什么可以在英国肆虐？其传播的普遍性和差异性又缘何而生？这些问题长期以来并未得到史学界的重视。自 19 世纪中期始，随着英国经济社会史研究的发端与深入，史学界开始对黑死病多有关注。如著名史学家西博姆、罗杰斯、杰索普和格林等人即围绕农奴制、教会变迁等问题，对黑死病的社会影响问题展开了积极的研究和热烈的讨论。[1] 直至今日，在英国乃至整个西方史学界，这种对黑死病的经济社会史研究一直占有主

---

1 F. 西博姆：《黑死病及其在英国史中的地位》（F.Seebohm，'The Black Death and its Place in English History'），《黑死病及其在英国史中的地位》（续）（'The Black Death and its Place in English History，Part II'），《双周评论》（*Fortnightly Review*），1865 年 9 月，总第 2 卷，第 149-160、269-279 页；T. 罗杰斯：《黑死病前后的英格兰》（E. T.Rogers，'England before and after the Black Death'），《双周评论》，1865 年 10 月，总第 3 卷，第 191-196 页；奥古斯塔斯・杰塞普：《东英格兰的黑死病》（Augustus Jessopp，'The Black Death in East Anglia'），《十九世纪：每月评论》（*Nineteenth Century：A Monthly Review*），1884 年 10 月，总第 16 卷，第 915-934 页；J. R. 格林：《英国人民简史》（第一卷）（J.R.Green，*A Short History of The English People*），纽约：1898 年版，第 306、317 页。

流地位。[1]然而，这些研究多是在一种社会长期发展的视野中，对黑死病的作用和地位问题进行论述。问题在于，倘若忽视对上述瘟疫肆虐问题的研究，我们便难以还原瘟疫时期真实图景，亦难以把黑死病与整个英国的历史命运紧密地联系在一起。

医史学家们倒是对黑死病本身的传播问题有所关注。如 1891 年，在其名作《从 664 年到瘟疫消失的英国流行病史》中，克莱顿对英国黑死病的蔓延情况进行了详尽的论述，但由于他不了解黑死病的病因和流行病学，因此只能给出一些颇为牵强的推论；如他认为人与人的接触并不能导致黑死病的大规模爆发，这一瘟疫的传播，主要是因为染病者的尸体腐蚀土壤环境引起的。[2]但克莱顿却揭示了环境因素在瘟疫流传中的重要性问题。没有适宜的环境，任何传染病的传播和蔓延都无从实现。然而，其后的医史学家们在黑死病的研究中，尽管也对环境瘟疫概予了一定的重视，但由于对病因的片面理解，抑或对证据的片面掌握，都存在着较多的不足，或关注因素不足，或太过笼统，不能充分说明瘟疫之爆发与 14 世纪英国环境之间的关系。[3]所以，笔者认为，在对黑死病的流行进行环境史研究时，必须首先紧密结合其流行病学，对相关的环境因素加以仔细分类和界定，方可得出较为合理的结论。

---

1 代表性的著作如约翰·哈彻尔：《瘟疫、人口和英国经济（1348-1350 年）》（J. Hatcher，*Plague，Population and the English Economy*（1348-1530）），伦敦：1977 年版；L.R.普斯：《黑死病后的乡村社会：埃塞克斯，1350-1525 年》（L.R.Poos，A Rural Society After the Black Death，Essex 1350-1520），剑桥大学出版社 1991 年版；科林·普拉特：《国王之死：中世纪晚期英国的黑死病及其后果》（Colin Platt，*King Death：The Black Death and its aftermath in late-medieval England*），伦敦：1996 年版。

2 查尔斯·克莱顿：《从 664 年到瘟疫消失的英国流行病史》（Charles Creighton，*A History of Epidemics in Britain from A.D. 664 to the Extinction of Plague*），剑桥大学出版社 1891 年版，第 175-176 页。

3 如施鲁斯伯里在论述影响黑死病传播的因素时，注意到了人居环境以及远距离交往环境。然而，在黑死病病因的解释上，他太过武断，将黑死病主要界定为腺鼠疫，忽视了其他类型鼠疫的传播作用；此外，他对作为人口主要聚集区的乡村地区重视不足。而贝内迪克托则注意到了黑死病多病因的可能性，且将瘟疫的传播周期、死亡率与环境密切地结合了起来。但遗憾的是，这种结合所依据的资料，却是近代印度等地鼠疫流传资料，故而其结论只能是一种推断；并且他把可考虑的因素都列举出来，但太过笼统，且彼此抵牾之处甚多。参见 J. F. D. 施鲁斯伯里：《英伦诸岛的腺鼠疫史》（J.F.D.Shrewsbury，*A History of Bubonic Plague in the British Isles*），剑桥大学出版社 1970 年版，第 17-36 页。O.J.贝内迪克托：《黑死病完整史（1346-1353）》（Ole J.Benedictow，*The Black Death 1346-1353，The Complete History*），萨福克：2004 年版，第 356 页。国内学者也有类似的研究，参见李娜、解建红：《中世纪后期英国黑死病爆发原因新议——环境史视野下的中世纪后期英国黑死病》，《学海》2008 年第 1 期。

近年来，通过医学考古和分子生物学检测的手段发现，黑死病的罪魁祸首几乎可以肯定为鼠疫。[1]而本文对该瘟疫的考察，也是基于黑死病即鼠疫这一结论展开的。鼠疫的传播主要有三种途径，即"鼠→蚤→人"、"人→蚤→人"、"人→人"三种。而无论是蚤类，还是其主要寄主黑鼠，都不是喜好迁徙的动物，活动范围有限。[2]故而，不管对哪一种传播途径来说，只有鼠、蚤与人，以及人与人密切接触，黑死病的传播才能实现，而这种密切接触需要适宜的区域环境。对于中世纪英国来说，这种区域环境主要体现为一种聚落环境。聚落，是指按生产和生活的需要，"居民集聚定居的地点"，一般分为城市、集镇、村庄等。[3]而聚落环境，则指经由人与环境的互动而形成的聚落空间环境和社会环境。本文即拟对 14 世纪英国的聚落的空间、社会环境与黑死病传播的关系问题加以考察，探究瘟疫流传普遍性与差异性的原因，并以此揭示社会发展中人类在与病原体博弈中争取主动性的努力。

一、聚落空间环境与黑死病传播

在鼠疫的传播中，黑鼠的作用明显。黑鼠是一种家栖性动物，广泛存在于黑死病时期的英国。施鲁斯伯里发现，"有决定性的证据证明，家鼠在英格兰的适时存在，使得在 14 世纪肆虐全国的腺鼠疫这种大流行病得以维持。"他进而指出，这种维持与两种建材的低使用率有关，即石头和砖块。这两者均可以有效地拒鼠

1 最近的，也被认为是最有说服力的研究参见斯蒂凡妮・亨施等：《耶尔森氏菌的不同菌株造成了黑死病》(Stephanie Haensch，etc.，Distinct Clones of Yersinia pestis Caused the Black Death)，《科学公共图书馆・病原卷》(*PLoS Pathogens*)，第 6 卷，2010 年 10 月第 10 期，第 1-8 页。

2 据研究，作为鼠疫主要传播媒介之一的印鼠客蚤对活鼠的攻击距离中位数为 3.79 cm，最大攻击距离为 15 cm，对死鼠攻击距离中位数为 2.56 cm；最大攻击距离为 9 cm；而黑鼠在其存活的 2 年左右时间里，依靠自己迁徙最大距离仅为 200 m。参见孙晨熹：《蚤类及其防治》，《医学动物防制》2005 年第 3 期；迈克尔・麦考密克：《老鼠、交通和瘟疫：一项生态史的研究》(Michael McCormick，'Rats，Communications，and Plague：Toward an Ecological History')，《跨学科史学研究》(*Journal of Interdisciplinary History*) 第 34 卷，2003 年第 1 期，第 10 页。

3《中国方志大辞典》编辑委员会：《中国方志大辞典》，浙江人民出版社 1988 年版，第 56 页。中世纪英国的聚落具有不同的表现形式。在乡村，聚落体现为一个庄园或乡镇；城市，大城市包括多个围绕不同街道、教堂、修道院等而形成的小聚落，并且这些小聚落还彼此联系，使整个城市成为一个大聚落；而数量众多的小城市或集镇，本身即是一个聚落。

类于门外；但黑死病爆发前夕，这两种建筑都不多见。这不仅导致鼠类的肆虐，也有利于蚤类的生存。[1]鉴于施鲁斯伯里在这一问题上已有较多论述，本文仅在其基础上做进一步的说明。在城镇，主要的建材为木料，即使到了公元1500年左右，也是以茅草或木瓦盖住屋顶，窗户也是木质的。[2]乡村亦是如此。在绝大多数小房子和茅屋的结构中，屋顶主梁都由弯曲的大橡木组成，起于地面，顺着边墙，与横梁之处交汇；屋架搭成之后，则用“草泥、泥土和泥浆”筑墙；屋顶更为简单，主要材料为茅草、麦秸、莎草、芦苇等。[3]这种居住环境，显然难以阻挡老鼠与人的“亲密接触”，如亲历过黑死病的乔叟曾提到有人买毒药，借口便是灭鼠。[4]以上环境同样是蚤类生存的乐园。英国属于典型的海洋气候区，终年湿润多雨，湿度高，从整体气候环境上来说本就利于蚤类的生长。[5]加之中世纪室内多有适于蚤类巢居的谷物堆放，且人、畜、禽混杂，卫生条件甚为糟糕，使得蚤类极其活跃。[6]在15世纪，英国医生库特松就曾猜测，害虫在瘟疫发生时可能起到了作用。[7]在英国的近邻法国，则有医生提到了杀虫药和驱虱剂的运用。[8]与此同时，中世纪人在单栋建筑内聚集度很高，如在伦敦，很多人蜗居在15英尺见方的小房子里；小城市也好不到哪里去。[9]这使得病菌一旦传入，亦可经由“人→人”的途径迅速流传。

---

1 J.F.D. 施鲁斯伯里：《英伦诸岛的腺鼠疫史》，第13，34-36，54页。

2 比尔·里斯贝罗著，陈健译：《西方建筑：从远古到现代》，江苏人民出版社2001年版，第74页。

3 亨利·斯坦利·贝内特著，龙秀清等译：《英国庄园生活：1150-1400年农民生活状况研究》，上海人民出版社2005年版，第198-200页。

4 杰弗里·乔叟：《坎特伯雷故事》（Geoffrey Chaucer，*Canterbury Tales*），伦敦：1854年版，第345-346页。施鲁斯伯里也强调这一材料的重要性。此外，他还收集了不少9世纪以来的材料，来证明家鼠的普遍存在。J.F.D. 施鲁斯伯里：《英伦诸岛的腺鼠疫史》，第11-13页。

5 乔治·W·霍夫曼主编，南开大学经济研究所、山西大学编译室合译，《欧洲地理》，天津人民出版社1982年版，第39页；曾尊固：《英国农业地理》，商务印书馆1990年版，第50页。

6 J. F. D. 施鲁斯伯里：《英伦诸岛的腺鼠疫史》，第35-36页。

7 R. S. 戈特弗里德：《十五世纪英格兰的传染病》（R.S.Gottfried，*Epidemic Disease in fifteenth-century England：the medieval response and its demographic consequence*），莱斯特大学出版社1978年版，第66页。

8 C. N. 法布里：《中世纪瘟疫医学的传承与变革：基于1348年到1599年152份瘟疫手册的研究》（C.N.Fabbri，*Continuity and Change in Late Medieval Plague Medicine：A Survey of* 152 *Plague Tracts from* 1348 *to* 1599），耶鲁大学未刊博士论文，2006年，UMI编号：3214261，第150页。

9 克里斯托弗·戴尔：《在中世纪谋生：850年到1520年的不列颠人民》（Christopher Dyer，*Making a Living in the Middle Ages：The People of Britain* 850-1520），伦敦：2003年版，第199页。

由上可见，在中世纪英国的聚落空间环境中，鼠、蚤、人的紧密共存，便于鼠疫的发作和流传。在不同的社会、自然条件下，不同聚落之间的空间也有不同，从而导致瘟疫肆虐的差异。一般认为，城市居民的死亡率要高于乡村，如坎特伯雷的税册显示，瘟疫后三分之二的纳税人消失了；莱斯特的人口也减少了一半；这种城市高死亡率使得牛津等地市民向乡村逃离；[1]城市情况的严重，盖因其空间环境更有利于黑死病的传播。因为人口密度大，城市的卫生条件更为恶劣。不管是大城市，还是小城市，牲畜和人都住得很近；人们还习惯于往路上、河道和沟渠中抛洒各种垃圾。[2]而垃圾，尤其是有机垃圾，是老鼠等食腐动物重要的能量来源之一，研究表明，在中世纪，有机垃圾足以使食腐种群保持高密度，而老鼠正是主要的食腐动物之一。[3]另外，城市建筑密集，研究表明，“城市是曲折狭隘的街道、死胡同和庭院组成的迷宫；广场很小，远离街道，几乎没有宽阔的街景或建筑物”。[4]这就更为鼠、蚤、人的密切接触，以及鼠疫的迅速传播创造了条件。伦敦等城市即可为例。

14 世纪的伦敦已是英国手工业和商业的中心，房屋紧凑，空间狭小，但却居住着大概 80 000 人甚至 100 000 人。[5]。众多的人口栖息在促狭的街区中，卫生条件极其糟糕。如霍莱斯特所说，“用今天的标准衡量，那时的伦敦城狭小、肮脏、

1 理查德·布里特纳尔：《英国城市的黑死病》（Richard Britnell，‘The Black Death in English Towns’），《城市历史》（*Urban History*），第 21 卷，1994 年第 2 期，第 200、202 页。

2 理查德·布里特纳尔：《城市生活》（Richard Britnell，‘Town Life’），罗斯玛丽·霍罗克斯、马克·阿莫诺主编：《英国社会史（1200-1500）》（Rosemary Horrox and W.Mark Ormrod ed.，*A Social History of England: 1200-1500*），剑桥 2006 年版，第 135 页。

3 T. P. 奥康纳：《人类废弃物是中世纪市镇中脊椎动物群落生存的主要生态因素之一》（T.P. O'Connor，‘Human refuse as a major ecological factor in medieval urban vertebrate communities’），载杰夫·贝利、鲁斯·查尔斯、尼克·温德尔主编：《人类生态动力学：环境考古学学会 1998 年纽卡斯尔研讨会论文集》（Geoff Bailey，Ruth Charles，Nick Winder ed.，*Human Ecodynamics: proceedings of the Association for Environmental Archaeology conference 1998 held at the University of Newcastle upon Tyne*），牛津大学出版社 2000 年版，第 15-20 页。

4 参见多米尼克·巴泰勒米、菲利普·孔塔米内：《农民壁炉到教皇宫殿：14-16 世纪》，载菲利普·阿利埃斯、乔治·杜比主编《私人生活史》，北方文艺出版社 2007 年版，第 390 页。

5 R.M.史密斯：《英格兰乡村的人口发展调查（1300-1348 年）》（R.M.Smith，‘Demographic Developments in Rural England，1300-1348：A survey’），布鲁斯·坎贝尔主编：《黑死病之前：十四世纪早期危机研究》（Bruce Campbell ed.，*Before the Black Death: Studies in the Crisis of the Early Fourteenth Century*），曼彻斯特大学出版社 1991 年版，第 50-51 页。

是一个臭气熏天的，易于发生火灾的废物堆。”[1]这种环境无疑易于老鼠和跳蚤的生存，从而使得瘟疫到来的时候宾至如归。“瘟疫大概在万圣节（1348 年 11 月 1 日——译者注）传到了伦敦，此后每天都夺走许多人的生命。”[2]在 1346—1348 年，伦敦地方法庭平均每年认证的遗嘱大概有 22 件。[3]但是 1349 年 1 月所认证的遗嘱数量就达到了 19 件，几乎相当于之前平均一年审理的总量，4 月更是狂增到 82 件。[4]据阿维斯伯里的罗伯特的记载，“从 1349 年的圣烛节（2 月 2 日——译者注）到复活节（4 月 12 日——译者注），瘟疫变得愈加猖狂，每天都有超过 200 具尸体被埋葬。”[5]按照这个比例，在整个瘟疫期间伦敦总的死亡人数应该不低于 51 000 人。占伦敦总人口的一半还要多。[6] 在当时的第二大城市诺里奇。瘟疫也夺去了至少一半的人口。[7] 较小的城市也不能幸免，在贝里圣埃德蒙兹，黑死病前约有 7 000 多人口，到了 1377 年人头税统计的时候，仅有 4 200 人，估计在黑死病期间下降了 40%。[8]

即使在同一聚落内，不同的人群因为居住环境不同，也会体现出死亡率的差异。如以教俗大贵族为代表的社会上层主要居住在城堡之中，建筑牢固，且相对独立。“城堡的外墙成了强有力的防御线；城堡的主楼（起居室）被一间巨大而又坚固的门房取而代之，地处城堡前方险要地位；外墙永远都设有峭壁和险沟防护，而且城堡四周，经常有一圈矮矮的马刺墙，可以把进攻者远远地阻拦在城堡地基之外。”[9]这种建筑较容易阻止老鼠和患病者的进入。另外，权贵阶层大多还有其

---

1 C. 沃伦·霍莱斯特：《欧洲中世纪简史》，商务印书馆 1988 年版，第 151 页。

2 阿维斯伯里的罗伯特：《瘟疫流传到伦敦》（Robert of Avesbury，‘The plague spreads to London’），罗斯玛丽·霍罗克斯编译：《黑死病》（Rosemary Horrox，trans and ed.，*The Black Death*），曼彻斯特大学出版社 1994 年版，第 64-65 页。

3 O. J. 贝内迪克托：《黑死病完整史（1346-1353）》，第 136-137 页。.

4 O. J. 贝内迪克托：《黑死病完整史（1346-1353）》，第 137 页。

5 阿维斯伯里的罗伯特：《瘟疫流传到伦敦》，第 65 页。

6 菲利普·齐格勒：《黑死病》（Philip Ziegler，*The Black Death*），伦敦：1969 年版，第 158 页。

7 菲利普·齐格勒：《黑死病》，第 170 页。

8 R. S. 戈特弗里德：《黑死病：中世纪欧洲的自然和人类灾难》（R. S. Gottfried，*The Black Death*；*Natural and Human Disaster in Medieval Europe*），自由出版社 1983 年版，第 66 页。

9 比尔·里斯贝罗：《西方建筑：从远古到现代》，第 100 页。

私人的礼拜堂或祈祷室。[1]故而有编年史中写道，黑死病“到处攻击庄园居民和普通人，却很少袭击权贵”。[2]事实上，社会上层在黑死病期间的死亡率也是最低的，哈彻尔对总佃户死后财产调查（Inquisitions Post Mortem）的统计表明，1348 年，在 505 个拥有遗产的总佃户中，138 人死于瘟疫，死亡率仅约为 27%。[3]

二、聚落社会环境与黑死病传播

如布里特纳尔所说，在中世纪的英国，聚落不仅是一个人类因地理、遗传等因素自然聚集的生存单位，而且是一个与十户联保制、庄园法庭等联合在一起的政治单位，以及有小规模生产和交换的经济单位。[4]而瘟疫的流传，也不仅与聚落空间环境有关，还与这种环境中人与人的交往有关。通过各种社会交往活动，人们不断将瘟疫传播给彼此，这就构成了瘟疫传播的聚落社会环境。这些社会交往种类很多。人们因谋生展开各种劳动、商贸交往。如在乡村，农民需要参加许多公共性、协作性的劳动，特别是为领主而作的劳役地租。[5]此外，他们还会随机作苦力、帮工或工匠等工作，从而与他人交往接触；而一些村民如小佃农、修补匠等，本身的工作就具有流动性。而农民还要每周一次赶往当地的市场，以得到现金，用于支付租金、罚款和各种税项。[6]除此之外，邻里之间，地主和佃农之间，

---

1 戴维·勒平：《英格兰：教会和僧侣》（David Lepine，‘England：Church and Clergy’），S. H. 里格比主编：《中世纪晚期英国指南》（S.H.Rigby ed.，*A Companion to Britain in the Later Middle Ages*），牛津大学出版社 2003 年版，第 361 页。

2 O. J. 贝内迪克托：《黑死病完整史（1346-1353）》，第 349 页。

3 约翰·哈彻尔：《瘟疫、人口与英国经济（1348-1530 年）》（John Hatcher，*Plague，Population and the English Economy*（1348-1530），帕尔格雷夫·麦克米兰出版社 1977 年版，第 22 页。

4 理查德·布里特纳尔：《英国社会的商业化（1000-1500 年）》（Richard H.Britnell，*The Commercialisation of English Society*，1000-1500），曼彻斯特大学出版社 1996 年版，第 6 页。

5 这种劳役数量较多，一般是每周三天，此外还有繁忙季节的帮忙，而这些劳役往往是由农民集体完成，如组成犁队共同犁地，为领主运送货物等。参见马克垚：《西欧封建经济形态研究》，人民出版社 2001 年版，第 205-207 页；贝内特：《英国庄园生活：1150-1400 年农民生活状况研究》，第 33、38、85、88、113 页。

6 马克·贝利：《英格兰的农民福利（1290-1348 年）》（Mark Bailey，Peasant Welfare in England，1290-1348），《经济史评论》（*The Economic History Review*），第 51 卷，1998 年第 2 期，第 233 页。

村民和商贩之间，还存在着大量的非常规贸易。[1]人们在十户联保制等纽带的连结下，成为一个聚落性政治交往的单位，所以他们还会各种公共性事务，从而产生公务交往。如在农村，村民往往参加频繁召开的庄园法庭，维持日常治安，履行集体义务；而城乡居民则频频参加各种集体性的宗教活动，将他们紧密联系在一起。此外，中世纪的英格兰被称为“快乐的英格兰”（Merrie England），可见当时的英国人并非终日操劳，而是多有休闲，并且这些休闲一般是集体参与的。据统计，中世纪英国可供休闲的非工作日（或宗教节日）一年加起来竟然达到了 115 天。[2]这种聚落社会环境甚至在瘟疫发生之后都未有实质性的改变，如根据罗博对温彻斯特主教区的卷档（the Pipe Rolls）的分析，可知无论在领地之上，还是城堡之中，包括收割、建筑等在内的各类工作，在黑死病期间一仍其旧，只是工资提高了；市场亦未歇业，一位名罗尼维的领主依然在市场上卖了 2 头奶牛、23 头犊牛、7 只阉羊和 15 只绵羊；法勒姆的百户区法庭也照常召开，还颇有收益；此外，很多传统的活动，比如节日晚宴等在很多地方仍然继续。[3]更重要的是，尽管此时人们或许再无平日那么多休闲的心态，但恐慌和绝望却让很多人过上了更加疯狂的生活；“很多人逃离了瘟疫的深渊，却在相互的屠杀中丧命。”[4]

全方位、多渠道的交往模式，为瘟疫在聚落之中近距离、多途径的传播创造了条件；而不同人群在面对瘟疫时又往往有不同的反应，从而使得各自的聚落社会环境呈现出特殊性，这在教士阶层身上表现的尤其明显。教会认为，黑死病是上帝因世人的罪孽而降下的惩罚，所以，要摆脱瘟疫的威胁，只有乞求上帝的原谅。故而教士“身先士卒”，积极组织各种集体性的宗教活动。如在坎特伯雷教省，

---

1 理查德・布里特纳尔：《英国社会的商业化（1000-1500 年）》，第 6，97-101 页。

2 参见克里斯托弗・戴尔：《十四世纪的劳动道德》（Christopher Dyer，‘Work Ethics in the Fourteenth Century’），詹姆斯・博思韦尔、P.J.P.戈德堡、马克・阿莫诺主编：《十四世纪英格兰的劳动问题》（James Bothwell，P.J.P. Goldberg，Mark. Ormrod，*The Problem of Labour in Fourteenth-Century England*），约克：2000 年版，第 23 页；梅维斯・E. 马泰：《工作和休闲》（Mavis E. Mate，‘Work and leisure’），罗斯玛丽・霍罗克斯、马克・阿莫诺主编：《英国社会史（1200-1500 年）》，第 280-281 页。

3 E. 罗博：《法勒姆百户区的黑死病》（E.Robo，‘The Black Death in the Hundred of Farnham’），《英国历史评论》（*The English Historical Review*），第 44 卷，1929 年第 2 期，第 563 页。

4 雷丁的约翰：《雷丁的约翰所记载的瘟疫》（John of Reading，‘The plague according to John of Reading’），罗斯玛丽・霍罗克斯编译：《黑死病》，第 74-75 页。

"各主教和其他属于司祭品级的人，都要在恰当的时间和地点举行弥撒和组织布道，同时还要在每个周三和周五组织游行；另外还要作其他虔诚赎罪的、谦恭而顺从的公务。"[1]在埃克塞特主教区，要求在举行仪式的时候，"一定要召集本市和郊区所有的僧侣参加：教产持有人和托钵僧，堂区主持人及其代理，还有各堂区的神父。"[2]其次，教士还必须积极参与临终关怀和开辟墓地等行为。在上述活动中，教职人员总体而言是尽心尽力的，甚至连约克教省的代理大主教这样的教会高层，也在黑死病最猖狂的几个月中的到处巡视，探望生病的人，鼓励健康的人，为新的墓地祝圣。[3]而这也使得他们始终是与死神接触最密切的人。据贝内迪克托对 10 个主教区的受俸教士死亡率统计，教士的死亡率在 46.5%左右，[4]超过了英格兰和威尔士 30%～40%的总人口死亡率。[5]

教士积极参与聚落社会活动，并因之大量死亡，而那些逃离当时聚落社会环境的人，受瘟疫的影响就较小。如牛津大学的学者和学生们在听闻瘟疫传来的消息后迅速逃离，因为他们并非当地的固定居民，而据萨特尔（H.E.Salter）等的研究，牛津大学的死亡率仅为 5%。[6]

教士的高死亡率与牛津大学的低死亡率表明，在聚落社会环境中，职业特点的影响不容忽视。但人群的死亡率差异还体现在不同性别、年龄、体质之中。黑死病期间的不少编年史家认为，女性的抵抗力较差。[7]拉齐则通过对伍斯特郡希尔

---

1 坎特伯雷基督教堂主教：《祈祷的重要性》（The Prior of Christchurch of Canterbury，'The importance of prayer'），罗斯玛丽·霍罗克斯编译：《黑死病》，第 114 页。

2 埃克塞特总铎：《埃克塞特的响应》（The Dean of Exeter，'The response in Exeter'），罗斯玛丽·霍罗克斯编译：《黑死病》，第 115 页。

3 菲利普·齐格勒：《黑死病》，第 182 页。

4 O. J. 贝内迪克托：《黑死病完整史（1346-1353 年）》，第 356 页。

5 吉姆·博尔顿：《"混乱的世界"：作为经济和社会变革因素的瘟疫》（Jim Bolton，"'The World Upside Down'：Plague as an agent of Economic and Social Change"），马克·阿莫诺、菲利普·林德利主编：《黑死病在英国（1348-1500 年）》（Mark Ormrod and Philip Lindley，ed.，*The Black Death in England*，1348-1500），保罗·沃特金斯出版社 1996 年版，第 26 页。

6 转引自威廉·J·考特尼：《黑死病对英国高等教育的影响》（William J. Courtenay，'The Effect of the Black Death on English Higher Education'），《棱镜》（*Speculum*），第 55 卷，1980 年第 4 期，第 697 页。

7 S. N. 德威特：《黑死病期间伦敦不同性别的死亡风险（1349-1530 年）》（S.N. DeWitte，'The Effect of Sex on Risk of Mortality During the Black Death in London，A.D. 1349-1350'），《美国自然人类学杂志》（*American journal of physical anthropology*），第 139 卷，2009 年第 2 期，第 222-234 页。

斯欧文法院卷宗的梳理，发现黑死病中儿童的死亡率非常之高。[1]另有学者通过尸体骨骼损伤检测等手段，认为黑死病对那些体弱多病者有偏向性。[2]但从现代病理学上来说，人类对鼠疫菌普遍具有易感性，不存在种族、性别和年龄的差别。[3]原因何在？贝内迪克托指出，这大概是因为儿童的玩耍习性使得其容易受到感染，而在无人照料时，他们又往往变得虚弱；女性特别是孕妇则更多地居留在房子之中，易受跳蚤的攻击；营养不良本身并不会加重黑死病的病情，相关人群死亡率较高，更多的是因为瘟疫导致了正常生产、生活秩序混乱，体弱者尤其是其中的穷人很可能遭受饥饿之苦并因之丧命。[4]而这同样体现了聚落社会环境对瘟疫传播的重要影响。

三、黑死病传播的聚落性与地区性

在黑死病的传播中，聚落空间环境与聚落社会环境的影响并非彼此分离，而是相互联系。如在城市，尽管聚落空间环境在瘟疫传播中作用明显，但城市的聚落社会环境同样不可被忽视。正如戴尔所言，城市是指任何一个居民从事多种非农业职业的地方。[5]手工业和商业从业者从四面八方汇集而来，并居住于此。据 1332 年的世俗赞助金档案，可知伦敦当时有上百种不同的职业；而据 13 世纪末与 14

---

1 Z. 拉齐：《中世纪教区的生存、婚姻和死亡：哈利苏文的经济、社会和人口》（Z.Razi，*Life，Marriage and Death in a Medieval Parish：Economy，Society and Demography in Halesowen 1270-1400'*），剑桥大学出版社 1980 年版，第 104 页。

2 S. 德维特、J. 伍德：《黑死病基于既有健康的选择性》（S.N.DeWitte，J.W.Wood，'Selectivity of the Black Death with respect to preexisting health'），《美国科学院院刊》（*Proceedings of the National Academy of Sciences*），第 105 卷，2008 年第 5 期，第 1436–1441 页。

3 唐家琪主编：《自然疫源性疾病疾病》，第 777 页。新近的研究也倾向于证明，营养不良、性别差异等对于黑死病传播的影响不大。戴维·赫利希：《黑死病和西方的转变》（David Herlihy，*The Black Death and the Transformation of the West*），哈佛大学出版社 1997 年版，第 33-34 页；H. A. 沃尔德伦：《万人坑对于古流行病学有特殊价值吗？》（H. A. Waldron，'Are Plague Pits of Particular use to Palaeoepidemiologists？'），《国际流行病学杂志》（*International Journal of Epidemiology*），第 30 卷，2001 年版第 1 期，第 104-108 页。

4 O.J. 贝内迪克托：《黑死病完整史（1346-1353）》，第 350，第 352 页。

5 克里斯托弗·戴尔：《转型时代？中世纪晚期英格兰经济和社会》（Christopher.Dyer，，*An Age of Transition？Economy and Society in England in the Later Middle Ages*），牛津大学出版社 2005 年版，第 24 页。

世纪初的自由民准入登记来看，温彻斯特和诺维奇都有 20～70 种职业，约克也达百种；纵使是达拉姆这样的中等城市，尽管只是一个教会中心，也有 50 种以上的行业；而在具有浓郁农业特征的小城镇，分工也不少，如半农业小城林顿，1279 年时就有至少 15 种工匠，其他如海威科姆、泰姆和海沃斯等，也有 20 多种。[1]这些人操持不同职业，彼此之间频繁的进行商业与公共交往，小城镇一般一周开市一次，大城市甚至每天都开市。瘟疫在这种商贸交往密切的环境中显然如鱼得水。

聚落社会环境在瘟疫传播中作用的发挥，也与相关的聚落空间环境不可分。如上文所说，积极参与社会活动的教士死亡率很高，而这种聚落社会环境的发挥，也离不开聚落空间环境的配合。修道院即是一个很好的例子。修道院因其宗教活动和经济、政治活动的特殊性，往往成为一个聚居的中心，更因其对病人的照护而在瘟疫爆发时具有特殊的参考意义。[2]修道院中设有救济所，身染疾病者抑或陷入困境的鳏寡孤独，甚至过往行人，皆可在此间获得救护，而当黑死病时，更是不可数计的人蜂拥而至。[3]但修道院救济所中的空间环境不仅不能抵御，甚至还会助长瘟疫的传播。以威斯敏斯特修道院的救济所为例，病员大多安置在一个大厅之内，在过道两旁，床铺逐次排放，并无明显间隔；更严重的是，不管是病者还是其他寄宿者，往往共处此厅。[4]如此一来，瘟疫不仅会在这些人中迅速流传开来，那些负责照料他们的教士也不可幸免。而教士们一般又居住在一起。威斯敏斯特修道院之内 50%～60%的成员，包括一些位高权重者，都居住在一个集体宿舍之

---

1 约翰·哈彻尔、马克·贝利：《塑造中世纪：英国经济发展的历史和理论》（John Hatcher and Mark Bailey, *Modelling the Middle Ages: The History and Theory of England's Economic Development*），牛津大学出版社 2001 年版，第 141 页。

2 黑死病期间修道院的死亡之惨烈被大量记载下来，如在莫城（Meaux）修道院，黑死病前有 42 个僧侣，但仅仅在 1349 年 8 月，就有 22 个僧侣死于瘟疫，其中包括院长休（Hugh）。当这一次瘟疫消逝的时候，这个修道院仅剩下了 10 个僧侣。而拉塞尔对 12 个修道院的死亡情况进行了细致的梳理，得出了 44%的死亡率。参见 P. G. 莫德：《黑死病对英国修道院的影响》（P. G. Mode，*The Influence of the Black Death on the English Monasteries*），芝加哥大学未刊博士论文，1916 年，第 15 页；芭芭拉·哈维、吉姆·厄彭：《中世纪晚期英格兰的发病模式：以维斯特敏斯特修道院为例》（Barbara Harvey and Jim Oeppen，'Patterns of Morbidity in Late Medieval England：A Sample from Westminster Abbey'），《经济史评论》（*Economic History Review*），第 54 卷，2001 年第 2 期，第 222 页；J. C. 拉塞尔：《中世纪英国人口》（Josiah Cox Russell，*British Medieval Population*），新墨西哥大学出版社 1948 年版，第 222-223 页。

3 彼得·莫德：《黑死病对英国修道院的影响》，第 4、5、8 页。

4 芭芭拉·哈维、吉姆·厄彭：《中世纪晚期英格兰的发病模式：以维斯特敏斯特修道院为例》，第 222 页。

中，即便有所谓的隔间，也仅仅是在两床之间拉一布帘而已，这对于瘟疫的传播来说，阻碍作用几近于无。[1]

聚落空间、社会环境在黑死病传播过程中的“相互配合”，使得黑死病的传播呈现出明显的聚落性。一方面，黑死病的传播一般是以聚落为单位逐次完成的；因为交往频繁，所以瘟疫在某一聚落内部传播的速度极快，并可迅速流传至下一聚落；[2]时人写道，“没有哪一座城市、乡镇、小村庄甚至偏远之地的一些房屋可以幸免。”[3]在这种情况下，瘟疫在不到两年的时间内就传播到了英国全境。另一方面，尽管瘟疫迅速向下一聚落流传，但这并不意味着本聚落可逃离厄运。如在法纳姆百户区，瘟疫在 1348 年底到达，1349 年初即传向萨里等郡，但此地瘟疫的高峰一直延续到了 1349 年 9 月。[4]贝内迪克托认为，其原因在于聚落内房屋稠密；“在每一所房子中，黑死病通常都会引起一场老鼠流行病，随后找不到老鼠宿主的鼠蚤就会转向它们紧邻的人类；与交叉感染机制相比，这显然是一个颇为耗时的过程，并且房子越多，吞噬该地所需要的时间也就越长。”[5]

受这种聚落性传播的影响，黑死病死亡率还呈现地区性的差异。大致来说，英国低地带的死亡率要超过高地带，据统计，在受俸教士死亡率超过 45%的 11 个郡中，其中属于低地带的有 9 个。[6] 其重要原因，便是低地带的聚落密度较大，而高地带的聚落密度相对较小。低地带是英国境内光、热、水、土配合最好的地区，便于农业开发；而高地带却对发展种植业不利。[7]受材料的限制，我们难以给出一个乡村聚落分布具体数字的对比，但无论是从领地还是公地，耕地抑或牧场，

---

1 芭芭拉 · 哈维、吉姆 · 厄彭：《中世纪晚期英格兰的发病模式：以维斯特敏斯特修道院为例》，第 221-222 页。

2 J. W. 伍德等：《14 世纪黑死病的时间动态：英国教会档案的新证据》（J.W. Wood，et al.，'The Temporal Dynamics of the Fourteenth-Century Black Death：New Evidence from English Ecclesiastical Records'），《人类生物学》（*Human Biology*），第 75 卷，2003 年第 4 期，第 427-448 页。

3 弗朗西斯 · 加斯凯：《大瘟疫（1348-1349 年）》（Francis Gasquet，*The Great Pestilence（A.D.1348-9）*），伦敦：1893 年版，第 92 页。

4 R. S. 戈特弗里德：《黑死病：中世纪欧洲的自然和人类灾难》，第 64 页。

5 O. J. 贝内迪克托：《黑死病完整史（1346-1353）》，第 233 页。

6 苏珊 ·斯科特、克里斯托弗 ·邓肯：《瘟疫的生物学：历史人口统计的证据》（Susan Scott and Christopher J. Duncan，*Biology of Plagues，：Evidence from Historical Populations*），剑桥大学出版社 2001 年版，第 91 页。

7 曾尊固：《英国农业地理》，商务印书馆 1990 年版，第 58-59 页。

两圃区抑或三圃区的分布密度来看，低地带都远高于高地带；与此相应，与聚落密切相关的一些数值，如文献所体现出来的菜园、果园、葡萄园、小农场和宅地的价值，核心耕地的分布、播种的密度，税收的额度等，以及更直接的庄园法庭、小村庄、十户联保区以及磨坊的分布密度来看，低地带也要比高地带高得多。[1]城市和修道院的分布也体现了这一点。[2]另从 1334 年世俗补助金的征收看来，不管是城市数量，还是单个城市的税额，低地带都要超过高地带。[3]莫德亦认为，修道院大量集中在英国的南部、中部和东南方。[4]

根据德国学者克里斯特勒的中心地理论，不同的聚落还按照一定的经济关系，以一个核心地为中心连为一片。[5]这提示我们在考察瘟疫传播的地区性时，不仅要关注单个的聚落环境，还要对聚落间环境给予一定的重视。如同样主要位于低地带，东南沿海地区的死亡率要就超过了中西部地区，1377 年人口税册显示东南沿海三郡大概有 94 531 人，仅约为 1300 年人口数字的 31%；而中西部七郡，这一比例约为 61%。[6]究其原因，阿克曼认为，东南沿海三郡属于实行闭田制（closed-field system）的林地带（woodland），在这里，田地狭小，常常隔以沟渠和土墙。林地带的人们彼此分开居住，不易沟通；而中西部七郡属于实行敞田制（open-field

1 布鲁斯·坎贝尔、肯·巴特利：《黑死病之前的英格兰：领主、土地和财富图示集（1300-1349 年）》（Bruce Campbell and Ken Bartley，*England on the Eve of the Black Death：An atlas of lay lordship，land and wealth，1300-49*），曼彻斯特大学出版社 2006 年版，第 47、60、64、92、93、95、96、109、135、136、194、248、249、270、276 页。

2 分布密度参见 H. C. 达比主编：《1600 年前英格兰新历史地理》（H.C.Darby，ed.，*A New Historical Geography of England before 1600*），剑桥大学出版社 1976 年版，第 96 页。

3 H. C. 达比主编：《1600 年前英格兰新历史地理》，第 180-182 页；R. H. 布里特纳尔：《英国城市经济（1300-1540 年）》（R. H. Britnell，'The Economy of British Towns，1300-1540'），D. F. 帕利泽主编：《剑桥英国城市史》（第一卷，600-1540 年）（D.F.Palliser，ed.，*The Cambridge Urban History of Britain，Vol .I，*600-1540），剑桥大学出版社 2000 年版，第 329 页。

4 彼得·莫德：《黑死病对英国修道院的影响》，第 3 页。

5 克里斯托弗·戴尔：《中世纪晚期英格兰的市场城镇和乡村》（Christopher Dyer，'Market Towns and the Countryside in Late Medieval England'），《加拿大历史杂志》（Canadian Journal of History），第 31 卷，1996 年第 2 期，第 17-35 页。

6 东南沿海三郡，即埃塞克斯郡、米德尔塞克斯郡以及苏塞克斯郡，中西部七郡，即汉普郡、林肯郡、南安普顿郡、诺丁汉郡、牛津郡、沃里克郡以及威尔特郡。参见查尔斯·阿克曼：《中世纪英格兰的乡村人口》（Charles Ackerman，'The Rural Demography of Medieval England'），《民族历史学》（*Ethnohistory*），第 23 卷，1976 年第 2 期，第 110、112 页。

system）的沃田带（champion ground），其风貌恰与林地带相对，土地开阔，往往以条田状分布，施行三圃制或二圃制，人们的居住也较为集中。表面来看，沃田带人口密集，聚居空间较为集中，适合家鼠的繁衍，但开阔的条田却阻碍了家鼠在村庄间的流窜，瘟疫的传播也会受到影响；而林地带的聚落呈现出四散而居的格局，村庄之间距离较近，反而便于家鼠的游动，瘟疫的肆虐也就更为严重了。[1]这种聚落间环境的重要性，也提醒我们在考察瘟疫肆虐的问题时，还需要对瘟疫的长距离传播机制，以及人们的医疗救济反应加以重视，对此，我们将另文专论。

四、结论：聚落环境视野中的瘟疫与人

如上文所论，聚落环境对于黑死病的传播具有重要意义。其中，聚落空间环境为鼠、蚤、人的紧密共存创造了条件，聚落社会环境则使得黑死病可以在人与人之间迅速传播；同时，这两者还相互联系，依据不同的社会、自然条件，对黑死病的传播造成影响。聚落环境不同，瘟疫造成的影响也就不同，正因为此，黑死病的传播具有聚落性的特点，并在全国表现出地区性的差异。

但我们还要注意到，黑死病以及其他瘟疫的肆虐，也会刺激人类改变聚落环境，并最终对瘟疫的肆虐产生影响。14 世纪的黑死病是鼠疫在欧洲肆虐的顶峰，之后几百年内，鼠疫反复发作，但烈度均较 14 世纪为差；1665 年的伦敦大疫之后，鼠疫在欧洲渐趋消失。对于欧洲鼠疫减弱乃至消逝的原因，我们当然要清楚这与病原体或宿主的变异，抑或人类卫生水平的提高或许关系更大；[2]但同时也不能忽视人类围绕聚落环境所作出的努力。14 世纪以后，英国居民的居住环境有了较大改善，不同功能的建筑物特征越来越突出，单、双层多房间住房出现，私人空间受到了重视。[3]各级权力机构也不断颁布法律，对公共卫生环

---

1 查尔斯·阿克曼：《中世纪英格兰的乡村人口》，第 107 页。

2 安德鲁·B. 阿普尔比：《瘟疫的消逝：一个持续的困惑》（Andrew B. Appleby，*'The Disappearance of Plague：A Continuing Puzzle'*），《经济史评论》（*The Economic History Review*），第 33 卷，1980 年第 2 期，第 161-173 页。

3 王向梅：《从居住角度看英国社会转型时期私人生活的变迁》，《世界历史》2005 年第 2 期；郭华：《中世纪晚期英国农民居住状况的变迁》，《首都师范大学学报》2008 年第 4 期。

境加以治理。[1]当然，英国的聚落环境并未因此发生实质性的改变，[2]但正是伴随着这些努力，整个社会的聚落环境意识不断增强。人们认识到了聚落环境在瘟疫传播中的作用，并努力通过卫生检疫、人群隔离等方式规避瘟疫，应对灾难，从而在与鼠疫的斗争中渐渐占据了上风。[3]

如此看来，在历史的进程中，瘟疫的肆虐并非完全的“随心所欲”。实际上，无论是聚落空间环境，还是聚落社会环境，都是人类面对特定自然和社会条件所创造的一种生存和生活环境。瘟疫可以依托聚落环境而肆虐，也可随着这种聚落环境的改变而受到控制。而这背后，则是人在与瘟疫博弈中获取主动的不懈努力。

---

1 谢谦：《鼠疫困扰下的伦敦——近代早期城市生活管窥》，《历史教学问题》1998 年第 1 期；程杰晟：《中世纪至近代早期西欧的环境与社会变迁》，中国人民大学硕士学位论文，2005 年 5 月，第 35、61-64 页。

2 聚落环境明显好转发生在 19 世纪，是随着工业化的逐渐完成而实现的。参见任其怿、吕佳：《从住房和卫生条件的改善看近代英国的城市治理》，《内蒙古大学学报》2004 年第 4 期。

3 向荣：《集体行动与近代早期西欧鼠疫的消失》，《光明日报》2003 年 7 月 1 日。

环境史视野与社会经济史研究
——评“Fishing Wars and Environmental Change in Late Imperial and Modern China”[1]

潘 威

摘 要：本文通过简要介绍穆盛博（Micah S. Muscolino）著 “*Fishing Wars and Environmental Change in Late Imperial and Modern China*”一书，回顾了近代舟山渔场的渔业资源开发过程，评述了穆盛博研究的意义，认为其在社会经济史基础上进行环境史探讨为研究中国“生态边疆”提供了可资借鉴的研究方法，特别是将资源开发作为连接环境史与社会经济史的桥梁，可以为当前海洋环境史甚至中国环境史研究所借鉴。

关键词：渔业资源；近代；环境史

Environmental History and Economic and Social History Research
—— Comments on “*Fishing Wars and Environmental Change in Late Imperial and Modern China*”

Pan Wei

Abstract: This paper gives a brief introduction Mu Shengbo（Micah S. Muscolino） with “*Fishing Wars and Environmental Change in Late Imperial and Modern China*，”a book，reviewed the process of modern development of fisheries resources in Zhoushan fishing

1 原文发表于《历史地理》辑刊，No.27.2013：367-373。

ground，Mu Shengbo significance is reviewed，In its discussion on the social and economic history environmental history on the basis for the study of Chinese "eco-frontier，" provides useful methods，particularly in resource development as a bridge to connect environmental history and economic and social history，for the current Institute of marine environmental history environmental history of China for reference.

Key words: Fishery resources; Modern China; Environmental history

穆盛博（Micah S. Muscolino）著“*Fishing Wars and Environmental Change in Late Imperial and Modern China*”（《近代中国的渔业战争和环境变化》，按：对书名翻译我征求过穆盛博本人意见，他认为本文翻译最接近其本意）正是在此领域内较新的成果。清代以来的中国，在包括舟山渔场在内的许多地区，人口增长、流动和商业化导致公共自然资源使用中的一系列问题日趋恶化。位于苏浙两省交界海域的舟山群岛是中国最重要的海洋渔场。在东海洋流与长江口径流得天独厚的配合下，舟山渔场具有丰富的饵料，从而具备了高度发达的初级生产力，能够保证乌贼、带鱼、大黄鱼和小黄鱼等多种海洋生物繁衍，而以上四种海产正是舟山的“四大经济渔产”。过度开发的警报最初在何时响起？人类的观念和政策在海洋变迁中有怎样的作用？这些问题使得我们应该对更多人类施加于海洋的影响有所了解。

本书探讨了人们怎样去支配舟山群岛的渔业资源，并且分析了民间和政府在利益驱动下，围绕对自然资源的支配所形成的竞争。民间和政府依靠怎样的惯例或制度来运作对渔业资源的利用？社会组织和政府之间的关系在清末至民国初年存在着怎样的变化？这些惯例和制度能解决什么样的问题？而对哪些问题却始终无能为力？这些制度的命运为我们了解近代中国的环境变化提供了什么？穆氏希望这些问题的答案能让人们更好地了解中国过去的生态变化与当前的环境挑战之间所存在的关系。

自清中期以来，来自浙江和福建的渔民就随着渔汛来到舟山群岛，按照他们的习惯性做法取得了对渔场的支配，并且建立了一些准则，以规范他们对渔场的使用。建立在“同乡”基础上的各个帮派将渔场分为若干个部分，每个帮派各有自己的“地盘”。地方官名义上是渔业纠纷的最终仲裁者，但事实上当地的会馆或公所在解决渔业纠纷中承担了更大的责任并拥有实际权力。来自同省，同县或同一个镇的移民往往组成一定的社会团体，这种带有地域性的团体实际上成为了维护渔民和鱼商共同利益的场所。不仅在舟山，在帝制晚期中国的几乎所有市镇，同乡组织都试图规范他们所控制的各类产业市场。

依靠非官方的规则人们就可以从开发舟山渔场中获利，而不用通过暴力冲突实现对自然资源的占有，因为暴力冲突要付出的成本实在太高，特别是渔具的破坏使渔民不到万不得已都不愿卷入暴力冲突。地方信仰有助于确立并贯彻这种规则，使得渔民团体能够应对行业风险和贸易变数。大部分的渔帮如同候鸟般定期来到渔汛时的渔场。作者曾经在岱山岛东沙镇羊府宫见到了 1844 年的《渔汛禁约》，它是来到岱山岛赶黄鱼汛的鄞县渔民所制订并使用的行业规则。实际上，几乎所有的渔帮都有类似《渔汛禁约》的行业准则来管理对自然资源的使用。渔民之间常因互相毁坏渔具而爆发暴力冲突，民间惯例通过构建一个关于处罚和赔偿的体系以避免这种冲突升级。没有了这些规则，无序竞争将会导致广泛的渔具损毁和大规模械斗。最典型的事例就是 1932—1934 年爆发的第二次渔业战争，即乌贼争端。当时，使用网捕技术的舟山和宁波渔民与使用笼捕技术的温州、台州渔民为控制乌贼捕捞而发生了械斗，地方政府曾试图调解，但当时的舟山渔场完全陷入了双方对利益的疯狂追逐，互不妥协的结果就是更大规模的流血冲突，双方互相破坏对方的渔具，渔业经济受到很大损失。

18 世纪与 19 世纪的商业化与人口增长吸引了中国人前往当时尚未被开发的“生态边疆”（Ecological Frontiers），而同光之后清政府对税源的渴望更加促进了边疆的开发。迁徙的拓荒者们对荒山和草地施行了大规模的农垦，对海洋渔场也进行了更为深入的开发，在此背景下，舟山群岛的海洋环境经历了一次前所未有的改变。社会经济的变化使得自然资源经受了更大的压力，导致了广泛的生态恶化。正是由于自然资源在市场经济与人口压力作用下大量减少，使得当时的人们不得不更多地通过诉诸暴力来获取自然资源。在晚清至民国时期的中国，很多地区的暴力事件，实际上正是围绕着森林、荒地和水利系统等自然资源的竞争而产生的。欧美学界中的中国环境史研究已经揭示了在传统中国管理公共自然资源具有相当大的难度。

经济学者 Daniel Bromley 指出，对于资源开发，辨析“公共所有权”和“开放使用”（Open Access）是非常重要的。“开放使用”这一概念使人们可以无限制使用资源。而“公共所有权”仅允许特定的社会成员在一定规范下使用资源。Garrett Hardin 著名的“公共资源悲剧”（Tragedy of the Commons）正是“开放使用”的后果[1]。人类学、社会学、经济学、政治学和生态学等不同学科的研究已经揭示了在一定条件中使用渔场或其他公共自然资源的人，会建立或维护一套规范资源开发的制度或惯例，这些制度或惯例会尽量减少无序开发所造成的社会和环境代价。2009 年诺贝尔经济学奖得主 Elinor Ostrom 也指出，人们通过建立制度或使用规则来实现对公共资源的管理，进而进行物质财富生产[2]。那么在清代中国，自然资源是在怎样的环境下展开的呢？人们是否建立了制度和规则？这种制度和规则是怎样的呢？

穆氏的研究表明，20 世纪 90 年代舟山主要经济渔产大量损耗与人类长期的不合理开发息息相关。特别是近百年来，各方各团体在掌握或争夺舟山渔场的资源开发主导权时，逐利是唯一的目的，传统中国社会的民间惯例、民国政府的“生产计划”等都未考虑到资源有限的事实。这一现象至少在传统中国的南方似乎普遍存在，Peter C. Perdue 和 Keith Schoppa 的研究分别通过对清代湖南和浙江水利史的考察，得出了“当时较有见地的官员都在限制民间力量对于公共水利系统的侵占”这一结论[3]。然而，即便是最有才干的官员也几乎不可能摆脱地方社会的影响。商业发展和人口压力导致高级官员不可能限制非法的圩田建设，也因此无力阻止必将到来的自然灾害。以上研究得出了这样的认识，在调和不同地区围绕自然资源而爆发的暴力冲突中，清政府的官方监督面临了同样来自地方社会的阻碍。由于超负荷的工作量和官员严重不足，政府时常“直接利用地方社会来贯彻政令”。可是，历史学者相对更为关注清政府处理暴力纠纷的方式，而对于地方社会解决纠纷的惯例反而未给予应有的重视。并且，我们对这些惯例在民国期间——这个

---

1 Garrett Hardin. The Tragedy of the Commons，Science，1968（162）：1243-1248.

2 Ostrom，Elinor. Governing the Commons：The Evolution of Institutions for Collective Action. Cambridge：Cambridge University Press，1990.

3 Peter Perdue：Exhausting the Earth，State and Peasant in Hunan（1500-1850），Harvard East Asian monographs，1987. Keith Schoppa：song Full of Tears：Nine Centuries of Chinese Life Around Xiang Lake. Yale University，1989.

政治背景发生了显著变化的时代，所经历的命运知之甚少，舟山渔场的例子当然不能涵盖民间惯例与资源开发关系的全部，但依然为我们认识这一问题提供了一个视角和一个生动的事例，民间惯例在面对经济全球化和高度商品化带来的资源压力和经济利益驱使时脆弱无力，无法组织起本国产业统一应对国际竞争，究其原因，民间惯例是为了限制暴力冲突，希望各方能以较小的非生产性“成本”从资源开发中攫取利益，实际上造成了资源开发过程中同一产业内的分裂，并且惯例很好得维持了这种分裂，但不能化解“有限的资源和无限的逐利”之间的矛盾。

按照作者的观点，在对舟山渔场进行开发的过程中，民国政府抱有依靠科学管理和高新技术就能达到对渔场的永续开发，这种过于乐观的态度与 James Scott 提出的“high-modernist ideology”非常接近[1]，受雇于政府的渔业专家们坚信，通过制订“中央计划”能够带来科学与技术的进步，由此可以无限提高产量并且能够有效地控制自然。中国 20 世纪的渔业政策就是为了清除提高产量的障碍而设计的，旨在通过强化政府监管取得计划中的渔业产量并持续提高税收。民国政府的舟山渔业发展计划本质上是一系列为强化政府征税而产生的新制度，某种程度上而言，这一政府行为是一种对资源的掠夺式开发。Melissa Leach 通过考察欧洲殖民者在非洲的经济建设提出了“参与发展论”（“Discourse of Development Intervention”）[2]，指出殖民政府参与经济建设实际上是为了强化对资源的控制，这与民国政府对舟山渔业的开发非常类似，同时，这种“参与”行为暴露了“政府”内部的种种矛盾，尤其使不同行政部门之间由于税收所产生的愈发剧烈的利益冲突被曝光。

综上，在环境史视野下，过去和当前的资源问题不仅仅是自然环境本身变化的结果，更是人类开发的后果，特别是人类的组织方式、生产方式、国家政府行为等因素对环境施加过度压力的后果。

穆盛博的研究揭示了舟山渔场在民国时期由于城镇经济发展和国家税收压力导致对于渔业资源的过量捕捞，在这一过程中，传统的渔民社会并没有发挥功效，甚至走向了崩溃，最终导致了渔业资源的枯竭。今天许多环境问题的根源都可以

---

1 James Scott. Seeing Like a State：How Certain Schemes to Improve the Human Condition Have Failed，Yale University Press，1998.

2 Melissa Leach，Robin Mearns，Ian Scoones. Environmental Entitlements：Dynamics and Institutions in Community-Based Natural Resource Management. World Development. 1999，Volume 27（2）：225-247.

上溯到100年甚至300年前进行考察，从中能够展现的将不仅仅是资源逐渐被过度开发的过程，也伴随着区域环境观念和地方惯例逐渐崩溃的过程。将环境史视野与社会经济史研究相结合，从资源开发的角度审视中国“生态边疆”的环境变迁过程，将使学界和社会更加深刻地理解清代—民国的社会、经济以及当前的环境问题，特别是把海洋的历史纳入到我们的历史之后，针对海洋资源的研究必须进一步发展下去。

从环境史角度看乾隆年间天山北麓的农业开发[1]

张　莉

摘　要：本文在前人研究新疆屯田、农业开发和自然环境变迁的基础上，从环境史的角度出发，利用丰富的历史文献记载，集中探讨了乾隆年间天山北麓农业开发活动中人与自然环境之间的关系发生、发展和变化的过程。本文主体内容的第一部分概括天山北麓自然环境特点的基础，这是理解历史时期人与环境互动的基础；第二部分，复原了乾隆二十三年（1758 年）以前天山北麓的游牧文化景观；第三部分，通过征用丰富的历史记载，以讲故事的方式，细致而微地呈现了乾隆年间迁移而来的农耕民族如何看待这片土地、农业耕种如何从无到有、由内地带来的农业耕作制度和技术如何适应当地自然环境等人与环境的互动过程；最后，复原了乾隆六十年（1795 年）天山北麓的地理景观，总结指出乾隆年间天山北麓地理景观的变化主要发生在平原地区（出现的农业聚落和绿洲农业景观），迁移而来的屯兵、户民和天山北麓的自然环境共同造就了乾隆末年天山北麓的地理景观特征。

关键词：环境史；农业开发；天山北麓

The Agricultural Development in the North Piedmont of Tianshan Mountains in the Period of Qianlong Reign：from the Perspective of Environmental History

Zhang Li

Abstract： This paper discusses therelationship between the human and the natural environment in the agricultural activities in the period of Qianlong Reign. In the first part，the

---

1 基金项目：国家自然科学基金项目（40801047）阶段性成果。原文刊发于《清史研究》2010 年第 1 期。

author describes the natural environment and the nomadic cultural landscape before1757, which is the basis to understand the agricultural development in the following time. In the second part, the author studie show the farming people from the innerland of China understood this piece of land, how the farming activities began, and how the cultivation technology imported from the innerland had to bechanged according to the local natural conditions. In the end, the author points out the main changes of the landscape were the appearance of a great number of agricultural settlements and large tracts of farmland in the oasis at the end of the Qianlong reign.

Key words: Environmental history; Agricultural development; North piedmont of Tianshan Mountains

一、环境史研究带来的新思考

自 1970 年来以来，环境史（environmental history）逐渐成为西方历史学界的一个研究领域。近年来，也成为我国历史学研究的热点。环境史研究提供了一个从人类与自然环境关系的角度出发，重新检讨区域历史的机会[1]。在人与自然环境的关系中，环境史研究强调不同的人（民族、性别、身份、地位、观念等）与不同的自然环境（区域差异）之间在生活、生产的具体活动中所发生的关系，将人和自然环境视为不可分割的一个整体来研究。

关于清代新疆农业开发的相关研究已经不少，研究成果主要集中在对农业开发政策、屯田制度、农业开发史等问题上。代表性著作有王希隆的《清代西北屯田研究》、华立的《清代新疆农业开发史》、方英楷的《新疆屯垦史》（下）等[2]。其中，王希隆对不同屯田形式制度的研究，为后人了解和研究西北屯田奠定了坚实的基础；华立从农业人口的迁移、北疆农业区的形成、南疆农业区的扩大等方

1 梅雪芹：《从环境的历史到环境史——关于环境史研究的一种认识》，《学术研究》，2006 年第 9 期，第 12-22 页；王利华：《作为一种新史学的环境史》，《清华大学学报》（哲学社会科学版），2008 年第 1 期，第 15-17 页。刘翠溶：《中国环境史研究刍议》，《南开学报》（哲学社会科学版），2006 年第 2 期，第 14-21 页。

2 王希隆：《清代西北屯田研究》，兰州：兰州大学出版社，1990 年；华立：《清代农业开发史》，哈尔滨：黑龙江教育出版社，1998 年修订版；方英楷：《新疆屯垦史》（下），乌鲁木齐：新疆青少年出版社，1989 年。

面入手深入探讨了清代新疆农业开发的过程。其著作是新疆农业开发史研究方面的力作。这些著作的研究对象都是人（政府、屯田兵、户民），研究了这些人在清代新疆地区制定的屯田制度和农业开发活动。另外是以自然环境的变化为研究对象的著作。其中，代表性著作樊自立等人的《天山北麓灌溉绿洲的形成和发展》和阎顺的《天山北麓历史时期的环境演变信息》两篇文章勾画出了整个历史时期天山北麓灌溉绿洲地理分布的变化、水系变迁、聚落分布的变迁[1]。这些研究侧重于对 1949 年之后自然环境变化的研究，对 1949 年之前的研究比较概略。2007 年，刘翠溶、范毅军合作发表的《试从环境史角度检讨清代新疆的屯田》一文[2]，是在前人研究屯田制度的基础上，第一次从环境史的角度来探讨屯田活动的意义，强调屯田活动与环境的互动，叙述了屯田造成的人为景观，最后通过 1842 年林则徐及 1917 年谢彬到新疆途中的见闻来看新疆的地貌，借以探索环境变化的蛛丝马迹。

检视现存于世的关于清代新疆农业开发的史料（主要有清宫档案、总志、方志、事宜、事略等），可以发现其中以乾隆年间留下的屯田史料最多、最详细，涉及了屯兵、移民安置、屯田地点的选择、试种各种农作物、作物收获、农田水利等农业开发活动的各个环节。而这些史料关涉的地区则集中于镇西府和迪化州两地（即天山北麓地区）。此外，乾隆年间还编纂了史料价值极高的《西域图志》、《乌鲁木齐政略》、《乌鲁木齐事宜》等方志类书籍。利用这些丰富的史料记载，笔者试图寻找以下这些问题的答案：乾隆年间初次来到天山北麓的内地官员看待、了解、认识他们自己脚下的土地？又是如何进一步尝试着利用这片土地的？农业耕种是如何开始的？由内地带来的耕作制度和耕作技术如何适应当地的自然环境？农业开发之后，当地的自然环境面貌发生了怎样的变化？

1 樊自立等：《天山北麓灌溉绿洲的形成和发展》，《地理科学》，2002 年第 2 期，第 184-189 页；樊自立：《新疆土地开发对生态与环境的影响及对策研究》，北京：气象出版社，1996 年；阎顺：《天山北麓历史时期的环境演变信息》，《植物生态学报》，2002 年增刊，第 82-87 页。

2 刘翠溶、范毅军：《试从环境史角度检讨清代新疆的屯田》，《中国社会历史评论》第八卷，2007 年，第 183-277 页。

二、天山北麓的地理范围及其自然环境特点

山麓，是指山坡和周围平地相接的部分，这个地形转折常常是一个过渡的地带，山麓常为厚层的松散沉积物所覆盖。在温带地区，山麓带多有泉水露头，溪流汇集，出现田畴梯布，植被繁茂的景象。天山北麓地区位于天山山脉依连哈比尔尕山、博格达山、哈尔里克山分水岭以北地区，准噶尔盆地的东南部，包括天山垂直带上的天山前山低山丘陵、天山北麓洪积冲积平原及古尔班通古特沙漠南缘[1]。本文研究的区域主要是天山北麓的中东部地区，地当北纬 42°46′～45°15′，东经 84°57′～96°23′。

地形地貌是构成自然环境的基本要素。天山北麓地区地形比较复杂，地势南高北低，按地貌形态可分为山地、平原、沙漠或戈壁三大类型。本区天山海拔 2 800 米以上为永久积雪区，是天山北麓的固体水源。平原面积占区域总面积的 27.3%，分布在研究区的中部，根据地形地貌、水文地质及土壤形成过程和盐碱化的特点，可分为山前倾斜平原、冲积平原、剥蚀平原，海拔在 420～800 米，是主要的绿洲分布区，也是人类进行农业开发的主要区域。沙漠（或戈壁）面积占区域总面积的 40.0%，分布在海拔 348～420 米。木垒至沙湾的北部是古尔班通古特沙漠的一部分，沙漠的分布形态呈东西向长条带状，沙丘的高度一般在 50 米以下，但有的沙丘也高达 100 米以上，其中固定和半固定沙丘曾占到整个沙漠面积的 97%。丘间比较平坦，植被稀疏，主要植物为梭梭、红柳、胡杨等小灌木以及其他旱生和超旱生草本植物，是骆驼、马等大畜越冬放牧之地（见图 1）。

气候状况。天山北麓位于欧亚大陆腹地，远离海洋，是典型的中温带大陆性气候：夏季炎热、冬季寒冷，春秋季节不明显，雨量稀少。年平均气温 3.5～7℃。有丰富的光热资源，年日照时数 2 833 小时，各地≥10℃的积温为 3 500～3 900℃。无霜期一般在 135～150 天。干旱少雨，水资源分布不平衡。这里年平均降雨量为 147.2 毫米，但由雪山冰雪融水补给的河流是天山北麓动植物的生命之源。冬季积

---

1 樊自立、周兴佳、胡文康等人：《天山北麓地区的自然环境变化及自然环境保护》（内部资料），见：中国科学院新疆资源开发综合考察队编：《新疆资源开发和生产布局考察研究报告》（内部资料），1986 年，第 15-16 页。

雪可达 20～30 毫米，深厚的积雪保护植物越冬，春季融雪还可以滋润土层，促进植物的复苏。

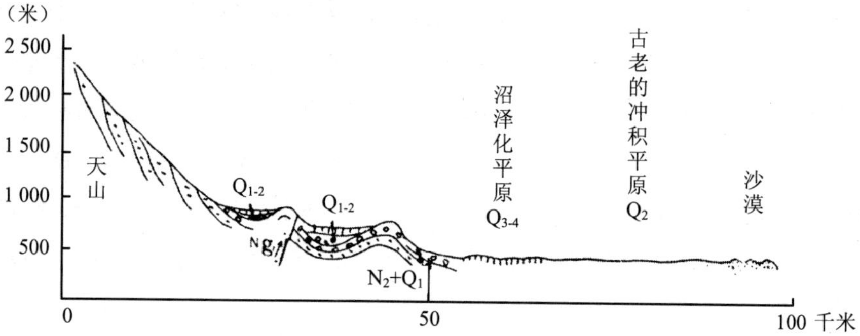

图 1　天山北麓地貌剖面图

资料来源：中国科学院新疆综合考察队等编：《新疆地貌》，北京：科学出版社，1978 年，第 61 页。

河流特点。尽管天山北麓降雨稀少，但高大的天山冰川和积雪，孕育了数百条河流，集中在山区的大气降水也成了这些河流的补给水源。这些河流自南向北流，经过平原地区，流向古尔班通古特沙漠边缘。由天山山脉的高度以及冰川分布所决定，乌鲁木齐以东的巴里坤、奇台、吉木萨等地区的河流数量多，但是水量较小，流程短，一般在 100 千米以下，主要有柳树河、伊吾河、开垦河、西大龙口河、三工河等。乌鲁木齐以西的昌吉、玛纳斯等地区，河流较大，流程都在 100 千米以上，较大的河流有乌鲁木齐河、头屯河、三屯河、呼图壁河、玛纳斯河等。其中以玛纳斯河最大，流域面积达到 18 084 平方千米，河道长 420 千米，年径流量达到 12.8 亿立方米。

自然环境的特点，决定着农业资源状况和生产条件，其中光能、热量、水分和土地四项是农业生产中必不可少的自然要素，天山北麓的农业自然条件的基本特点是土地广阔，热量充足，但因为气候干旱，水资源状况相对于其他要素均起着决定性作用。水、土、光、热诸条件的结合，决定了天山北麓农耕区的分布，主要是位于平原地带。

三、乾隆二十三年（1758 年）天山北麓的地理景观与人口

1．准噶尔汗国时期的游牧景观

不同的民族以不同的生产、生活方式影响着周围的环境，从而产生不同的地理景观。13—18 世纪中叶，活跃于天山北麓一带的是以游牧经济生活方式为主的蒙古族，史载此地是“为乌孙故地，以逐水草为业”，“准噶尔全境，不乏泉甘土肥，种宜五谷之处，然不尚田作，惟以畜牧为业”[1]。在游牧经济下，蒙古准噶尔汗国的牧民主要是利用天山北麓的各类天然草地资源，畜养羊、马、骆驼等。与此同时，在乌鲁木齐河谷、玛纳斯河谷等水草条件优良的地区也存在着极少量的农业种植[2]。因此，形成典型的游牧景观：蒙古族人随着季节的变化在天山北麓高山草场与平原荒漠草场之间迁移游牧，没有固定的居所；仅在乌鲁木齐、昌吉、玛纳斯等地散布着点状的农业区，天山北麓的植被基本保持着自然的地带性分布，为典型的游牧文化景观。

在游牧经济下，准噶尔汗国的牧民对天山北麓资源的利用方式主要是利用天然的草场资源，畜养羊、马、骆驼等动物。由于天山北麓地形、气候、草场植被和土壤等自然条件的综合影响，草场的利用具有明显的季节性，一般为三季牧场：夏牧场、春秋牧场和冬牧场。天山北麓的高山、中高山的真草甸植被和河漫滩草甸植被主要是由白三叶草、红三叶草、紫花苜蓿、黄花苜蓿、鸡脚草、佛子茅、香茅等优良牧草构成，是优良的夏牧场。天山山前平原自然绿洲带的盐化草甸、沼泽草甸以及河流两侧的疏林灌丛草场质量也比较好，一般作为冬牧场利用。天山低山区半荒漠草场和古尔班通古特南缘的荒漠草场被当作春秋牧场利用，前者多生长各类蒿属植被、琵琶柴、盐蓬等，后者多生长梭梭柴、沙拐枣以及各种短生植被。此外，天山北坡海拔 2 000～2 500 米的中山带冬季存在一个逆温层，是牧民重要的冬季牧场所在地。轮牧和转场是 18 世纪中叶以前蒙古族对天山北麓自然资源的主要利用方式，形成了典型的游牧文化景观。《西域图志》中形象地概况

1 傅恒等纂：《西域图志》卷三十九《风俗》，乾隆四十七年武英殿聚珍本（北京大学图书馆藏）。

2 《西域图志》卷四十三《土产》。

了此时这种游牧方式与环境的关系："择丰草绿缛处所，驻牙而游牧焉"，"其居处夏择平原，东居暖谷"[1]。由此可见，在游牧经济下，人类主要活动于天山北坡山间，而山前洪积扇及扇缘一带由于草场资源相对较差，游牧民族在这一带的活动也相对较少，这与18世纪后期及其以后农业经济主要利用山前洪冲积扇及其扇缘地带形成鲜明的对比。

2．战争对天山北麓地理景观的影响

至17世纪中叶，准噶尔汗国曾一度控制整个新疆地区、青海和漠北蒙古地区。康熙二十九年至三十六年（1690—1697 年），经过多次战争，清军击败准噶尔汗国的噶尔丹，控制了整个外蒙古地区。随即，青海的和硕特部脱离准噶尔汗国归附清政府，新疆南部的封建贵族乘机独立，中亚的哈萨克和布鲁特也摆脱了准噶尔的统治，准噶尔汗国开始衰落。清王朝与准噶尔的前沿阵地向西推进到科布多、巴里坤、哈密一线。

至康熙五十四年（1715 年），清政府控制天北麓的巴里坤地区[2]，同年开始向巴里坤地区驻兵[3]。康熙五十九年（1720 年），清王朝控制了新疆的交通孔道吐鲁番地区，并且派驻重兵把守。康熙五十四年至乾隆元年（1715—1736 年），清政府根据战争的需要，在安西、哈密、巴里坤、吐鲁番等地开始进行时断时续的屯田活动，并且以巴里坤、科布多为军事基地，向天山北麓乌鲁木齐等地发动连续的进攻。至此时，战争由东部的今内蒙古地区推进到了新疆的东部及东北部地区。双方的战术基本为侵扰战，准噶尔军侵扰哈密、吐鲁番等地，清军侵扰天山北麓的乌鲁木齐等地，"若易取而难守，则仍照前议，令其袭击而回，乌鲁木齐、布鲁尔、布拉罕、额林哈毕尔噶四路之兵，亦令袭击而回"[4]，开始了持续近四十余年的拉锯战。这深刻影响了17世纪末至18世纪前期天山北麓人地系统的发展变化。

首先，游牧民族逐渐退出水草丰美的巴里坤地区。其次，康熙三十六年至乾

---

1 《西域图志》卷三十九《风俗》。

2 蒋廷锡、王安国等撰：（乾隆）《续修大清一统志》卷二百八《镇西府》，《四库全书》电子版，上海人民出版社、迪志文化出版有限公司联合出版，1999 年。

3 傅恒等纂：《平定准噶尔方略》前编卷三，康熙五十四年十一月辛酉，北京：全国图书馆文献缩微复制中心影印本，1990 年。

4 《平定准噶尔方略》前编卷四，康熙五十六年三月戊寅。

隆二十四年（1697—1759 年）间，巴里坤地区的农业屯田活动时断时续，成为这期间巴里坤地区地理景观变化的显著特征。在清军控制巴里坤时期[康熙五十五（1716 年）至雍正四年（1726 年）近 10 年期间、雍正七年（1729 年）至雍正十二年（1734 年）近 5 年期间]，以荒漠草原景观为主的巴里坤盆地内出现了农田景观，以及与干旱区农业配套出现的农业灌溉系统，彻底改变了巴里坤地区原始的景观面貌。而在准噶尔控制巴里坤时期[雍正四年（1726 年）至雍正七年（1729 年）间、雍正十二年（1734 年）至乾隆二十一年（1756 年）间]，由于清军退出巴里坤地区，农业景观也随即消失。最后、17 世纪末至 18 世纪前半期的战争使得乌鲁木齐一带的人口锐减、社会经济遭到破坏。康熙六十一年（1722 年），将军富宁安率军袭击乌鲁木齐，“至乌鲁木齐擒获回人探问准噶尔消息，即于十一日率师前进，至通郭巴什，分兵搜其山林，擒获回众男女一百六十九人，所获驼、马、牛、羊无算，其乌鲁木齐、赛音塔拉、毛塔拉等处田亩悉蹂躏之，于十二日整兵而归”[1]。准噶尔军队也经常集结在乌鲁木齐、奇台一带，向清军控制的哈密地区进攻[2]。由于处于边界地区，又是双方交战的区域，乌鲁木齐一带的社会经济遭到了严重的破坏，居民四处逃散，使这里成为人烟稀少的地区。到乾隆二十四年（1759 年），清军第二次完全控制乌鲁木齐地区时，由于战争及流行性痘疫的影响，整个准噶尔地区人口损失严重，“记数十万户中，先痘死者十之四，继窜入俄罗斯、哈萨克者十之二，卒歼于大兵者十之三，除妇孺充赏外，至今惟来降受屯之厄鲁特若干户，编设佐领昂吉，此外，数千里间，无瓦拉一毡帐”[3]。

总而言之，在乾隆二十三年（1758 年）前后，天山北麓的地理环境基本保持着原始的自然地带性，在多年持续战争的影响下，原来居住在这一地带的蒙古游牧民非死即散，游牧文化景观消失。除了驻扎在这里的少量清政府官兵外，天山北麓一带空旷无人，“千里空虚、渺无人烟”[4]。植被、河流、泉水等保持着自然的分布状态。平原地区呈现出自然状态下的荒漠绿洲景观：在荒漠背景下，在河流两岸、洪积扇缘泉水出露地带，植被生长茂盛，其他地区植被生长状态不好，

1 《平定准噶尔方略》前编卷四，康熙五十六年七月辛未。

2 《平定准噶尔方略》前编卷二十九，雍正十年二月戊辰。

3 魏源：《圣武记》卷四《乾隆荡平准部记》，北京：中华书局，1984 年。

4 椿园：《西域闻见录》卷一，清乾隆抄本（北京大学图书馆藏）。

或为砾石戈壁，或为沙漠，或为碱滩。

四、在农耕民族眼中的天山北麓——地势宽展、地暖土肥、土沃水裕

农业，指以有生命的动植物为主要劳动对象，以土地为基本生产资料，依靠生物的生长发育来取得动植物产品的社会生产部门。狭义的农业仅指种植业或农作物栽培业。本文讨论的农业，即指狭义的农业。

乾隆二十二年（1757 年），清王朝在初步控制北疆以后，开始在各地驻扎军队，为了供应军队的粮食，确定了“屯垦开发，以边养边”为经营方针，当年即开始在天山北麓巴里坤、乌鲁木齐等地布置军屯。乾隆二十四年（1759 年），清王朝将新疆纳入版图，随即于乾隆二十六年（1761 年）开始迁移数以万计的内地户民到天山北麓一带，展开了大规模的农业土地垦殖活动。那么，在这些新迁移到天山北麓的农耕民族眼中，他们到底怎么看待这块新鲜的土地？通过什么方式了解这片土地呢？

1. 对天山北麓农业生产条件的考察——相度水利、测验土脉

早在清政府与准噶尔的战争过程中，官员们便十分留心观察，并且向当地人咨询可耕地的分布情况，筹划“可以屯田处即行耕种”[1]。乾隆二十一年（1756 年），为了就地耕种供应军粮，兆惠被派往天山北麓考察当地是否可以屯种。在官员兆惠的眼中，沿着天山北麓自巴里坤向西经吉木萨尔、乌鲁木齐、罗克伦（今昌吉市西）、玛纳斯、安集海、精河等地都是可以耕种之地：“自巴里坤至济尔玛台、济木萨、乌鲁木齐、罗克伦、玛纳斯、安集海、雅尔精及崆吉斯勒都斯等处可耕地段甚多”[2]。那么，具体而言，当时的官员是通过哪些程序和方法考察当地的农业生产条件，确定屯垦地点的？

---

1 纪昀、陆锡熊等撰：《清朝文献通考》卷十一《田赋考十一・屯田・新疆》，杭州：浙江古籍出版社影印本，2000 年。

2 纪昀、陆锡熊等撰：《清朝通志》卷九十二《食货略十二・屯田・新疆屯田附》，上海：商务印书馆影印本，1935 年。

故事一：巴里坤水土条件勘察

早在康熙五十五年（1716 年），清军第一次控制巴里坤地区之后就组织了士兵在巴里坤进行农业屯田[1]，此后，随着战争形势的变化，巴里坤的屯田时断时续。雍正十二年（1734 年），准噶尔提出停战要求，清军再次退出巴里坤地区，农业屯田活动也随即停止。直到乾隆二十一年（1756 年），由于再次进攻准噶尔汗国，清军又一次在巴里坤地区组织农业屯田，历史文献中详细记载了这次重新开始屯田时对当地水土条件的考察。

乾隆二十二年（1757 年）管陕甘总督事黄廷桂十月初四日奏："雍正年间巴里坤驻扎大兵时，奎素、石人子、巴里坤以至尖山一带地亩原经垦种，其沟塍踪迹现今隐跃犹存。是以臣于上年冬月奏请派拨绿营官兵五百名前往开垦试种，以济兵食。嗣因逆酋巴雅尔、尼玛等相继叛乱，派往屯兵差遣调用，已过垦种之期。经将军成滚札布等议令撤回。嗣于夏间，臣复寄知巴里坤大臣于现存绿营兵内派出一百人将所有渠道先行开掘，并踏勘各处水泉是否足敷灌溉若干地亩，亦宜预为疏浚等因去后。旋据复称委总兵丑达往返查看，得尖山子起至奎素一带百余里内从前种过地土，旧形俱系取用南山之水，而南山各沟岔内共有正渠九道，水势情形大小不等，或至山口以外渐渐微细，渗入沙碛；或未出山口即已漏入不能通行。将来引用此水，必需木槽等项衬垫接渡引过漏沙，方可畅流，以资灌溉。而三道河以北自镜儿泉、三墩起至奎素止从前亦有开过地亩，有正渠三道，枝渠各有旧址，但荒芜年久，水冲沙压，渠身湮塞。"[2]

从这条奏折可以看出，乾隆二十二年（1757 年），陕甘总督黄廷桂已经得知巴里坤地区有雍正年间屯垦的田地、沟渠遗迹，于是计划派 100 名士兵先期到巴里坤去修复旧渠，同时重点考察河水、泉水的流量，估算河水、泉水可以灌溉的面积等。后来，总兵丑达对巴里坤的农业生产条件进行了详细的勘察，具体指出了田地遗迹之所在，以及这些田地是引用哪里的水源、渠道遗迹的数量等，并且就水源的现状，提出了自己对将来修筑引水灌溉渠道技术的建议。

同时，当时清政府官员也清楚地了解巴里坤地区的气候特点，以及与这种气

---

1 《清圣祖实录》卷二六七，康熙五十五年二月乙丑。

2 中国科学院地理科学与资源研究所、中国第一历史档案馆合编：《清代奏折汇编——农业·环境》，北京：商务印书馆，2005 年，第 161-162 页。

候相适宜的传统作物。史籍记载“巴里坤气寒霜早，惟宜青稞”[1]，“气候阴寒，只能种植大麦、青稞”、“地土广衍，水泉敷裕”[2]。

乾隆二十五年（1760年），陕甘总督杨应琚对巴里坤地区的环境描述是：“巴里坤城南倚雪山，西隐平冈之下，其西北有海子，周围三百余里。缘南山之麓，如松树塘、沙山子、奎素、镜尔泉各处槛泉湍流，泛溢流注，分为三河，而皆汇入于海子。水气浸润，故产草丰肥，宜于牧放马匹，但雪山高峙，巴里坤在其北，是为阴西，故气候寒冷，是以粟、麦罕能发生，惟青稞一种可以树艺。城之北大小山东西绵亘，越山数十里即明安戈壁，通北路乌里雅苏台矣。”[3]

通过以上历史文献记载可以看出，派往巴里坤的官员对当地的气候、土壤、水源等都做了详细的勘察，其中对以前耕种过的田地旧迹和渠道遗迹进行了重点的考察和筹划。

黄廷桂随即奏请，从甘、凉、肃三州派屯田绿营兵前往巴里坤，到乾隆二十三年（1758年）正月开始修渠引水，二三月间开始耕地试种；同时下令，在播种青稞的同时，少量试种糜谷[4]。同年五月初二日，甘肃巡抚吴达善途经巴里坤一带时，看到新开垦的田地里“一望青葱”、“秀发畅茂”的景观[5]。当年，屯田面积就达到了18 700余亩，到乾隆三十一年（1766年），巴里坤地区仅军屯就收获小麦6 765石，豌豆1 982石，青稞4 504石[6]。

故事二：木垒、乌鲁木齐、昌吉一带农业条件的考察

在巴里坤开始屯田之后，随即再沿着天山北麓从巴里坤向西勘察土地、水利，谋划可屯田之处。相对于巴里坤来说，乌鲁木齐周围（包括昌吉和罗克伦）是乾隆的官员们相对比较陌生的地方，他们没有以前在这里屯田的经验。因此，在开始开垦土地之前，管理屯田的官员对这里进行了更加仔细的勘察，而且留下了详细的文献记载。

---

1 《清朝文献通考》卷十一《田赋考十一・屯田・新疆》。

2 乾隆二十六年九月十三日陕甘总督杨应琚为报巴里坤菀豆收成并请听民广为劝垦事奏折，中国第一历史档案馆：《乾隆年间徙民屯垦新疆史料》，《历史档案》，2002年第3期，第6-23页。

3 乾隆二十五年六月初八日陕甘总督杨应琚奏，《清代奏折汇编——农业・环境》，第196页。

4 《清高宗实录》卷五四八，乾隆二十二年十月庚午，北京：中华书局，1985年。

5 《清代奏折汇编——农业・环境》，第167页。

6 《清高宗实录》卷七七二，乾隆三十一年十一月丁卯。

乾隆二十二年（1757年）开始筹划在乌鲁木齐屯田，乾隆皇帝说：“但此（指巴里坤——著者按）尚在近抵，其乌鲁木齐等处，亦须渐次屯种，接济兵食。其如何相度水利、测验土脉及派兵前往，一切口粮、牛具、籽种等项豫为料理之处，著传谕黄廷桂详悉具奏。”[1] “相度水利、测验土脉”描述出了当时对天山北麓农业生产条件进行考察的关键之所在：重点考察水源的多少、土壤的贫瘠情况。在气候条件一定的情况下，水源和土壤条件的区域分布差异是决定农业开发地点的关键因素。

经过初步勘察，乾隆二十三年（1758年）陕甘总督黄廷桂奏报：“吐鲁番以西，乌鲁木齐、托克三、哈喇沙尔等处俱无回民，河大水宽，土地亦广”[2]，同时得知：“自乌鲁木齐以内察罕乌苏、穆垒北路一带地方，多系沙碛，难于开垦，由穆垒至乌鲁木齐一带则可垦之地最多”，因此，黄廷桂建议专门派官员前往乌鲁木齐一带勘察农业生产条件：“近因哈萨尔贸易，遵旨拣选副将一员管押货物，应请遴选道员同往，于经过之处将曾开垦地亩，及气候寒暄、土脉肥瘠、水泉多寡绘图贴说”[3]。得到了乾隆皇帝的允许后，黄廷桂即派奴三，带领道员萨瀚等人跟随去哈萨克贸易的队伍前往木垒至乌鲁木齐一带考察，要求他们将所经过地方的以前的开垦情况、气候的冷暖、土壤的肥瘠和水泉的多少等情况做细致的观察和记录，同时绘制地图，配以文字详细说明。

对于这次考察，《皇朝文献通考》中记载，奴三上奏说：“自巴里坤至穆垒不堪屯种，自穆垒至乌鲁木齐有噶勒藏多尔济游牧之昌吉、罗克伦等处可耕地亩十六处，视其地土肥瘠，水泉多寡以定耕作，仍令屯兵等轮替耕种，以息地力，方为有益，计需兵六千八百名，谨绘图恭呈御览”，后文又补充记载：“奴三等言，臣等查勘昌吉、罗克伦等处，昌吉距乌鲁木齐六十余里，罗克伦距昌吉四十里，旧系噶勒藏多尔游牧，地平水足，有河渠旧址，修理亦易，丈量得昌吉可垦田八万余亩，罗克伦可垦田七万余亩”[4]。

从这条文献记载我们得知：奴三等人经过实地勘察，得知巴里坤和木垒之间

---

1 《清高宗实录》卷五四八，乾隆二十二年十月庚午。

2 《清高宗实录》卷五六三，乾隆二十三年五月乙未。

3 《清朝文献通考》卷十一《田赋考十一·屯田·新疆》。

4 《清朝文献通考》卷十一《田赋考十一·屯田·新疆》。

的地带不适合农业耕种，实际上这一带属于砾石戈壁，水泉很少，没有适合农业耕种的水土条件；而木垒至乌鲁木齐之间的地带，则地势平坦，水源丰富（实际上每隔一段距离就有一条河流自南向北流去，而且的洪冲积扇的扇缘地带还有泉水自然流出），包括昌吉、罗克伦等地在内，共有16处水土条件较好的地方适合农业耕种；而昌吉、罗克伦两地地势平坦而开阔，还有以前灌溉渠道的遗迹，通过实地丈量得知，昌吉有可垦地8万余亩，罗克伦有可垦地7万余亩；将以上所有的情况都绘制在地图上送给乾隆皇帝看。

经过这样详细的考察，乾隆二十四年（1759年）向乌鲁木齐等处派驻了13 400名屯兵进行屯田开垦，到当年八月，范时绶奏报“到乌鲁木齐查看本屯田亩，麦、稞俱好”[1]。同时，范时绶对昌吉、洛克伦的农业生产条件做了进一步的勘察：“昌吉、洛克伦一带定拟屯种处所，详看地土肥壮，河水充足。询知洛克伦以西直至伊犁地多肥壮，水亦充足，且雨、露、霜、雪俱有，不似山前回地戈壁间杂，长缺雨泽。”[2]。

通过以上历史文献记载，我们可以清楚地看出，乾隆政府对于像乌鲁木齐这样第一次进行农业开垦的地方，勘察得更加仔细，涉及农业耕种史、气候、土壤、水源、实地丈量可耕地的面积等，并且将勘察的结果绘制在地图上。通过初步的勘察和耕种实践，清政府官员得知，乌鲁木齐周边的农业生产条件较巴里坤优越，这里地势开阔，水源丰富、土壤条件较好，除了种植青稞外，还可以种植小麦。

故事三：为安置户民勘察奇台、呼图壁、玛纳斯等地方的农业条件

乾隆二十三年（1758年）开始在天山北麓大兴兵屯之后，屯田面积和粮食产量都提高得很快，加上乾隆二十四年（1759年）底平定西域的战争结束后，大量裁撤军队里作战的兵员，乌鲁木齐一带的粮食生产显得过剩。这期间，主政边疆的大臣们便开始建议向天山北麓迁移农业人口，以耕种多余的可耕地，同时起到“移民实边”的作用。

乾隆二十六年（1761年）九月，杨应琚就在甘肃省的安西、肃州、高台等地招募到无业贫民200户，660多人请愿迁往乌鲁木齐一带耕种地亩[3]，“给以车辆、

---

1 乾隆二十四年八月初四日[镶红汉军副都统]范时绶奏，《清代奏折汇编——农业·环境》，第187页。

2 乾隆二十四年八月初四日[镶红汉军副都统]范时绶奏，《清代奏折汇编——农业·环境》，第187页。

3 《平定准噶尔方略》续编卷十四，乾隆二十六年十月辛卯。

口食、衣物等，派员料理起程”[1]。随即制定了安插民人的规章制度：“俟送到时酌给地亩，其口粮、籽种、器具均须借给，至起盖房屋，亦请官借银两，令其自营工作，官为查核，照水田之例，六年升科，其借给官项，分年陆续扣还”[2]，详细安排了到边疆屯垦的民户的居住和生产等各项活动。乾隆二十七年（1762 年）春，迁移的民户陆续到达乌鲁木齐一带的屯垦地点，随即开始屯田耕种。从乾隆二十六年（1761 年）底到乾隆二十九年（1764 年）初，共从甘肃安西、肃州一带搬迁民户 660 余户，1400 多口到乌鲁木齐一带屯田，拉开了移民屯垦实边的序幕。这些人来到天山北麓之后，主要被安插在兵屯田地的周围，耕种兵屯开发中多余的地亩。

之后，为了安置更多迁移而来的农民，当地的官员又开始了对兵屯周边土地的勘察。

2．对木垒至特纳格尔地方的勘察

清代档案记载，乾隆三十年（1765 年），陕甘总督杨应琚奏称“今查巴里坤迤西之木垒距巴里坤六百余里，直接乌鲁木齐新屯之特纳格尔地方，中间计有十余处，地土肥沃，泉水畅流，共有可垦地数十万亩”[3]。从更多地安置移民的角度出发，乌鲁木齐当地的官员一再地声称“乌鲁木齐地方延袤千里，可垦之地甚多”[4]。可见，在清政府官员的眼里，乌鲁木齐周围（东起今天的吉木萨尔，西至玛纳斯）地域辽阔，可耕地非常多。

乾隆三十四年（1769 年），陕甘总督明山正月十一日奏：“木垒至特讷格尔一带土沃泉饶，可以广为开垦”，“自木垒迤西之东吉尔玛泰起，至特讷格尔止，中间可耕良田计有八万余亩，共可安插民人二千六七百户……现据逐处勘明，自木垒起至东吉尔玛泰、西吉尔玛泰、奇台、东葛根、西葛根、吉布库、更格尔止，共八处地方。……仍可照从前镇臣德昌原勘可垦良田三万五千余亩之数，足敷一

---

1 《清高宗实录》卷六四五，乾隆二十六年九月丙辰。

2 《清高宗实录》卷六四五，乾隆二十六年九月丙辰。

3 乾隆三十年十二月二十三日[陕西甘肃]军机大臣 陕甘总督杨应琚奏，《清代奏折汇编——农业·环境》，第 220 页。

4 乾隆三十二年五月初二日[乌鲁木齐办事大臣]温福 [乌鲁木齐办理屯田事务]李景高等奏，《清代奏折汇编——农业·环境》，第 226 页。

千一百五十户民人耕种。再由更格尔西去五十五里，即与乌鲁木齐设屯之吉木萨壤境毗连。兵民烟村相望，从此巴里坤至乌鲁木齐一路通衢，声势亦皆联络。至应安民人一千一百五十户内，除节年已办往八百户外，计庚寅年（乾隆三十五年，1770年）尚应安插三百五十户”[1]。

这段历史文献说明：经过详细的勘察，在木垒至特讷格尔之间，“土沃泉饶，可以广为开垦”，除了绿营兵丁已经开垦的土地之外，还有8万余亩良田可供开垦，一共可以安插户民2 600～2 700户；这其中吉木萨以东至木垒中间的八处地方，共计35 000余亩良田留给迁移来的户民开垦，可安插1 150户；这些可耕地数据都是实地勘测得来的，用以表达的词汇是“逐处勘明”、“原勘”；兵屯的地点比较分散，主要分布在军事和交通要地，而此次计划安置户民的八个地点，如果安置了户民，开垦了土地，那么兵屯之间的空地便被填充了，出现“兵民烟村相望”的景观。

3．对巴里坤的勘察

乾隆三十四年（1769 年），陕甘总督明山十二月二十八日奏：“并称踩有巴里坤城西附近之大墩左右，土脉和暖，地亦广平，约可垦地三千余亩，但必须开挖渠道，引黑沟之水以资灌溉”[2]。这段文献记载中：“踩”字非常精彩，具体而形象地表达出当地实地考察气候、土壤、水源、估算可垦地面积的情形；这其中，重点考察了可资灌溉的水源情况；在明山的眼里，巴里坤城西附近的大墩，“土脉和暖，地亦广平”，地势平坦，气候较温暖，土壤适宜农业耕种，有可耕地3 000余亩。

4．对奇台、玛纳斯、呼图壁的勘察

乾隆三十五年（1770年）陕甘总督明山实地勘察时看到“奇台一处地处适中，局势开展，安插户民最多。……查奇台西北六十余里有旧城一座，近城有泉源五处，水脉畅流，该处丰草平原，土肥地阔，约可开垦一万余亩”，进而“查济木萨、三台地方，土脉肥沃，每年雪水消融，足敷浇灌，兵丁屯种两年已有成效。……玛纳斯一屯，地多兵少……而该处土地宽广，水泉充足，遗剩地亩急拨补耕种。……玛纳斯屯兵上年拨赴伊犁，该处地广泉饶，先驻兵丁无几，空出地亩亦经开垦成

1 乾隆三十四年正月十一日陕甘总督明山奏，《清代奏折汇编——农业·环境》，第231页。

2 乾隆三十四十二月二十八日年陕甘总督明山奏，《清代奏折汇编——农业·环境》，第235页。

熟”[1]。

在陕甘总督明山眼里：奇台（今老奇台镇）居于巴里坤和乌鲁木齐之间，地理位置适中，而地势又较为开展，农业生产条件较好，安插的户民最多；同时，他又考察了奇台西六十余里的一座旧城（应该是今天的古城地方），旧城周围有泉眼五个，泉水流畅，其周围是开阔的平原，草长得好，土壤也比较肥沃，估计可以开垦土地 10 000 余亩，由此可见，古城周围的农业生产条件也十分优越；济木萨、三台农业生产条件也较为优越，这里土壤肥沃，水源充足；玛纳斯地势开阔，河水泉水旺盛。以上这些地方都有待于进一步的农业开垦。

乾隆三十七年（1772 年），陕甘总督文绶在实地勘察时看到，木垒、奇台一带“山如屏障，自春入夏积雪消融，近山各处渠水充足，向设八屯”，户民开垦土地 34 000 余亩，商民开垦数千亩，兵屯 1 万余亩；乌鲁木齐一带共有营屯开垦田地 30 余万亩；而这里尚还有广阔的土地可待开垦，于是他筹划鼓励更多的人前来开垦，要求地方官必须做到“何处有可垦之地必须指明地名，开载道里”，以便人们前往耕种；同时，通过咨询当地官员得知“玛纳斯城南一带地肥水足，有地二万余亩；虎图壁城西北二十余里约计有可垦地六千余亩，可敷六百户耕种”[2]。在乌鲁木齐以东的木垒、奇台等地开垦之后，乌鲁木齐以东的呼图壁、玛纳斯一带还属于地广人稀地方：玛纳斯一带土壤肥沃，水源充足，有可耕地 2 万多亩，虎图壁（今呼图壁）西北二十余里有可垦地 6 000 余亩，可安插 600 户。

综上所述，这些官员对农业生产条件考察的重点是气候寒暖、地形地貌、位置环境、土壤肥力、水源分布、开垦历史等。一般来说，气候寒暖在大区域内具有一致性，而决定农业生产条件优越与否的关键是小区域的地形地貌、土壤肥力和水源的分布情况。通过详细的勘察和垦种的实际经验，乾隆年间管理屯田官员们认识到，天山北麓地区是“地势宽展”、“地暖土肥”、“土沃水裕”之地，适合农业耕种，其中奇台、济木萨、昌吉、罗克伦和玛纳斯地区地势开阔、水源丰富，具有良好的农业生产条件。当时的官员用了非常丰富的词汇来表达对天山北麓农业生产条件的认识（见表 1）。

---

1 乾隆三十五年九月初五日陕甘总督明山奏，《清代奏折汇编——农业·环境》，第 239 页。

2 乾隆三十七年正月十九日陕甘总督文绶奏，《清代奏折汇编——农业·环境》，第 247 页。

表 1　乾隆朝历史文献记载中对天山北麓农业生产条件的表述

描述对象	表述的词汇
地形地势	地土广衍、土地亦广、地平水足、延袤千里，可垦之地甚多、地亦广平、丰草平原，土肥地阔、土地宽广、地处适中，局势开展、地广泉饶、地亩颇为宽广、地虽多而水缺、沃野绵亘
气候状况	气寒霜早、气候阴寒、雨、露、霜、雪俱有、土脉和暖、山高土冷、霜雪较早、地气日渐和燠、节候晴暄、霜迟水足
水资源	水泉敷裕、河大水宽、地平水足、水亦充足、泉水畅流、土沃泉饶、泉源五处，水脉畅流、雪水消融，足敷浇灌、水泉充足、积雪消融，近山各处渠水充足、地肥水足、每年雪水消融，足敷浇灌、地广泉饶、水泉畅足、渠流足资灌溉、仅敷浇灌、地虽多而水缺、霜迟水足、河水充足
土壤肥力	地土肥沃、地多肥壮、土沃泉饶、土脉和暖、土肥地阔、地土肥沃、土脉肥沃、地肥水足、土脉肥沃、田地多系膏腴、地土肥壮
开垦历史	“奎素、石人子、巴里坤以至尖山一带地亩原经垦种，其沟塍踪迹现今隐跃犹存”；昌吉、罗克伦“有河渠旧址”

资料来源：《清代奏折汇编——农业·环境》、《清高宗实录》、《平定准噶尔方略》、《皇朝文献通考》卷十一《田赋考十一·屯田·新疆》、《乾隆年间徙民屯垦新疆史料》（《历史档案》2002 年第 3 期，第 6-23 页）、《皇朝通志》卷九十二《食货略十二·屯田·新疆屯田附》。

通过以上引述的历史文献可以看出，为了认识和了解天山北麓的农业生产条件勘察方式通常有两种：一是专门派官员对某一区域做较全面、详细的勘察，上文所引事例基本上都是专人勘察后的奏报，如乾隆二十三年（1758 年），奴三勘察乌鲁木齐、昌吉、罗克伦等地、乾隆三十五年（1770 年）明山勘察济木萨、玛纳斯等地。这种方式在一个地方农业开发的早期被重视；另一种是由当时官员随时了解情况，随时奏报，这种观察和记载在乾隆年间留下的文献中随处可见。根据这些官员的奏报，再决定在那些地势开阔、水源丰富、土壤肥沃的地方进行农业开垦。

五、适应当地水、土条件的农业耕作技术

耕作技术，也称农作技术，指耕种土地、栽种作物的总的方式，包括引水灌溉技术、土壤耕作方式、施肥及灌溉制度等。

1. 修渠引水灌溉

天山北麓是干旱区，发展农业“要在先兴水利”[1]，因此在决定开垦一处地方之前，清政府一般都是事前派员“相度水利，测验土脉”[2]，然后“视其地土肥瘠，水泉多寡，以定耕作”[3]。对于户民的安插，也是“酌择水沃地广处所，勘定地亩，搭盖房屋，并给农具、籽种、口粮、马匹”[4]。在依水而置的基础上，组织人员兴修水利，疏导水泉，引水灌溉。

灌溉用水主要来源于由雪融水补给的河水和泉水。纪昀诗云：“山田龙口引泉浇，泉水惟凭积雪消。头白农夫年八十，不知春雨长禾苗”，并且注：“岁或不雨，雨仅一二次，惟资水灌溉。故不患无田，而患无水，水所不至，皆弃地也。其引水出山之处，俗谓之龙口”[5]。可见，兴修水利，引水灌溉是天山北麓农业发展的关键。

故事一：修渠引用河水或者泉水

乾隆二十五年（1760 年），陕甘总督杨应琚在乌鲁木齐实地勘察时得知，“该处新旧屯兵五千余名，除去各项差使外，手耒耜者四千三四百人，连昌吉、罗克伦分为五屯。屯于乌鲁木齐者二，即用乌鲁木齐河水种地三万七千余亩；屯于昌吉者二，即用昌吉河水，距乌鲁木齐八十里，种地三万二千四百余亩；屯于罗克伦者一，即用罗克伦河水，距昌吉又二十余里，种地一万七千四百余亩”，同时看到：“乌鲁木齐、昌吉、罗克伦三河引注地亩，足敷灌溉，远胜南路四处屯田”。[6]从这条奏折中可以看出：当时通过修筑渠道，将河水引到田地里的方式，利用乌鲁木齐河水灌溉了 37 000 多亩田地，利用昌吉河（今头屯河）灌溉了 32 400 多亩田地，利用罗克伦河（今三屯河）灌溉了 17 400 多亩田地。

乾隆二十九年（1764 年），“大学士管陕甘总督杨应琚等奏：巴里坤北山一带

---

1 《平定准噶尔方略》正编卷六十三，乾隆二十三年十一月乙酉。

2 《平定准噶尔方略》正编卷四十五，乾隆二十二年十月庚午。

3 《清朝文献通考》卷十一《田赋考十一·屯田·新疆》。

4 《清高宗实录》卷一一〇九，乾隆四十五年六月甲子。

5 纪昀：《乌鲁木齐杂诗》之“风土”，见王希隆考注：《新疆文献四种辑注考述》，兰州：甘肃文化出版社，1995 年。

6 《清代奏折汇编——农业·环境》，第 195 页。

地方，募民前往垦种，恐边氓初至，人力难施，该处有泉河三道，臣等公同勘定，在头、二道旧渠之尾，开渠二千丈，并将开渠之土建堡三座，一座周围百丈，两座周围各六十丈，于八月二十一日兴工，至九月十八日竣工。”[1] 从这条奏折的内容可以得知，巴里坤以北，有泉水和雪山融水汇合而成的河水三条，已经开渠引用河水灌溉，这次在旧渠的末端又延长开渠 2 000 丈。

修建水闸以控制水流的方向。从乾隆三十年（1765 年）陕甘总督杨应琚的另外一条奏报中，我们得知，将河水引入灌溉渠道以及在不同的灌溉渠道中分水的方法是“在迤东河水导引入渠之处培高闸坝，开浚宽深，俾源头旺盛，以成建瓴之势。俟流至商民认垦地界，即由渠北分凿大渠一道，亦引流西下。俟流近安西户民承垦地界，仍与旧渠合而为一，接连该废员等上年所开新渠。并于合流之处安设木闸一座，每当用水之时，闸往旧渠，仍以旧渠之水引灌商民认垦之地，其新渠之水分流直下，引灌安西户民承垦之地，如此庶各引各渠，两无争兢”，完工后“计开新渠三千余丈，宽深一如旧渠之式”[2]。由此可以看出，当时是用在河道中修建闸坝的方式，使河水进入灌溉渠道；在引水渠道中修建木闸来控制河水流向不同的渠道，起到分水的作用（见图 2）；同时，对修筑的所有灌溉渠道的宽度和深度都有一定的规定。

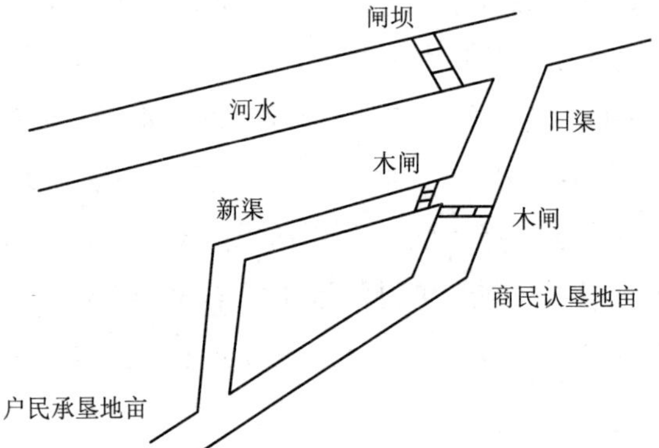

图 2　巴里坤渠道闸坝、木闸设置示意图

1 《清高宗实录》卷七二三，乾隆二十九年十一月丁丑。

2 乾隆三十年六月初四日陕甘总督杨应琚为报商民认垦地亩及废员陈文枢等协助巴里坤户民开渠事奏折，中国第一历史档案馆：《乾隆年间徙民屯垦新疆史料》，《历史档案》2002 年第 3 期，第 6-23 页。

修渠防渗措施。除了一般的开挖渠道引水之外，在一些特殊的地段还需要采取一些技术手段以防止渠水渗漏，提高引灌效率。一条档案记载：

“雍正年间巴里坤驻扎大兵时，奎素、石人子、巴里坤以至尖山一带地亩原经垦种，其沟塍踪迹现今隐跃犹存。是以臣于上年冬月奏请派拨绿营官兵五百名前往开垦试种，以济兵食。嗣因逆酋巴雅尔、尼玛等相继叛乱，派往屯兵差遣调用，已过垦种之期。经将军成滚札布等议令撤回。嗣于夏间，臣复寄知巴里坤大臣于现存绿营兵内派出一百人将所有渠道先行开掘，并踏勘各处水泉是否足敷灌溉若干地亩，亦宜预为疏浚等因去后。旋据复称委总兵丑达往返查看，得尖山子起至奎素一带百余里内从前种过地土，旧形俱系取用南山之水，而南山各沟岔内共有正渠九道，水势情形大小不等，或至山口以外渐渐微细，渗入沙碛；或未出山口即已漏入不能通行。将来引用此水，必需木槽等项衬垫接渡引过漏沙，方可畅流，以资灌溉。而三道河以北自镜儿泉、三墩起至奎素止从前亦有开过地亩，有正渠三道，枝渠各有旧址，但荒芜年久，水冲沙压，渠身湮塞。”[1]

这条奏折表明：在巴里坤附近，天山北麓的河水流出山口后，在流山前平原的沙地时就渗入沙碛，消失于地下，不能够到达地势平坦、土壤肥力好的地段。为了解决这一问题，当地官员建议，修建木槽将水源从出山口处引渡，越过沙碛地带，到平坦的可耕地地带，同时木槽内部衬垫毡、布等以防止漏水。从现在可以查阅的历史文献来看，这种修建渡槽以引水的方式应该是不多见的，更多的方式还是直接修建渠道，引水灌溉。

故事二：水利争端

引用河水灌溉，不同的利益集团之间必定存在利益争端，从而引起争夺水源的争端。由上文引述巴里坤地区修建引水闸以分水的情况就可以看出，当地官员用提前修建分水闸及分水渠，以及相应的用水制度以解决河水上游、下游之间可能出现的用水争端。此外，在乡村管理制度中，还专门设有渠长一职来处理水利纠纷。“每里应选立里长、渠长、约保，以专责成，以资钤束也。……至均平水利，又须公正无私之人充当渠长。……应请按每里选立里长一名，每百户选立渠长一

1 乾隆二十二年管陕甘总督事黄廷桂十月初四日奏，《清代奏折汇编——农业·环境》，第 161-162 页。

名，乡约、保正各一名，给以委牌，俾各有职掌，以专责成、以资钤束。”[1] 每百户中选立一名公正无私的人充当渠长，主要的职责是平均水利。渠长，在当时的乡村社会生活中必定是十分重要的角色。

即便是有专门平均水利的渠长，民间还是不断地出现水利纠纷。为此，乾隆四十八年（1783 年）乌鲁木齐都统专门就严格制定新疆水利章程一事前来向皇帝奏报：

“奴才海禄谨奏，为新疆屯田水利严定章程，仰祈圣鉴事。

窃奴才遵奉谕旨，由乌鲁木齐驰赴伊犁，往还所属地方，闻移驻户民与安置屯工每有因水纷争，互相讦控之案。伏查乌鲁木齐各营屯兵仰蒙皇上格外鸿慈，准告搬眷，于正支饷银之外，加给口食粮石，收成逾额恩赏盐菜银两。至迁移户民，动用车辆，借给籽种，六年升科，三年分扣。该兵、民等自宜感戴天恩，各安耕凿。讵有一种狡诈之徒，于附近水源截水为流，惟图利己，甚至引类连群，招集妇女肆行堵截。即本身田亩灌溉已足，宁令旁流不恤同井。此等刁风不可不防其渐。奴才抵任后访查既确，即行出示剀切晓谕。揆厥所由，皆因文武各员均存私意，文员则偏护民地，武弁则专徇屯工，以致互相争竞，累月经年。殊不知地分民、屯，莫非王土，屯兵年定分数，户民岁纳赋粮，何有彼此。奴才于各该员谒见时面加开导，共使和衷，为之严立规成，于每年春耕之候，迪化州属委令该州会同管屯大员，会同计亩分水，并派佐杂协同该屯员弁亲临监视该户民，只许各到三四人，若多至五人以上，即严加治罪。如有指使妇女横行抢筑遂致滋生事端者，罪坐夫男一并佥发伊犁给额鲁特为奴。其屯兵内如有倚恃官屯，亦蹈前项不法等事，并分别惩治。镇西府属委该府一体如此办理。倘有经理不善，仍启衅端，惟所委之府州暨管屯大员是问。奴才仍不时密委员弁稽查访察，于巡阅行围之便顺道挨查，务期力除积习，俗跻敦庞，仰副皇上简畀新疆之至意。所有奴才办理民屯水利缘由，恭折奏闻，伏祈皇上睿鉴。谨奏。朱批：好，知道了。”[2]

---

1 乾隆三十一年十二月十六日陕甘总督吴达善为请定木垒安户章程事奏折，中国第一历史档案馆：《乾隆年间徙民屯垦新疆史料》，《历史档案》2002 年第 3 期，第 6-23 页。

2 乾隆四十八年十二月初二日乌鲁木齐都统海禄为严定新疆屯田水利章程事奏折，中国第一历史档案馆：《乾隆年间徙民屯垦新疆史料》，《历史档案》2002 年第 3 期，第 6-23 页。

由这则奏折可见，乌鲁木齐各地经常有户民与屯兵之间的水里纷争，截留水源，甚至招集妇女来堵截水流，还出现田地已经灌溉足也不愿意分水与其他人的情况。海禄筹划制定分水制度：在每年春耕用水之时，由管理民屯和兵屯的官员一起，根据耕地的多少来分水，并派管理民屯和兵屯的小官员一起监视，分水之时，到场的人限定在三四人，不许聚众闹事，妇女横行闹事的妇女连同其丈夫一起问罪；同时也严惩不守法的屯兵；严肃问责管理屯田的官员；派密使随时稽查。从海禄制定的这些严格的制度来看，当时的水利纷争较多而且较严重，主要出现在民屯和兵屯两个利益团体之间。

由于灌溉水源的多少，关系到农田收获的多少，引用同一水源周围不同利益者的水利争端似乎永远都不可能消失。虽然制定了以上严格的规定，并不能从根本上解决水利的纷争。因此，我们又看到乾隆五十年（1785 年）的一条关于水利纷争的奏折：

“臣尚安谨奏，为查勘官屯民田渠道，以均水利，以息事端，恭折奏闻事。

查乌鲁木齐所属官屯民田所种地亩，全赖积雪消融用资灌溉，始获丰收，年来户民殷繁，开垦日广。臣署理都统事务，详查旧卷，并现有因水争控之案甚多。伏思官屯乃边储悠关，民田为衣食所赖，均当妥为清理。与其因分水不均以致兴讼，莫若勘定界址，官为分拨，令其息免争端，似属一劳永逸之计。查清丈民田一案，业经都统奎林奏明，委镇迪道翰图、前锋翼长西龄阿前往各州县履亩查丈。臣即令该道翰图等乘此清丈地亩之便，率同地方官并管屯员弁，确勘水源渠道情形，均匀分拨，立定界址，永远遵行。嗣后兵民均各安居乐业，自不致再有因水争控之事矣。谨将办理官屯民田水利缘由恭折奏闻，伏祈圣鉴。谨奏。乾隆五十年八月十一日奉朱批：好，知道了。钦此。”[1]

这条奏折指出了水利纷争出现的原因，一是所有的田地都是依赖积雪融水来灌溉，二是户民开垦的地亩越来越多。尚安提出的解决方案是，在清丈地亩的同时，派地方官协同管理兵屯的官员一起确切地查勘水源、渠道的情况，根据民屯、兵屯的实际情况，确定分拨渠水的量，并且立定界址，永远遵行。由于缺少其他相关的历史文献记载，我们不知道尚安的这种办法的实效到底如何。

1 乾隆五十年七月二十日吐鲁番领队大臣尚安为报办理官屯民田水利事奏折，中国第一历史档案馆：《乾隆年间徙民屯垦新疆史料》，《历史档案》2002 年第 3 期，第 6-23 页。

由以上文献可以看出，水利纷争主要出现在兵屯和民屯两个利益集团之间，户民之间也有争水事件，为此在乡村管理体系中专门设立有渠长一职，负责均水，同时也不断制定各种法规严格用水、分水的制度。

2．耕作制度

乾隆二十三年（1758年），在讨论昌吉、罗克伦两地的开垦时，奴三提议："昌吉、罗克伦各驻兵一千五百名，更番开垦种植，以休地力"[1]。乾隆二十四年，乾隆皇帝得到奏报说："其他地亩较之初种时渐觉歉薄"，因此，他说："此等地亩虽不能如内地人工粪治可以常年耕种，但地亩宽敞，彼此递年互调耕作，自有余力"[2]。乾隆二十六年（1761），清政府指示"自穆垒至乌鲁木齐有噶勒藏多济游牧之昌吉、罗克伦等处可耕地亩十六处，视其地土肥瘠，水泉多寡，以定耕作，仍令屯兵等轮替耕种，以息地力，方为有益"[3]。

以上文献中"更番开垦"、"递年互调耕作"、"轮替耕种"等，都是指在不同的土地上轮流耕种，休息的土地在生物的作用下自然恢复肥力的轮耕方式。

《西域图志》中记载了木垒、奇台屯区内实行的轮耕模式："乾隆三十一年屯木垒，兼屯东济尔玛台。三十二年屯奇台，兼屯西济尔玛台。三十三年屯奇台，兼吉布库。三十四年屯奇台、木垒，兼东格根，略仿古一易再易之法"[4]。由此可以看出，木垒和奇台地方，共有木垒、东济尔玛台、西济尔玛台、吉布库、东格根六个兵屯地点，一年只耕种两个或三个地点，其他屯点歇耕。除了较为肥沃的奇台屯田在乾隆三十二年、三十三年、三十四年（1767年、1768年、1769年）连续耕种外，其他地区都在耕种一年之后歇种两年以上。

纪昀用诗句描述这种歇种模式为："界画棋枰绿几层，一年一度换新塍。风流都似林和靖，担粪从来谢不能"，并且注释说："塞外之田，更番换种，以息地力，从无粪田之说"[5]。

---

1 《清朝文献通考》卷十一《田赋考十一・屯田・新疆》。
2 《清朝文献通考》卷十一《田赋考十一・屯田・新疆》。
3 《清朝文献通考》卷十一《田赋考十一・屯田・新疆》。
4 《西域图志》卷三十二《屯政一》。
5 纪昀：《乌鲁木齐杂诗》之"风土"。

另外，乾隆五十三年（1788 年），乌鲁木齐军机大臣阿桂奏称："乌鲁木齐一带地虽多而水缺。凡可种之地又须分距山之远近、土脉之厚薄，土厚者可以连种二三年，土薄者并无粪培，全赖歇种，有一年一种者，有歇二年一种者。又春令小民希图多收，广为播种，及至夏令雨水缺乏，山水或减，不得不弃去数处，止就其水之足以灌溉专力于一处，以期收获。此乌鲁木齐一带实在之情形也。"[1]由这条奏折的内容可知，到乾隆末年，在乌鲁木齐周围地区，田地里基本没有施肥的做法，依然采取歇耕以休地力的耕种模式：根据土地肥沃程度的不同，采取连种两至三年再歇、歇一年种一年、歇两年种一年等不同的做法。

此外，除了歇种以休地力之外，屯田官员们也建议采用施肥的方法来增加地力："今屯田种植豆石现已试有成效，即臣前奏明年试种小麦、糜谷、荞麦等项，亦现饬屯员预积粪土，加意经理，以期一律有收。"[2]但这种施肥的方法在实际中到底在多大范围内得到应用，由于缺乏文献记载，我们不得而知。不过，乾隆五十年（1785 年）二月初十日，赵钧彤在途经绥来县（今玛纳斯）时看到了焚烧草根，并且混合牛马粪作为肥料以更加地力的做法"近城七八里，村舍络绎，闻叱牛声，有耕田者也。田间积黑灰，厚数寸，皆剗草根，和牛马粪，纵火焚烧以暖土脉，滋肥润。数日来遥望多黑烟起旷野中，率此故耳"[3]。

综而观之，在整个乾隆年间，天山北麓流行歇耕以休地力的粗放耕种模式，仅在很少的地方和很少的情况下存在用粪土或者焚烧植物根茎混合牛马粪以增加土壤肥力的做法。

3．试种各种农作物

在准噶尔汗国时期，天山北麓仅有少量的农田，雍正年间，在巴里坤地区种植的作物主要是青稞。乾隆二十三年（1758 年），清政府在巴里坤、乌鲁木齐等地屯田之后，逐渐开始试种豌豆、小麦、粟谷、胡麻、菜籽等作物。

---

1 乾隆五十三年四月十九日乌鲁木齐军机大臣阿桂等奏，《清代奏折汇编——农业·环境》，第 306 页。

2 乾隆二十六年九月十三日陕甘总督杨应琚奏，《清代奏折汇编——农业·环境》，第 203 页。

3 赵均彤：《西行日记》，咸丰六年石印本。见：吴丰培主编：《丝绸之路资料汇钞（清代部分）》（上），北京，全国图书馆文献缩微复制中心，1995 年：第 89-170 页。

故事一：巴里坤本适合种青稞、大麦，后来试种豌豆、小麦成功。

从前文的论述中，我们得知，乾隆朝官员在屯田一开始就清楚地了解巴里坤地区的气候较为寒冷，水草丰盛，是传统的牧马场所，而与这种气候相适应的传统作物是生长季较短的大麦和青稞："巴里坤气寒霜早，惟宜青稞"[1]，"气候阴寒，只能种植大麦、青稞"[2]、"水气浸润，故产草丰肥，宜于牧放马匹，但雪山高峙，巴里坤在其北，是为阴西，故气候寒冷，是以粟、麦罕能发生，惟青稞一种可以树艺。"[3]

乾隆二十五年（1760 年），巴里坤屯田官兵在北山向阳较为暖和的地方试种豌豆一千亩，小有成效："于今年相择巴里坤北山向阳地方加种豌豆一千亩，现据具报实获豌豆三百二十八石零，是巴里坤北山一带种豆现在亦有成效。……且以向止种植青稞之区今又渐可种植豆石，价值悬殊，实于边塞备储有益。臣现饬管屯各官于明岁春耕时再加种豌豆一二千亩，此后年年酌量种植，庶备储充裕支用有资矣。"[4]豌豆喜冷湿环境，对土壤条件要求不严，在排水良好的沙壤或者新开垦的地上都能种植。豌豆主要用来用作马匹、骆驼等牲畜的饲料。所以豌豆种植的成功有效地解决了戍边、屯田军队里马匹、骆驼等牲畜的饲料问题。

乾隆二十七年（1762 年）春天又开始在巴里坤试种小麦和荞麦[5]。结果，小麦和荞麦试种成功："今年巴里坤共种地一万四千余亩，内试种小麦一千五百亩，渐次秀实，籽粒多属饱满坚绽。荞麦亦现在结粒，悉皆一律畅茂。……巴里坤试种小麦等细粮，现已种成。"[6]至此，巴里坤地区的粮食作物结构由在传统青稞基础上，逐渐新增了豌豆、小麦、荞麦、胡麻等（见表 2）。

---

1 《清朝文献通考》卷十一《田赋考十一・屯田・新疆》。

2 乾隆二十六年九月十三日陕甘总督杨应琚为报巴里坤莞豆收成并请听民广为劝垦事奏折，中国第一历史档案馆：《乾隆年间徙民屯垦新疆史料》，《历史档案》，2002 年第 3 期，第 6-23 页。

3 乾隆二十五年六月初八日陕甘总督杨应琚奏，《清代奏折汇编——农业・环境》，第 196 页。

4 乾隆二十五年十月初七日陕甘总督杨应琚奏，《清代奏折汇编——农业・环境》，第 199 页。

5 乾隆二十六年八月初九日陕甘总督杨应琚奏，《清代奏折汇编——农业・环境》，第 203 页。

6 乾隆二十七年七月十三日陕甘总督杨应琚奏，《清代奏折汇编——农业・环境》，第 203 页。

表2 乾隆二十六年（1761年）、二十七年（1762年）巴里坤所种粮食作物及其收获青稞

时间	地点	耕种面积/亩	作物种类	亩收/斗	备注	资料来源
乾隆二十六年	巴里坤		豌豆	4.6		巴里坤办事大臣永宁、陕甘总督杨应琚等九月二十六日奏，《清代奏折汇编——农业·环境》，第211页
			青稞	7.5		
乾隆二十七年	巴里坤	14300	豌豆	4.8		
			青稞	9.5		
			小麦	4.65	初种	
			荞麦	2.4	初种	
			胡麻	1.2	初种	

故事二：乌鲁木齐地区广泛种植小麦、粟谷，试种胡麻、菜籽成功

与巴里坤相比，乌鲁木齐以东的特纳格尔和以西的昌吉、罗克伦一带“地气和暖”[1]，所种农作物比较广泛。乌鲁木齐左右地方在开始屯田的第一年除了种植青稞之外，还种植了小麦和黍（亦记载为粟谷，指小米）：“乌鲁木齐之特诺果尔、长吉、罗克伦一带明春即应广为屯种，其应需农具、籽种、口粮等项必须预为筹备。……籽种一项以旧屯兵一千、新屯兵四千，按亩通计，约需小麦、青稞、粟谷几九千石，即取资于乌鲁木齐本年屯田新收纳粮内，亦可敷用。惟尚少青稞一千二百石，应请于就近屯田本年新收青稞内，另行拨解。”[2]

乾隆二十五年（1760 年），为解决屯兵的食用油供应，陕甘总督杨应琚下令在乌鲁木齐试种胡麻、菜籽：“伏查（新疆）各该屯田处所播植杂粮靡不有收，现在各城官兵终岁食用俱各取自屯仓，无烦内地转运之劳者，……今清油既为各城所必需，若就近试种菜子、胡麻，一俟收成，即可碾磨作油应用，且查甘省内地菜子系春种夏收，胡麻夏种秋收。口外各屯地虽有寒暖之不齐，而随地随时种植得宜，即可资其实益。”[3]

从此以后，乌鲁木齐各地的屯兵“每名种地二十一亩内，小麦十四亩、青稞

1 《平定准噶尔方略》正编卷七四，乾隆二十四年闰六月乙未。

2 乾隆二十四年八月初九日陕甘总督杨应琚奏，《清代奏折汇编——农业·环境》，第188页。

3 乾隆二十五年十二月十三日陕甘总督杨应琚奏，《清代奏折汇编——农业·环境》，第199-200页。

二亩、粟谷四亩、胡麻一亩”[1]。形成了小麦、青稞、粟谷、胡麻的种植结构。

此外，玛纳斯一带水多之处还种植少量的水稻。乾隆三十四年（1769 年）前后在乌鲁木齐的纪昀有诗云：“新稻翻匙香雪流，田家入市趁凉秋。北郊十里高台户，水满陂塘岁岁收”，并且注曰：“高台所种稻米，颇类吴粳”[2]。乾隆四十七年（1782 年），乌鲁木齐都统明亮奏“今查迪化州、昌吉、绥来二县一带地方，更有膏腴近水之处，经发来遣犯中素种稻谷之人，一切布种插秧事最为熟悉，曾经栽种稻禾，收成丰稔，试有成效”，因此饬令各地方官，劝谕户民自该年起“一体加种，俾得广种多收”[3]。

由此可见，经过清政府的推广，天山北麓形成了以青稞、粟谷、小麦为主，胡麻、菜籽、豌豆、水稻等作物为辅的丰富的作物结构。

4．种植制度和土壤耕作制度

一年一作制。各种历史文献记载反映出，乾隆年间天山北麓是一年一作制，只种一季春播作物。一般是“二月内布种麦、稞，三月底布种粟谷，迟亦不过四月初旬”[4]。乾隆四十七（1782 年），乌鲁木齐都统明亮奏报当年“乌鲁木齐题标中、左、右并济木萨、玛纳斯各营屯及各州县，二月（3 月 14 日—4 月 12 日）中旬先后开犁布种夏禾小麦、青稞，秋禾粟谷俱于三月（4 月 13 日—5 月 11 日）下旬四月（5 月 12 日—6 月 10 日）初旬布种齐全”[5]。由此可见，播种的时间一般在春季，农历 2 月先种小麦、青稞，3 月下旬四月初种粟谷；小麦和青稞是春种夏收，而粟谷是春末种秋天收获。

土壤耕作制度。官府为屯田士兵提供各种农业耕种工具、耕地的耕牛。通常情况下，每名士兵额种地 20 亩，乌鲁木齐原定每百名屯兵给马或牛 60 匹只，乾

1 索诺穆策凌主修：《乌鲁木齐政略》之“屯田”，见王希隆考注：《新疆文献四种辑注考述》，兰州：甘肃文化出版社，1995 年。

2 纪昀：《乌鲁木齐杂诗》之“物产”。

3 朱批奏折，农业屯垦类，乾隆四十七年四月初二日明亮奏。转引自华立：《清代新疆农业开发史》，第 65 页。

4 乾隆二十七年正月十二日陕甘总督杨应琚为报甘肃三次续招赴新疆户民数目暨料理起程事奏折，中国第一历史档案馆：《乾隆年间徙民屯垦新疆史料》，《历史档案》2002 年第 3 期，第 6-23 页。

5 乾隆四十七年（1782 年）乌鲁木齐都统明亮五月二十八日奏，《清代奏折汇编——农业•环境》，第 284 页。

隆四十二年（1777年）以后改为马20匹，牛60头[1]。此外，一般每三名屯兵给农具一全副。种地遣犯，每三名给马牛一匹（只），农具一全副[2]。户民屯田，每户认垦30亩，官府为其提供农具一全副，借给马或牛一匹（只）[3]。农具一全副包括犁铧、铁锨、斧头、镢头、镰刀、锄头、撇绳、拥脖、缰绳、搭背、辔头、弓弦、马绊、肚带等，一应俱全。

据《乌鲁木齐政略》记载每农具一副内有[4]：

犁铧一张，重七斤

铁锨二张，各重二斤

镢头一把，重二斤八两

斧头一把，重二斤八两

镰刀二把，各重九两

锄头一张，重二斤

撇绳一根，搭背二副

缰绳二条，辔头二副

拥脖二副，弓弦五根

马绊一副，肚带一根

这套农具中，犁铧是最重要的工具。用马或牛作为畜力拉动铁制犁铧耕地。一般采用冬灌春耕的模式。档案记载，乾隆二十九年（1764年）陕甘总督杨应琚在讨论在巴里坤安插户民时说“除前招之六十余户外，今又招三十余户，俱情愿于本年九月初旬即携眷前往，以便乘时搭盖房屋，修整渠道，浇灌冬水，庶一至春融冰泮，即可尽力南亩。”[5]然后，在第二年的二月春分前后开始用犁铧翻地耕种：“乌鲁木齐屯田东至济木萨，西至玛纳斯，绵亘八百余里，……二月春分开犁，

1 达林、龙铎等：《乌鲁木齐事宜》“屯兵地粮”，见王希隆考注：《新疆文献四种辑注考述》，兰州：甘肃文化出版社，1995年；《乌鲁木齐政略》之“屯田”。

2《乌鲁木齐事宜》之“屯兵地粮”。

3 乾隆四十二年八月十二日乌鲁木齐都统索诺穆策凌奏，《清代奏折汇编——农业·环境》，第270-271页。

4《乌鲁木齐政略》之“农具”，第66页。

5 乾隆二十九年七月二十四日陕甘总督杨应琚为招募敦煌民人赴巴里坤屯垦事奏折，中国第一历史档案馆：《乾隆年间徙民屯垦新疆史料》，《历史档案》2002年第3期，第6-23页。

先种青稞，次种小麦，再种粟谷”。[1]

冬灌，就是冬季往田里灌水，能够使土壤储水，防止春旱，同时可以起到疏松土壤、减少病虫害，防止表土被风剥蚀危害的作用。铁犁的耕深一半在 4～5 寸。铁犁和牛耕的结合，大大提高了劳动生产率，为扩大耕地面积，较大幅度增加农产品产量创造了前提。

此外，从《乌鲁木齐政略》中记载的一整套农具的种类来看，乾隆年间，中原内地一整套的土壤耕作制度和种植制度都被输入到了天山北麓地区。牛耕及其配套农具的推广，也提高到了开荒的速度和规模，对天山北麓地区的生态系统产生了深远的影响。牛耕能够快速而有效地耕除原始荒地上的杂草、灌木等，其效率远远高于人力手拔或者锄耕。其他铁制农具的广泛使用，为大规模开垦荒地和兴修水利提供了可靠的保证。

综上所述，通过乾隆政府的财力支持和推广，一整套先进的农业工具和耕种技术从内地传入天山北麓，大大提高了天山北麓土地的生产效率。但是，由于天山北麓地区地广人稀，这套精耕细作的农业技术与当地的环境结合之后，逐渐向粗放型转变。纪昀的诗描述乾隆三十四年（1769 年）前后乌鲁木齐的情况是："辛勤十指捋烟芜，带月何曾解荷锄。怪底将军求手铲，吏人只道旧时无"，注曰："田惟拔草，不知锄治"[2]。以此可见，虽然在政府配给屯兵和户民的一套农具中有锄头，但在当时地广人稀的情况下，一般没有田间除草的习惯。同时，纪昀的诗又反映："十里春畴雪作泥，不须分陇不须畦。珠玑信手纷纷落，一样新秧出水齐"，注曰："布种时以手洒之，疏密了无定则，南插北耩"[3]。可见，乌鲁木齐一带的播种主要用手洒之，没有规则的陇畦。总体来说，与当地的自然环境相结合，乾隆年间天山北麓的农业耕作方式还是比较粗放，很多内地较为先进的农业技术在当时相对宽松的人地关系中逐渐被放弃。

1 乾隆四十二年四月十五日乌鲁木齐都统索诺穆策凌、乌鲁木齐提督俞金鳌奏，《清代奏折汇编——农业·环境》，第 269 页。

2 纪昀：《乌鲁木齐杂诗》之“民俗”。

3 纪昀：《乌鲁木齐杂诗》之“民俗”。

六、乾隆六十年（1795 年）天山北麓的地理景观

乾隆二十四年（1759 年），清、准之间的战争结束时，原居于天山北麓的蒙古族或逃散或死亡，“数千里间，无瓦拉一毡帐”[1]。之后，由于天山北麓地区战略地位的重要，清政府在这里驻扎军队（满营官兵），迁移绿营官兵乾隆屯田，随后又从甘肃等地迁移来大量汉族人口充实这一区域，着力进行农业土地开发。天山北麓的地理景观在短时间内由游牧景观转变为农业景观，并且逐渐发展形成了以点状聚落景观和片状绿洲农业景观为主要特征的景观组合。

1．人口规模及聚落景观

乾隆二十四年（1759 年）之后，在乾隆政府的组织下，各类人口陆续迁入天山北麓地区，分别有满营驻防官兵及其眷属、绿营官兵（包括屯田兵）及其眷属、流遣人犯、商人、民户等，此外还有一些自发来到这里的佣工、游民等。乾隆四十一年（1776 年），大学士舒赫德的奏言很好地概括了天山北麓的人口状况：“乌鲁木齐、巴里坤一带，地方颇为宽广，自二十六年移驻户民至今，已有一万余户，兼之满洲、绿营俱系携眷驻防，商民、遣犯人烟聚集，已至数万，实为边疆繁盛之区”[2]。

根据《乌鲁木齐事宜》的记载，乾隆六十年（1795 年），天山北麓的乌鲁木齐、巴里坤、古城三地共驻扎满营官兵 5 700 人，满营官兵眷口共计 25 183 人；乌鲁木齐、巴里坤、古城、木垒、玛纳斯五地共驻扎绿营驻防官兵 9 942 人，屯田兵 3 754 人；镇西府、迪化州各地民户 20 662 户，男女大小共计 129 642 口；商户 11 545 户，43 791 口，合计人口 218 012 人[3]。需要指出的是，《乌鲁木齐事宜》中缺载了绿营官兵的眷口数，如果加上绿营官兵的眷口数，乾隆六十年（1795 年）天山北麓的总人口数应该可以达到 25 万人左右。

---

1 魏源：《圣武记》卷四“乾隆荡平准部记”。

2 乾隆四十一年十一月二十三日大学士舒赫德等为遵旨议复备办移驻新疆户民事奏折，中国第一历史档案馆：《乾隆年间徙民屯垦新疆史料》，《历史档案》2002 年第 3 期，第 6-23 页。

3 《乌鲁木齐事宜》之“满营”、“绿营”、“民户”。

这25万左右人口的生活、居住、驻防等活动，在天山北麓造就了城市、屯堡、村落、交通线上的台站等聚落景观。由于天山北麓的自然绿洲呈东西延展的带状分布，因此这些农业聚落也呈现出东西延展、带状分布的总体特征。

城市聚落。在天山北麓的山前平原上，分布着一串城市聚落，其中较大的城市聚落有乌鲁木齐（包括迪化城和巩宁城）、巴里坤（包括会宁城和镇西府城）、奇台（靖宁城）、古城（孚远城）、绥来（包括康吉城、绥宁城和靖远关城）等。如迪化城内"字号店铺，鳞次栉比，市衢宽敞，人民杂辏，茶寮酒肆，优伶歌童，工艺技巧之人无一不备，繁华富庶，甲于关外"[1]。到乾隆六十年（1795年），天山北麓共有18个城市的名称（见表3）。

乡村屯堡聚落。清代西北屯田，一般以屯为基本组织单位，设有屯堡，一屯之屯兵共居于一屯堡中，屯堡周围即为该屯屯兵耕种之地，而这些屯堡具有抵御侵扰和保护屯田的双重作用[2]。这些兵屯屯堡不大，一般"方不过一里"[3]。从表3可以看出，到乾隆末年，天山北麓共有兵屯屯堡12座。除了这些兵屯屯堡之外，户民居住的村落一般也建有土墙围着，也称为堡，只是这些堡的名称未见于文献记载。乾隆二十九年（1764 年），陕甘总督杨应琚建议用开挖水渠的土，建堡三座，以安置户民[4]。乾隆三十五年（1770年），陕甘总督明山视察时看到巴里坤"堡舍日增"、吉木萨"目下时界深秋，各屯户民正当纳稼筑场之候，碾打粮食，草束盈畴，筑堡盖房，烟村联络，实在家给人足，另有一种恬熙景象"[5]。此外，还有在讨论户屯的奏折中见到"附近庄堡之区"、"附近庄堡空闲余地"等表述[6]。可见，在户民居住的村落大多也是以堡的形式存在的。

---

1 《西域闻见录》卷一。

2 王希隆：《清代西北屯田研究》，兰州：兰州大学出版社，1990年，第56-60页。

3 赵均彤：《西行日记》，咸丰丙辰石印本，见吴丰培主编：《丝绸之路资料汇钞》（清代部分）（上），北京，全国图书馆文献缩微复制中心，1995年：第89-170页。

4 《清高宗实录》卷七二三，乾隆二十九年十一月丁丑。

5 乾隆三十五年九月初五日陕甘总督明山为报查勘新疆屯田情形奏折，中国第一历史档案馆：《乾隆年间徙民屯垦新疆史料》，《历史档案》2002年第3期，第6-23页。

6 乾隆三十一年十二月十六日陕甘总督吴达善为请定木垒安户章程事奏折，中国第一历史档案馆：《乾隆年间徙民屯垦新疆史料》，《历史档案》，2002年第3期，第6-23页。

表 3　乾隆末年天山北麓城、屯堡统计表

城堡	镇守	地点	建成年代
会宁城（满城）	巴里坤领队大臣	今巴里坤县城东部	乾隆三十七年（1772 年）
镇西城（汉城）	巴里坤知府	今巴里坤县城西部	雍正七年（1729 年）
木垒城	守备驻	今木垒县县治	乾隆三十二年（1767 年）
靖宁城	奇台县城	今奇台县老奇台镇	乾隆四十二年（1777 年）
孚远城（满城）	古城领队大臣	今奇台县县治	乾隆四十六年（1781 年）
古城（汉城）	古城游击、巡检驻防	今奇台县城西部	乾隆四十年建（1775 年）
三台堡	济木萨三台	今吉木萨尔三台镇政府所在地	乾隆四十二年（1777 年）
育昌堡	双岔河	今吉木萨尔双岔河村	乾隆四十二年（1777 年）
时和堡	柳树沟	今吉木萨尔县城西北 1.6 千米处柳树河子村	乾隆三十六年（1771 年）
恺安城	济木萨县丞	今吉木萨尔县城中心	乾隆三十七年（1772 年）
保惠城	济木萨参将	今吉木萨尔县城西北部	乾隆三十七年（1772 年）
阜康城	阜康县县治	今阜康市市治	乾隆二十七年（1762 年）
辑怀城	乌鲁木齐中营屯	今米泉市古牧地镇政府所在地	乾隆二十七年（1762 年）
宣仁堡	中营头工	今乌鲁木齐市宣仁墩	乾隆二十七年（1762 年）
怀义堡	中营二工	今乌鲁木齐市二工	乾隆二十七年（1762 年）
乐全堡	中营三工	今乌鲁木齐市三宫街道	乾隆二十七年（1762 年）
宝昌堡	中营四工	今乌鲁木齐市四工镇政府驻地	乾隆二十七年（1762 年）
惠徕堡	乌鲁木齐中营屯	今乌鲁木齐市六道湾	乾隆二十七年（1762 年）
屡丰堡	乌鲁木齐中营屯	今乌鲁木齐市七道湾	乾隆二十七年（1762 年）
迪化城（汉城）	迪化州	今乌鲁木齐城市中心	乾隆三十年（1765 年）
巩宁城（满城）	乌鲁木齐领队大臣	今乌鲁木齐城西北部	乾隆三十七年（1772）
嘉德城	喀喇巴尔噶逊守备驻	今乌鲁木齐市达坂城区政府所在地	乾隆四十七年（1782）
头屯所堡	千总	今乌鲁木齐市头屯河农场	乾隆四十二年（1777 年）
宁边城	昌吉县治	今昌吉城北部	乾隆二十七年（1762 年）
芦草沟堡	千总	今昌吉县二六工乡芦草沟	乾隆四十二年（1777 年）
景化城	呼图壁巡检	今呼图壁县治	乾隆二十九年（1764 年）
塔西河所	千总	今玛纳斯县塔西河乡政府所在地	乾隆四十二年（1777 年）
康吉城	绥来县治	今玛纳斯县城北部	乾隆四十二年（1777 年）
绥宁城	玛纳斯右营都司	今玛纳斯县城南部	乾隆四十二年（1777 年）
靖远关城	关城	今玛纳斯县城西部	乾隆四十二年（1777 年）

资料来源：《乌鲁木齐政略》“城堡”；《乌鲁木齐事宜》“城堡”；《西域图志》卷九《疆域二》、卷十《疆域三》；《新疆识略》卷二《北路舆图》。

台站、塘。为联络和控制天山北麓地区，清政府在这里建立了集文报传递、物资转运、人员接待等于一体的台站体系，包括台、塘、站等形式。自巴里坤到乌鲁木齐设营塘，有松树塘、奎素塘、巴里坤底塘、苏吉塘、肋巴泉塘、务涂水塘、噶顺塘、色必塘、乌兰乌苏塘、阿克塔斯塘、木桑塘、奇台塘、古城塘、济木萨塘、三台塘、清水塘、大泉塘、阜康塘、黑沟塘、迪化底塘，共计 20 个营塘；自乌鲁木齐至晶河设军台，有乌鲁木齐鄂伦星底台、罗克伦台、呼图克拜台、图古里克台、玛纳斯台、乌兰乌苏台、安济哈雅台、奎屯台、库尔喀喇乌苏台、布勒哈齐台、多木达都喀喇乌苏台，托多克台，噶顺腰台、晶河台，共计 14 个军台[1]。乌鲁木齐以西的军台，每个台站有马兵 5 名，每人给马 2 匹，绿营兵 15 名，每人给马一匹，每台有骆驼 4 只[2]。巴里坤至乌鲁木齐之间的营塘，每个营塘有马 8～10 匹，兵丁 8～10 名[3]。随着近年来考古发掘的新发现，对于清代新疆台站的结构有较清晰的认识。以托克逊县为例，军台为砌石院式建筑，围墙东西长 89 米，南北宽 48 米，呈长方形，占地 4 500 平方米。内有石砌房屋、烽燧，设有马厩、马槽，房间内有火炕、炉灶[4]。在今天新疆兵团农五师九十一团团部以东约 12 千米处留存有清代托克多军台遗址，可见军台总面积约 300 平方米，遗留墙基长宽 10 米左右，其内部可以看出有大片房屋建筑基址[5]。由此可见，军台、营塘的大致规模。

以上这些聚落在天山北麓的分布有以下三个特点：

第一，多城毗连。由于专门建有驻防满营官兵的满城，所以天山北麓的这些城市往往出现多城毗连的景观。如：乌鲁木齐巩宁城（满城）与迪化城（汉城）隔河相望，相距 8 里；巴里坤的会宁城（满城）与镇西城（汉城）两城东西相接；古城的孚远城（满城）与古城（汉城）也东西毗连；济木萨恺安城（济木萨县丞治所）与保惠城（济木萨参将驻防）东西毗连；玛纳斯康吉城（玛纳斯县治所）与绥宁城（玛纳斯右营都司驻所）、靖远关城三城南北西毗连的独特景观。

---

1 金峰：《清代新疆西路台站（一）》，《新疆大学学报》1980 年第 1 期，第 60-73 页。

2 《清高宗实录》卷六四一，乾隆二十六年七月庚申。

3 和瑛：《三州辑略》卷五《营伍门、马政门、台站门》，台北：成文出版社影印嘉庆十二年修旧本，1969 年。

4 《吐鲁番地区文物普查资料汇编》，《新疆文物》1988 年第3 期。

5 房美永：《新疆艾比湖清代驿站遗址亟待保护》，新华网 2008-05-22 发布，http: //www.xj.xinhuanet.com/tour/2008-05/22/content_13335652.htm（2009 年 9 月 14 日引用）。

第二，乡村聚落围绕城市密集分布。较大的城市多建于天山北麓地势平坦开阔、水资源条件较为优越的地区，自东向西分别是巴里坤、木垒、奇台、古城、济木萨、阜康、迪化、昌吉、呼图壁、绥来。乡村聚落则以这些城堡为中心，在主要河流两侧或者泉水源地周围分布。由于天山北麓的河流皆是自南向北流，因此又形成了局部地区聚落呈南北带状集中分布的景观特征，其中以乌鲁木齐河周围的聚落分布最为典型。在乌鲁木齐河谷里形成了大的中心城市—迪化城和巩宁城，在其北乌鲁木齐河东西两侧分布着辑怀、宣仁、怀义、乐全、宝昌、惠徕、屡丰 7 个兵屯屯堡，其间还散布着大量的户民乡村聚落（有些是以堡的形式存在），出现“水泉饶沃，居民栉比”、“泉流环带，庄户鳞次”的繁盛景致[1]。在奇台县的大龙口河、昌吉县的头屯河、三屯河、呼图壁河，绥来县的玛纳斯河周围也都形成了大致相似的农业聚落景观。在这些以河流为中心南北带状分布的聚落之间，则人口稀少，聚落分布相对比较稀疏。

第三，乡村聚落分布的总体区域差异为东部稀疏，西部稠密。户民人口密度可反映出乡村聚落分布的区域差异。乾隆六十年（1795），迪化州乡村聚落分布最密集，户民人口分布密度达到每平方千米 1.94 人，其次为阜康县、昌吉县和奇台县，而绥来县和宜禾县乡村聚落分布最为稀疏[2]。这主要是由区域的自然差异造成的。

第四，农业人口傍水而居，乡村聚落分布相对比较分散。由于地广人稀及灌溉农业的特点，乡村聚落依傍便利于灌溉的河水或泉水附近分布，与内地雨养农业地带聚落分布较为集中而且村落之间距离大致相等的特点相比，这里的乡村聚落分布相对比较分散。乾隆三十四年（1769 年）前后，纪昀的诗中描述了天山北麓农业聚落的这一分布特点：

“鸡栅牛栏映草庐，人家各逐水田居。豆棚闲话如相过，曲港平桥半里余。人居各逐所种之田，零星棋布，虽近邻亦相距半里许[3]。”

总体而言，乾隆年间，天山北麓的农业聚落从无到有，并且迅速发展扩大，

---

1 《西域图志》卷十《疆域三》。

2 张莉：《清至民国时期天山北麓地理景观的变化》，《陕西师范大学学报》（哲学社会科学版），2007 年第 1 期，第 62-70 页。

3 纪昀：《乌鲁木齐杂诗》之“民俗之十八”。

成为天山北麓的主要聚落景观形态。这些聚落在天山北麓的山前平原上呈东西带状分布，而在局部地区呈现出以河流为纽带相互间隔的南北延展聚落带。

2．耕地规模及绿洲农业景观

乾隆二十四年（1759 年），清政府将新疆纳入版图之后，采用兵屯、民屯等多种形式重点对天山北麓地区进行农业开发，农耕区在天然绿洲内不断扩展。乾隆三十一年（1766 年），天山北麓的载籍耕地面积已经达到 23.5 万亩[1]。此后，天山北麓进入了人口快速发展，耕地面积急剧扩大的阶段。到乾隆六十年（1795 年），天山北麓载籍耕地面积达到了 108.2 万亩[2]（见表 4）。随着人口和耕地的不断增长，天山北麓的农业绿洲也逐步扩展，形成了一条河一片绿洲，体上与天山平行东西向断续分布的人工绿洲斑块。农业绿洲的不断扩大的过程也就是人工栽培物取代绿洲内天然植被的过程。耕地的增多，直接改变了天山北麓自然的景观斑块。

表 4　乾隆六十年（1795 年）天山北麓各地载籍耕地面积

<table>
<tr><th colspan="2">屯田</th><th colspan="3">民田</th></tr>
<tr><th>地点</th><th>耕地面积/亩</th><th>地点</th><th>耕地面积/亩</th><th>园户地亩/亩</th></tr>
<tr><td>巴里坤营屯</td><td>13 092</td><td>宜禾县</td><td rowspan="2">259 892.4</td><td></td></tr>
<tr><td>古城营屯</td><td>11 000</td><td>奇台县</td><td></td></tr>
<tr><td>木垒营屯</td><td>3 300</td><td></td><td></td><td></td></tr>
<tr><td></td><td></td><td>阜康县</td><td rowspan="7">683 687.2</td><td>366</td></tr>
<tr><td></td><td></td><td>济木萨县丞</td><td>1 840.81</td></tr>
<tr><td>乌鲁木齐中营</td><td>18 086</td><td>迪化州</td><td>1 806</td></tr>
<tr><td>乌鲁木齐左营</td><td>18 086</td><td>昌吉县</td><td>1 036.43</td></tr>
<tr><td></td><td></td><td>喀喇巴尔噶逊粮员</td><td></td></tr>
<tr><td>乌鲁木齐右营</td><td>18 086</td><td>呼图壁县丞</td><td>757</td></tr>
<tr><td></td><td></td><td>绥来县</td><td>6836.64</td></tr>
<tr><td></td><td></td><td>头屯所</td><td rowspan="3">44 210.7</td><td></td></tr>
<tr><td></td><td></td><td>芦草沟所</td><td></td></tr>
<tr><td></td><td></td><td>塔西河所</td><td></td></tr>
</table>

1 《清朝文献通考》卷十一《田赋考十一・屯田・新疆》。

2 《乌鲁木齐事宜》“户民地亩纳粮”、“屯田”。

屯田		民田		
地点	耕地面积/亩	地点	耕地面积/亩	园户地亩/亩
兵屯合计	81 650	户屯合计	1 000 433.18	
合计	1 082 083.18			

资料来源：《乌鲁木齐事宜》“民户地亩纳粮”、“屯田”。

绿洲农业景观的特征。到乾隆末年，天山北麓农业绿洲在宏观上表现为与天山平行而东西向断续分布的绿洲带。

第一，条带状分布。天山北麓的农业绿洲不但在宏观上表现为东西向延伸的条带状，而且在中小尺度上也呈现出条带状分布特征。在乌鲁木齐河、呼图壁河、玛纳斯河等河谷中发展的农业绿洲都表现为条带状分布形态，其中最典型的是乌鲁木齐河河谷农业绿洲，农业绿洲沿着河滩地和低阶地呈狭长带状由南向北连续展布。

第二，片状分布。乌鲁木齐、昌吉周围河流密布，乌鲁木齐河、头屯河、三屯河相距不远，乌鲁木齐至昌吉形成了东南—西北向延伸的片状农业绿洲。

第三，梳状分布。这种形态主要分布在济木萨至奇台一带，以潜水溢出带为梳缘，以泉流河为依托，形成梳齿。

第四，串珠状分布。无论是在宏观尺度上还是在中、小尺度上，天山北麓的农业绿洲都表现出串珠状分布形态，基本上以中心城市为核心形成一串绿洲。两串绿洲之间多被荒漠所阻隔，疏密不均。

第五，微观上呈现出由沟渠所分割的典型绿洲农田景观。乾隆三十五年（1770年）九月初五日陕甘总督明山到吉木萨一带勘察屯田情形，经过巴里坤时，不由得感慨：“臣不到此地十有三年，此番顺道经行，非特曩时蔓草荒榛，俱变为膏腴美产，而城中人烟稠密，商贾辐辏，闾阎气象一新，目见耳闻迥非当时情形可比。……臣查木垒河以西，直至吉木萨一带，节候惰暄，霜迟水足。每年山雪消融，开渠疏引，泉流足敷浇灌，地亩更属宽饶。目下时界深秋，各屯户民正当纳稼筑场之候，碾打粮食，草束盈畴，筑堡盖房，烟村联络，实在家给人足，另有一种恬熙景象。”[1] 乾隆三十七年（1772年），陕甘总督文绶在实地勘察时看到巴

1 乾隆三十五年九月初五日陕甘总督明山为报查勘新疆屯田情形事奏折，中国第一历史档案馆：《乾隆年间徙民屯垦新疆史料》，《历史档案》2002年第3期，第6-23页。

里坤："城外禾稼盈畴，天时、地利、人和、大有等渠，屯田甚广，颇为丰美。……木垒河、东、西吉尔玛、奇台、东、西葛根、吉布库、更格尔等处南山一带，山如屏障，自春入夏积雪消融，近山各处渠水充足，向设八屯。"[1] 由此可见，这种灌溉渠道与田地相结合的绿洲农业景观。

七、结语

天山北麓的自然环境主要由山地环境、平原环境和沙漠（或戈壁）环境三大类型构成。乾隆二十三年（1758 年）之前，在活动于此的蒙古游牧民族眼中，注重的是水草条件，因此水草丰美的山地是游牧民族活动的主要场所。而乾隆二十三年（1758 年）之后，来到这里的清朝官兵以及从甘肃迁移而来的户民则属于农耕民族，在他们的眼里，地势平坦、土壤肥沃、水源丰富的平原地区是进行农业耕种的天然场所。因此，随后大规模农业开发活动主要在平原地区进行。从而使得平原地区的地理景观发生了巨大的改变，出现城市、屯堡、台塘等聚落景观，同时在这些聚落附近出现了成片的绿洲农田，以及纵横交错于农田之间的灌溉水渠。而从内地迁移而来的屯兵和户民，不但带来了成套的农业耕作工具、农作物的种子，同时也带来了内地的耕作技术，经过与天山北麓自然条件的相互适应之后，形成了一年一作、冬灌春耕、修渠引水的耕作制度；形成了以小麦、青稞、粟谷为主，胡麻、菜籽、豌豆、水稻为辅的作物种植结构；形成了歇地以休地力、不施肥、不除草的粗放型耕种模式。

1 乾隆三十七年正月十九日陕甘总督文绶奏，《清代奏折汇编——农业・环境》，第 247 页。

作者简介

杨朝飞，男，1951年生人，现任中国工业环保促进会会长、环境保护部科学技术委员会委员、国防大学防务学院特聘专家、北京师范大学环境史研究中心研究员、中国林业大学公共管理硕士校外导师等。从事37年环境管理工作，曾担任国家环境保护局、环境保护总局、环境保护部的宣传教育司副司长、生态保护司司长、政策法规司司长、环境保护部总工程师。参与过国家《环境保护法》、《水污染防治法》、《大气污染防治法》、《固体废物污染防治法》、《海洋环境保护法》、《自然保护区条例》等许多重要的环保法规、政策以及主要会议文件的起草。先后主持了“全国生态问题调查”、“全国生态区划”、“中国环境宏观战略研究”、“中国绿色经济发展机制和政策创新研究”、“环境保护法修改思路研究”等重大课题研究。出版了《环境保护与环境文化》、《席卷全球的环境浪潮》、《探索与创新——杨朝飞环境文集》等专著。2012年10月26日给第十一届全国人民代表大会常务委员会做题为《我国环境法律制度和环境保护若干问题》的第二十九讲专题讲座，吴邦国委员长主持了讲座。

侯甬坚，男，陕西师范大学西北历史环境与经济社会发展研究院教授、博士生导师，兼任全国社会科学基金学科规划评审组专家、教育部科学技术委员会资源环境与地球科学部学部委员、中国地理学会历史地理专业委员会副主任委员、《中国历史地理论丛》期刊主编、《历史地理》集刊副主编、《中国人文田野》集刊编委等。主要从事历史地理学、环境史等领域研究工作。

方万鹏，男，1986 年生，河南唐河人，南开大学历史学院暨中国生态环境史研究中心博士研究生，近期主要学术兴趣为环境史和科学技术史。

李荣华，男，陕西蒲城人，历史学博士，讲师，硕士生导师。先后就读于北京师范大学、南开大学，现任职于西北农林科技大学中国农业历史文化研究中心。主要研究领域有科学技术史、生态环境史等，先后在《中国农史》、《云南社会科学》、《中国史研究动态》等刊物上发表文章，主持和参与各级各类科研项目十余项。

赵仁龙，男，汉族，山东枣庄人，南开大学历史学博士，现任职中共济南市委党校讲师。主要研究方向为中国古代环境史、隋唐史。在《南开学报》、《中国农史》、《鄱阳湖学刊》等刊物发表《杜甫的巴蜀生态意象》、《唐代士人的江西生态意象》等论文，并参与编写《中国农业通史（魏晋南北朝卷）》、《济南建设全国重要的区域文化中心城市研究》等。

赵九洲，男，1980 年生，河北武安人，现任职于石家庄学院。本硕博皆毕业于南开大学，先后获得理学学士学位、历史学硕士学位和历史学博士学位。主要研究方向为环境史、经济史和社会生活史，在《学术研究》、《中国农史》、《中国史研究动态》等杂志发表论文十余篇，其中被人大复印资料《历史学》转载一次，被《高等学校文科学术文摘》摘录一次。主持 2014 年国家社科青年项目“古代华北的能源危机与社会生态变迁”，参与 2013 年国家社科重大项目“多卷本《中国生态环境史》”（子课题《综论卷》）和 2009 年国家社科重点项目“华北环境变迁史”，关于《范子计然》的研究入选《2011—2020 年国家古籍整理出版规划》（排名第二）。

宋倩，女，1983 年生，安徽蚌埠人，历史学硕士，馆员职称，现任职于石家庄学院办公室，主要负责档案工作。主要研究方向为明清经济史、档案学、教育统计学，发表相关论文多篇，主持或参与省厅级课题多项。

杜娟，女，现任陕西师范大学西北历史环境与经济社会发展研究院助理研究员，在职攻读博士学位，专业为历史地理学。主持陕西师范大学人文社会科学研究基金一般项目（关中地区人为影响下的土壤水环境研究）；主要参与国家自然科学基金项目“近 300 年来新疆奇台-吉木萨尔地区土地利用变化及其对区域可持续发展的影响”、“过去 300 年新疆平原区湖泊演变及其对气候变化的响应”等。

李化成，男，山东惠民人，1979 年 9 月生。陕西师范大学历史文化学院副教授，博士生导师，兼任医学社会史研究中心执行主任。主要从事世界中世纪史及医学社会史领域的相关研究，在《中国社会科学》、《历史研究》、《世界历史》等期刊杂志上发表文章十余篇。

潘威，男，主要研究兴趣为“历史时期气候-水文-社会关系”和历史地理信息平台设计与搭建。试图通过将信息化手段与传统史料解读相结合的研究方法，为传统的历史自然地理研究注入新的思路、方法和问题，为全球气候变化背景下“水危机”不确定性的认识提供历史数据和相似型。近年来最主要的工作为构建“历史时期中国水文变化数据库”，并解决其中的“历史时期地表水文过程中人文影响因素模拟方法”。在《Quarternary International》、《地理学报》、《地理研究》、《地理科学》、《清史研究》等刊物发表各类论文 20 余篇，出版专著 1 部。主持国家自然科学基金青年项目 1 项，国家社科基金重大课题子项目 1 项，并参与多项各类课题。

张莉，女，2005年毕业于北京大学环境学院历史地理研究中心，获得理学博士学位。同年进入陕西师范大学西北历史环境与经济社会发展研究中心工作。一直关注环境问题，着重于历史环境变迁研究。近年来，逐渐对环境史研究产生浓厚兴趣，思索“19世纪以来中国的现代性及其与环境之间的相互影响”等问题。研究区域一直锁定在新疆，因此“干旱区资源与环境”、“边疆开发与环境变迁”等问题亦是多年来一直关注的学术问题。